河北省省级科技计划软科学研究专项资助
项目立项编号：20557636D

生物经济理论与实践

王　捷　祁文辉◎著

燕山大学出版社

·秦皇岛·

图书在版编目（CIP）数据

生物经济理论与实践 / 王捷，祁文辉著. —2 版. —秦皇岛：燕山大学出版社，2023.2
ISBN 978-7-5761-0467-7

Ⅰ. ①生… Ⅱ. ①王… ②祁… Ⅲ. ①生物工程－工程经济学 Ⅳ. ①Q81-05

中国版本图书馆 CIP 数据核字（2022）第 257157 号

生物经济理论与实践

王　捷　祁文辉　著

出 版 人：陈　玉			
责任编辑：张　蕊		策划编辑：张　蕊	
责任印制：吴　波		封面设计：刘韦希	
出版发行：燕山大学出版社		电　　话：0335-8387555	
地　　址：河北省秦皇岛市河北大街西段 438 号		邮政编码：066004	
印　　刷：涿州市般润文化传播有限公司		经　　销：全国新华书店	

开　　本：700 mm×1000 mm　　1/16		印　　张：18.5	
版　　次：2023 年 2 月第 2 版		印　　次：2023 年 2 月第 1 次印刷	
书　　号：ISBN 978-7-5761-0467-7		字　　数：275 千字	
定　　价：76.00 元			

前　言

　　人类社会迄今已经经历了四个经济时代的变迁，相应地形成了狩猎采集经济、农业经济、工业经济和信息经济四种经济形态。目前，信息经济已由创新阶段进入成本竞争阶段，对经济增长的拉动作用明显减弱。经济发展和社会进步会激励技术不断创新和突破，以生命科学和生物技术研发与应用为基础的生物科技革命正在成为人类社会发展史上的又一次伟大的技术变革，由此形成的生物产业将成为第四次产业革命的主导或支柱产业和21世纪可持续发展的新的经济增长点，其必将启动一种全新的经济形态——生物经济时代的来临。

　　随着经济持续发展和生活水平不断提高，人们对生活质量日益关注，在医药保健、营养卫生、资源环境等方面产生了较高预期。与之相对应的，"人口剧增、资源匮乏、环境恶化"等痼疾深深困扰着人类的发展和进步。生命科学和生物技术基础研究不断取得重大突破，由此产生的生物技术原始创新成果在医疗保健、农业、环保、再生能源、轻化工、食品及生物智能等重要领域，对保障人类健康、改善生存环境、提高农牧业和工业的产量与质量等方面的作用日趋显著。

　　生物科技已经成为国际科技竞争的焦点，是全球增长最快的产业之一。统计结果显示，生物产业的销售额每5年翻一番，增长率高达25%～30%，是世界经济增长率的10倍左右。照此发展趋势，2020年以后，生物产业将成为世界经济的主导产业或支柱产业，生物经济也将进入其成熟阶段。美国、日本等发达国家，以及中国、印度、古巴、巴西等发展中国家的政府部门都对生物经济的发展在政策、资金、技术、人才等要素上提供了不同程度的支持，其中发达国家在生命科学基础研究、技术创新及产业化方面政策灵活、投入充足、体制先进，整体处于领先水平。

我国生物技术产业总体水平处于发展中国家领先地位，但在生命科学基础理论研究及生物技术产业化方面，与世界发达国家相比，仍存在较大差距。我国是领土、领海广袤的发展中国家，生物种质资源丰富，具备发展生物经济的得天独厚的自然条件。综观世界生物产业发展趋势，未来 15 年左右的时间，将是我国生物经济发展的关键时期。当前我国生物经济发展正处在一个重要关口，我们应该抓住这次科技革命和产业革命的机遇，实现跨越式发展，缩小与发达国家先进水平的差距，甚至在某些领域或某些行业实现赶超，带动我国经济社会的全面发展，实现中华民族的伟大复兴。

本书对生物经济相关理论研究与实践进展进行了系统的梳理和阐述。理论研究方面，就生物经济的内涵、外延、特征、现实意义、经济学价值、产业集群和创新网络等内容做出了全面阐释。实践进展方面，主要围绕两个维度进行展开：一是对生物经济所涉及的各细分领域的实践进展进行了梳理；二是对世界主要地区以及我国的生物经济发展概况与主要战略政策进行了系统化梳理、总结和比较，并重点就河北省生物经济发展现状以及存在的主要问题进行了深入分析，并提出对策建议。全书共十二章，其中第三、四章由祁文辉撰写，其余章节由王捷撰写。本书是河北省省级科技计划软科学研究专项资助项目"推进河北省生物经济发展的对策研究"（编号 20557636D）阶段性研究成果。

目　　录

第一章 生物经济概述

第一节 生物经济的内涵

生物经济概念及其定义是不断进化发展的，进化过程中逐渐形成了研发创新、生物质基础、绿色转型与绿色增长、健康及可持续等共性特征。生物经济发展现已涵盖农业及食品、生物制药与健康、生物制造、生物能源、生物材料、生物酶、生物化学品、环境与生态服务等众多领域。明确生物经济概念的缘起和演进这两个基本问题，对于把握生物经济的内涵、促进经济社会绿色转型和推进中国战略性新兴产业发展具有借鉴意义和参考价值。

一、生物经济概念的缘起

生命科学与生物技术的发展推动了"生物经济"概念的形成与发展。

生物经济的概念缘起于 2000 年前后的世纪之交。1998 年，美国未来学家、Biotechonomy LLC 公司董事长胡安·恩里克斯（Juan Enriquez）发表文章指出：基因组学等新的发现与应用，将引发分子 - 基因革命，使医药、健康、农业、食品、营养、能源、环境等产业发生重组和融合，进而促进世界经济发生深刻变化。

二、生物经济概念的演进

生物经济的规范定义自 2002 年开始出现，并在 2004 年经济合作与发展组织（OECD）给出定义之后有"雨后春笋"之势，其中有代表性的定义包括以下几个。

2002 年，中国学者研究并发文提出：生物经济是以生命科学和生物技术的研发与应用为基础的、建立在生物技术产品和产业之上的经济，是一个与农业经济、工业经济、信息经济相对应的新的经济形态。该定义包含主体内涵和拓展解释两部分，是迄今发现的最早发表的生物经济规范定义。

2003 年，科技部生物科技管理人士发文提出：生物经济是建立在生物资源、生物技术基础之上，以生物技术产品的生产、分配、使用为基础的经济。

2004 年，经济合作与发展组织发布了《可持续增长与发展的生物技术》报告，其中将生物经济定义为：利用可再生生物资源、高效生物过程以及生态产业集群来生产可持续生物基产品、创造就业和收入的一种经济形态。2006 年经济合作与发展组织在《迈向 2030 年的生物经济：设计政策议程》的战略报告中将生物经济解释为：生物经济是经济运行的聚合体，用以描述在这样一个社会，通过生物产品和生物制造的潜在价值使命来为公民和国家赢得新的增长和福利效益。经济合作与发展组织在其后来（如 2011 年）的官方文件中将生物经济的定义调整为：生物经济是建立在利用生物技术和可再生能源资源生产的生态产品和服务（ecological sensitive products and services）基础上的经济。

2005 年，欧盟将生物经济概括为"以知识为基础的生物经济"（knowledge-based bio-economy，简称 KBBE），具体定义为：生物经济是一个浓缩性的术语，它将生命科学知识转化为新的可持续、生态高效且具竞争力的产品，能够描述在能源和工业原料方面不再完全依赖于化石能源的未来社会。"在欧洲，一群来自学术界和产业界的专家于 2005 年在政治层面引入了知识型生物经济这一概念"便意指于此。在此后出台的一系列战略报告、计划或文件中，欧盟对生物经济的概念及其定义进行了调整。如在 2011 年发表的政策白皮书《2030 年的欧洲生物经济：应对巨大社会挑战实现可持续增长》中将生物经济定义为：生物经济是通过生物质的可持续生产和转换来获得食品、健康、纤维和工业产品及能源等一系列产品的经济形态。在 2012 年 2 月发布《为可持续增长创新：欧洲生物经济》战略的同时，在其官方报道中将生物经济定义为：生物经济是指利用来自陆地和海洋的生物资源以及废弃物作为工业和能源生产投入的经济，涵盖生物基工艺在绿色工业领域中的应用（covers the use of bio-basedprocesses to green industries）。

2011 年，芬兰创新基金会（Sitra）研究认为，生物经济超出了生物基产品与生物技术范畴，进而归纳出对生物经济 3 个层次的理解：生物经济是与可持续资源利用相关的新兴商业领域（business area），是应对气候变化、资源紧缺等诸多问题的社会战略（societal strategy），是改变人们思维和提供可持续生活方式的新的经济社会系统（economic and social system）。2014 年，《芬兰生物经济战略》对生物经济的定义为：生物经济是指利用可再生自然资源（renewable natural resources），生产食品、能源、生物技术产品并提供相应服务的经济活动。该定义强调了可再生资源的基础作用，并界定了生物经济的主要领域。

2012 年，美国在《国家生物经济蓝图》中将生物经济定义为：生物经济是以生物科学研究与创新的应用为基础，用以创造经济活动与公共利益的经济形态。该定义突出了研发与创新的引领作用。

2013 年，马来西亚政府在《生物经济转型计划》年度报告中对生物经济的定义为：生物经济是指可再生生物资源的可持续生产，并通过创新和技术将资源高效转化为食物、饲料、化学品、能源、健康医疗和福利产品的综合形态。该定义同样突出了创新的作用，并界定了生物经济的主要领域，具有高度的概括性和代表性。

2014 年，南非政府发布《生物经济战略》，对生物经济的定义为：生物经济是建立在生物资源、材料和工艺过程（biological sources, materials and processes）基础上的，促进经济、社会及环境可持续发展的一系列利用生物创新的活动。

2016 年，德国生物经济理事会提出带有官方特色的定义，除具有很强的代表性外，还具有简明性和概括性：生物经济是可再生资源的可持续与创新利用，以提供食品、原料和具有增强性能的工业产品。该定义除突出一般定义所普遍具有的可持续特质外，特别强调了创新的作用。

概言之，生物经济包括生物基经济以及食品、饲料的开发利用和生产（production and use of food and feed）等。上述定义提出的时期和理解的角度不同，内容各有侧重或稍有不同，但其实质内容基本相同，并逐步趋向一致。大部分定义直接或间接包含以下共性特征：（1）生物经济缘起于生命科学和生物技术的研发，研发与创新推动了生物经济的发展。（2）通过生物过程（bioprocess）生产可再生与可持续的生物基产品，可再生生物质（或称可再生生物资源，renewable biological sources）是生物经济发展的重要基础。（3）生物经济与节能减排、绿色可再生、健康福利、产品绿色转换、经济绿色转型等密切相关。（4）生物经济正在兴起，尚处于成长阶段（emerging bioeconomy）。

第二节　生物经济的外延

一、美国生物经济涉及的领域

美国起初提出并发展生物经济的关键动因之一是能源安全，即增加能源的独立性，降低对从世界不稳定地区进口原油的依赖；同时将工业生物技术发展作为关键战略目标之一。以《开发和推进生物基产品和生物能源》为依据，生物经济领域分为两类：生物能源和生物基产品。从广义角度和严格意义上来讲，生物能源也属于生物基产品的主要部分，因其特别重要，而从中独立出来。

美国国家农业生物技术委员会认识到农业在生物经济中的地位与作用，发表了《21世纪基于生物的经济：从农业扩展到健康、能源、化学和材料》报告，对生物经济领域有所细化。农场安全和农村投资法案对生物经济的定义偏窄，主要限于生物基产品。

在2008年的食品、保育和能源法案中，对生物经济的领域进行了拓展。2008年后，美国生物经济的重点领域开始拓展到既包括生物能源，又包括生物基化学制造（bio-based chemicals manufacture）和国内生物产业创造（the creation of a domestic bio-industry），同时增加了对农业与农村发展之于生物经济发展重要性的关注。此外，生物医药一直是美国生物产业和社会发展的重点，逐渐也被纳入生物经济产业体系之中。

2012 年，美国《国家生物经济蓝图》明确界定，生物经济重点领域涵盖人类健康医疗、生物能源、农业、环境保护及生物制造，与上述演变一脉相承，堪称对前期领域演变的归总或集大成。

2016 年美国发布了《联邦政府机构生物经济活动报告》，描述了截至 2015 年 10 月联邦政府 8 个部门为发展生物经济所采取的政策行动，将美国生物经济的主要领域定位在生态环境、农业发展、能源安全、医学健康 4 个方面。报告认为：生物基产品能减少温室气体排放，相较于以化石燃料为基础的产品，更有利于改善生态环境，并可从大气中回收碳以缓解全球变暖，同时可减少对国外石油的依赖，有利于美国能源安全，有利于在农村创造就业机会；除生物燃料外，其他生物制品、可再生化学品也是生物经济的重要组成部分。

二、欧盟生物经济涉及的领域

自 2005 年开始，欧盟开始引领世界生物经济发展潮流。从过去到现在，很多化石燃料被用作工业原料。欧盟认为，这些不可持续的化石基产品将会被可持续的生物基产品替代。

2008 年之前，欧盟并未将传统的农业纳入生物经济的重点领域范围。当初生物经济的第一大领域是"食品与给料"（food & feed），其中给料包括饲料和原料，而非现在的"农业及食品"（agriculture & food）。随着生物经济的发展，欧盟生物经济逐渐形成以下七大重点领域：农业及食品，生物制药与健康，生物炼制，生物燃料，生物塑料，生物酶，生物化学品（biochemicals）。

其中生物炼制是生物经济中较大的领域，其产品范围广，与其他领域（如生物燃料、生物化学品、生物塑料等）存在交叉。生物炼制通常是指利用可再生生物质（如农业废弃物、植物基淀粉和木质纤维素等）生产化学品、化学中间体和生物燃料的应用生物技术，也就是用先进的预处理和酶水解等技术将生物质转化为淀粉、糖类、蛋白质、纤维素等组分，再通过糖平台等技术将其转化为生物乙醇、各种大宗化学品及高附加值中间体化学品等。生物炼制是一系列相关技术的集合，因大幅度扩展了可再生植物基原材料的应用而成为保证环境可持续发展的生化和能源经济转变的手段。生物炼制属于生物制造（biological manufacturing）的主要部分。

生物燃料是生物能源的主要类型。多年来，为缓解石油紧张的压力，适应环保减排的需要，欧盟加大了对生物能源的投入，极力扩大相关产业生产规模并研发新的技术与工艺。作为生物能源的类型之一，生物质发电在欧洲也较为普遍。

三、中国及其他

中国《吉林省发展生物质经济实施方案》中归纳的生物经济领域包括：农业与食品；生物能源；生物基产品，包括化学品、生物材料；环境与生态。

《芬兰生物经济战略》将生物经济划分为以下领域：农业及食品；生物基产业，包括林业、木材工业、制浆造纸、木结构建筑、生物化工、生物医药；可再生能源；水处理；生物经济服务，包括自然旅游（nature tourism）、狩猎和捕鱼。

生物材料（biomaterials）是生物经济领域演进中出现的另一个综合领域，泛指利用生物质、生物代谢过程生产医药（pharmaceuticals）、化学品（chemicals）、工业用油（industrial oils）、生物聚合物（biopolymers）、纤维（fibers）的原料、中间产品或最终产品。可见，欧盟生物经济七大重点领域之一的生物塑料可以归入生物材料大类。

此外，在其他战略报告与研究论文中，出现了其他生物经济领域分类。

1. 分为食物和非食物领域（food/non-food products）

其中食物领域是指通过传统方式生产的食品、饲料和运用现代生物技术手段研发生产的包含营养定制与功能食品等在内的新型食品以及药品；非食物领域主要是指低排放能源和工业原材料及其生物基产品——该领域往往被界定为"生物基经济"——生物经济的非初级产品部分,而其初级产品(primary production)部分主要是指常规食品与饲料链(regular food and feed chains)的开发利用和生产。

2. 将生物经济领域概括为"4 Fs"(food,fibre,fuel and feed)

将生物经济领域划分为食品、纤维、燃料、饲料和给料(feedstock)以及以它们为原料加工制造生产出的各类产品,包括化学品和药品。

欧盟生物经济领域的演进具有代表性。以欧盟生物经济领域的划分为基础蓝本,如果将生物材料整体纳入其中,那么生物塑料就可并入生物材料。根据上述美国和芬兰生物经济领域的划分方式,补充增加与农业等领域交叉的"环境与生态服务"领域。综上,概称生物经济领域为"八大领域",包括:农业及食品,生物制药与健康,生物制造(包括生物炼制),生物能源(包括生物燃料),生物材料(包括生物塑料),生物酶,生物化学品,环境与生态服务。

八大领域之间仍然存在重叠或交叉,这一方面是由于生物基产品的复杂多样,另一方面与生物经济概念和领域仍然在进化发展有关,就如同信息经济时代的互联网、大数据、云计算、物联网等领域存在显著的交叉一样。此外还包括不同国家和地区的理解角度和侧重点有所不同等原因。

第一,生物经济概念缘起于 2000 年前后的世纪之交。

2002 年以后,国际上出现众多从不同角度理解、侧重点有所不同的定义。不同阶段和不同视角的代表性定义表明:新兴的生物经济概念是发展进化的,进化之中不变的特质渐趋明朗。生物经济所包含的特质是绿色、健康、可持续(green,healthy and sustainable)。

明晰生物经济概念的缘起与发展脉络,有助于理解生物经济的研发创新、生物质基础、绿色转型与绿色增长、健康及可持续等共性特征。

第二,伴随着生物经济概念的进化,生物经济的领域同样是进化发展的。

从不同阶段、不同地区或不同侧面理解的生物经济的领域具有以下共性特征:利用可再生生物质、研发与创新、生产生物基产品。

第三,在生物经济八大领域或其子领域当中,转基因食品、健康医疗和生物能源成为生物经济的三大主题。

转基因食品（"农业及食品"领域的子领域）、健康医疗（属于"生物制药与健康"领域）、生物能源，因其创新性强、牵涉面广，对经济社会及环境可持续发展作用巨大且影响深远，成为生物经济的三大主题。转基因食品是研发前景广阔、市场容量大而又备受争议和谣言困扰的新型食品。健康医疗是体现生活质量的最重要指标，是经济社会发展的永恒主题。生物能源的开发与产业化应用，对于减少环境污染、弥补化石能源不足、实现能源消费多元化及能源安全、促进农业拓展与农民就业等都具有重要的战略意义。

第三节　生物经济的特征

生物经济与现代生物技术和生命科学研究开发密切相关，并与当前的信息经济和知识经济发展有着密切联系。在综合考察农业经济、工业经济、信息经济以及知识经济的特点并进行对比分析后，我们认为：生物经济是以生命科学与生物技术研究开发与应用为基础的、建立在生物技术产品和产业之上的经济，是一个与农业经济、工业经济、信息经济相对应的新的经济形态。

一、生物经济的特点

我们从生物技术及其相关产品生产消费过程来分析生物经济的特点。其流程为：各种生物资源，经生命科学与以现代生物技术为核心的技术体系的相互作用，研究开发出新工艺、新产品；新产品通过市场进入消费领域并与相关产品互补形成宏大产业群；消费具有"人本化"特征。基于此，生物经济的特点可以表述为以下 6 个方面。

（一）科技含量高，投资回报期偏长

生物技术产品开发通常是一项高投入、高风险的工程，在投入产出方面

存在较大的变数；另外，其研发的诸多环节含有较高的科技含量。在研发及产业化过程中，要求研究机构或开发公司具有全面扎实的专业知识、高素质的科研人员，所需的实验室及仪器设备更加优良，并须将现代生物技术与信息等其他技术相互融合。公司把产品推向市场后，较高的科技"门槛"准入容易把竞争对手挡在门外，以保护公司高额回报与长期的利润空间。

（二）对生物资源依赖性强

基因是从已有的生物资源中"发现"而非"发明"的。从理论上讲，谁拥有生物资源，谁就有开发生物技术产品的物质基础。农业经济时代对生物资源的依赖主要局限在初级利用、外观层面；而生物经济对生物资源的依赖主要体现在深层利用、基因层面；工业经济时代和信息经济时代对生物资源的依赖性相对较弱。

（三）产品与产业多元化

生物经济的产品与产业内容，不仅涉及目前的常规农业系统，而且涉及食品、营养、健康、医疗、资源、环境、生态、能源和新材料等众多领域。由于深入到基因层面，产品与产业多元化、产品人性化和个性化明显。产品多元化，指从传统农业产品到运用现代生物技术生产与加工的产品，如功能食品、生物能源、生物疫苗、基因农产品等。产业多元化，指除传统的农业三次产业外，还增添了许多与"非农"交叉的新型产业，如基因美容、农业疗养等。由于生物技术涉及人体本身及其赖以生存的环境，因此各国对其开发应用较为慎重，不会轻易出现如网络软件产品一样被大量快速复制的现象。

（四）日益显现的市场容量和商业价值

生物技术产业开始创造巨大的商业价值。"一个功能基因，可能会造就一个产业。"一个产业对应的消费人群，即使是属于患者人群，也往往是异常巨大的。

例如，几年前，研究人员在马达加斯加热带雨林中发现了一种有独特遗传性状的稀有的长春花植物，它可以作为药物用来治疗某些癌症。Eli Lilly 制药公司把它开发成药物，获取了巨大利润，仅在当年销售额就达1.6亿美元。随着人类社会的发展，生物技术产业将蕴含越来越大的商业价值。在农业经济乃至工业经济时代早期，人们对于健康、保健的花费很小；到了信息经济时代，对于健康医疗的市场需求急剧上升。在生物经济时代，随着健康医疗模式的转变和人类平均寿命的延长，绿色健康的生产与生活方式备受关注，退休后的生活年限也将随之延长，各种保健及对老年人的护理、医疗将会形成一个更大的市场。

（五）生物经济的消费更具"人本化"

由于生命科学、生物技术及其产品与人类自身健康、生活品质以至生活价值直接相关，"以人为本"的发展理念将得到最终体现，并进一步升华到能够真正体现以人类生活品质为中心的"人本化"（human-centralization）境界。所谓"人本化"，就是"以人为本＋生活品质"，也称为"人本关怀"，它源自"以人为本"并胜出于它。在信息经济时代，产品开始出现柔性制造、个性化设计特点。在生物经济时代，将更加注重"人本关怀"，如利用基因工程开发个性化"定制"药物，利用农业的多元化功能进行环境美化与健康疗养。

（六）生命伦理与基因污染问题突出

转基因作物中的外源基因，可能通过花粉传授等途径扩散到其他物种，生物学家称之为"基因漂流"（gene flow），也就是所谓的"基因污染"（genetic contamination）。种植转基因作物已是大势，因而基因污染的情况可能发生。与其他污染不同，基因污染是不可逆的，植物和微生物的生长与繁殖可使之成为一种蔓延性灾难。人工合成遗传物质，制造一种自然界并不存在的新型单细胞生物，同样涉及伦理和安全问题。目前基因治疗之所以只用体细胞，而不用可以治本的生殖细胞，就是因为生殖细胞涉及基因组改造等生命伦理问题。如为使水稻能够抵抗重金属，而将人的基因转入到水稻中，人吃了这种稻米是否会产生诸如是在"自食"的伦理问题？

二、生物经济时代的特征

人类社会发展经历了漫长的狩猎采集经济时代和农业经济时代，以及于 18 世纪开始 20 世纪终结的工业经济时代，目前正处在信息经济时代的中间。生物经济预示着一个时代的来临。我们在考察每个经济时代的发展阶段并进行对比后认为，生物经济时代的特征主要体现在以下 5 个方面。

（一）"人本化"发展理念

人类掌握科技知识、发展经济的终极目的应是对人自身的关怀，而生活品质是对人自身关怀的最佳体现。"人本化"理念是生物经济时代最重要的特征。该理念体现在生物技术应用于与人自身及其生活环境直接相关的产业上，包括食品、营养、健康医疗、资源环境、生态、新材料等。

第一，通过培育具有耐寒、抗病、抗虫、耐盐碱等各种抗逆新品种，提高农产品品质和产量，扩大农业利用空间，或利用微生物改善生态环境。

第二，推动第二次绿色革命，改善人类膳食结构，提高营养水平。转基因技术、组织培养技术、动物胚胎移植与克隆技术以及生物肥料、生物农药、新型饲料添加剂与新型疫苗的开发应用，将大幅度地减少化学农药与化学肥料对环境的污染，从而引起种植业和畜牧养殖业的根本性变革。

第三，开发清洁能源，减少污染，缓解能源短缺压力，乃至实现化石能源替代战略。

第四，干细胞技术、治疗性克隆技术和新型保健品等，为人类健康和长寿提供技术支撑。

第五，将生物技术应用于提高生活情趣、满足人们休闲娱乐等精神消费领域。

（二）基因重塑世界

在生物经济时代，生物技术的影响将广泛渗透到非生物界领域，改变许多非生物产业的生产模式。争夺动植物包括人类功能基因专利，已演变为一场"基因战"。相关热点频出：转基因动植物、基因药物与疫苗、基因疗法、基因保健美容与选材、生物反应器等，其中部分已开始大规模投入应用。

基因能改变外部环境，也能改变人自身，这是其对人类经济和社会生活产生极大影响的原因所在。现已发现，除有 6000 余种单基因遗传病外，危害人类的许多重大疾病，如肿瘤、心血管病、精神和神经系统疾病等都与基因相关。人类基因组计划的成功以及后基因组计划的到来，标志着人类历史由"认识客体、改造客体"时代，开始向"认识主体、改造主体"新的时代转变。

（三）农业外延扩大，产业界线日渐模糊

生物经济时代的农业外延扩大、内涵丰富多彩。农业不再是传统或当代意义上的农业，而是重在品质的提高和功能的拓展，其农产品也不再局限于传统农产品。到那时，农场有望成为超级生物加工厂，许多未来"农产品"包括一些疫苗、化工产品将出自这样的加工厂，而非来自田地。

（四）预防先行的护理模式

现代生物技术正在推进继"公共卫生制度建立、麻醉术、疫苗抗生素应用"之后医学史上的第 4 次革命，使疾病诊断、治疗和预防手段产生革命性变化，使医疗技术发生质的飞跃，使人类更加健康长寿。医学发展经历了从临床医学到预防医学，未来基因组研究能完全改变现有医药模式，一方面通过确认疾病风险，对高风险人群做好提前预防；另一方面开发出更好的疾病诊断和治疗方法。

在生物经济时代，健康医疗方式将由以治疗为主转到以预防为主，即由目前的"疾病护理模式"（sick-care model）转向"预防模式"（preventive model）。

（五）生物、信息、物质的大融合

生物是由物质构成的，物质含有丰富的信息。遗传物质就是一系列信

息，利用遗传物质 DNA 分子中蕴含的计算能力，可望开发具有强大功能的 DNA 计算机和软件。这样的计算机和软件就像自然界生物一样可以自行修复缺陷，为遗传信息管理和交流提供便捷。

生物技术将同无机硅片信息技术、无机合成材料技术以及纳米技术一起，交织更迭，相映生辉。随着分子生物学相关学科的发展和人类基因组、水稻基因组等各类计划的实施，越来越多的动植物、微生物基因组序正在以海量速度增长。为快捷有效研究基因在生命过程中的表达功能，基因芯片应运而生。生物信息学更是以生物技术和信息技术融合而形成的一门交叉学科。基因身份证将个人病症、性格等方面的信息贮存在身份证上，是这种融合的一个生动实例。

在生物经济时代，许多生物过程可以数字化。数字、文字、声音和图像是信息常见的表现形式，但信息还有其他表现形式，如嗅觉、味觉、触觉、想象和直觉等。所有这些信息表现形式的开发和再开发为未来生物产业发展提供了广阔的空间和巨大的商业前景。

第四节　发展生物经济的现实意义

生物经济已从世纪之交的生物基产品"概念"，发展到如今遍及全球的战略、政策与行动。生物经济既是一种创新的生产方式，能够提供地区性或全球性的可持续解决方案，也是一种改变经济与社会模式以应对诸如气候变化、COVID-19 疫情等重大问题与全球性挑战的重要战略。生物经济既是新兴的综合经济形态，也是可持续的综合平台，更是一种新的可持续发展理念和可持续发展观。总之，生物经济是一项从根本上减少对化石资源依赖的革命，不仅意味着提供生物基产品以实现化石资源战略替代或其系统转变——包括利用可再生资源和将不可再生资源转变为可再生资源两个方面，更主要的还体现在应对有关食品、健康医疗、环境等全球性问题的可持续发展战略需求方面。生物经济具有绿色、健康、可持续等特质，纵观农业经济、工业经济、信息经济等综合经济形态，只有生物经济与当代经济社会发展所面临的全球性问题直接相关并高度契合。作为可持续发展的拓展与深化，生物经济赋予当代可持续发展以"超越化石资源"的新内涵；作为可持续的综合平台，生物经济以可再生循环的价值链方式，将农业与传统工业部门融合起来，全方位促进农业、健康医疗、生物制造及生物能源、环保及生态服务等领域的绿色发展。因此，认识国际生物经济发展战略格局及其政策趋势，对于研究制定我国生物经济发展战略规划具有借鉴价值与前瞻性意义。研究制定促进生物质创新开发与有序循环利用，以及生物基产业融合协调发展的政策，以便构建与高质量发展相适应的绿色产业体系，从而实现经济社会的绿色转型与可持续发展，是未来生物经济战略政策研究的重要方向。

一、生物经济将深入推进当代可持续发展

生物经济是可持续的经济发展方式。从生物经济定义及其领域演变可知，生物经济具有自然、健康、可持续等特质。其中，"自然"意指生物基产品即"bio 产品"从自然中来又回到自然中去；"健康"指其食品、营养、医疗、环保等各领域均有益于人的健康及人与自然的和谐相处；"可持续"指生物资源可再生和生物基产品可降解、环境友好并具有正外部性。从生物经济领域细分看，生物材料、生物能源等领域以发挥"自然"功能为主；食品与营养、医疗等领域以"健康"功能为主；大多数领域则具有多种特质的综合功能。因此，可从三个层次理解生物经济的可持续特质：生物经济是与可持续资源利用相关的新兴商业领域（business area），是应对气候变化、资源紧缺等诸多问题的社会战略（societal strategy），是改变人们思维和提供可持续生活方式的新的经济社会系统（economic and social system）。生物经济赋予了当代可持续发展新的内涵，对于新的政策理念的形成具有导向性作用，颠覆了"使用化石资源生产产品"的传统观念，正在开启经济发展新的"生物范式"（bio-paradigm）。相对于工业经济和信息经济占主流的"机械范式"——注重"精确"与"互联"，"生物范式"更加强调"和谐"与"共生"。

发展生物经济是应对气候变化、减少温室气体排放的根本性举措，能为应对气候变化等重大问题、促进经济社会绿色转型提供系统性方案。生物经济已超出生物基产品及生物产业范畴，拓展到经济、社会和环境等各层面，对当代可持续发展产生重要影响。主要表现在：生物经济将变革工业生产方式，通过生物工艺过程，开发可持续的环境友好型生物基系列产品；通过由植物基因革命等组成的第二次绿色革命，新型农业将促进食品、营养安全及生物质产业融合，创造新的就业市场和收入，并为农村农业带来新的繁荣；通过医药生物技术发展，将提高人类健康医疗特别是重大疾病与传染病的防治水平；通过环境生物技术，将革新受损水土与大气的处理手段，净化美化环境，同时保护生物多样性。

二、全球疫情凸显健康医疗在生物经济发展中的先导性

在生物经济发展及其领域演进过程中，基于农业（绿色）生物技术（green biotechnology）的生物农业正发展成为生物经济的基础，基于工业（白色）生物技术（white biotechnology）的生物工业有望发展成为生物经济的主导，基于环境（灰色）生物技术（grey biotechnology）的生物环保将担负起生物经济的"美化"功能。相对而言，受此次新型冠状病毒肺炎疫情影响，基于医药（红色）生物技术（red biotechnology）的健康医疗将发展成为生物经济的先导。同时，德国、芬兰等生物经济发展领先国家的实践表明，丰富的生命科学知识及人才储备、强大的生物技术及医疗器械手段，以及相对完善的医疗卫生与健康管理体系，是有效应对新冠肺炎疫情等突发事件的重要因素。健康医疗是人类经济社会发展的永恒主题，随着全球多数地区温饱问题的缓解、人类对生活品质的追求和高质量发展需求的提高，以及国际公共卫生和生物安全问题的凸显，在生物经济的众多领域中，包含生物制药在内的健康医疗的重要性愈发突出，而其明显具有的"人本"和"示范"效应使其处于生物经济价值链的高端。加之此次全球新冠肺炎疫情下各国对健康医疗问题关注度的普遍提升，使其有望发展成为引领生物经济的先导，并将带动生物制造、生物能源、生物化学品等领域加速发展。

三、生物化将超越数字化成为未来时代经济发展的主流

生物化（biologization）以生物资源的工业化利用为基础（based on the targeted use of biological resources for industrial purposes），泛指经济社会广泛应用生物科技及绿色发展理念，普遍生产和消费生物基产品的过程。随着生命科学与生物技术的"会聚"（converging）发展和群体性进展，特别是合成生物学与系统生物学的工程化应用，生物质产业边界将淡化并相互融合，作为生物质基础的农业将被重新定义，生物基产品将因价廉而得到普遍推广。如同当代信息（数字）产品廉价而普遍使用，进而推动社会进入信息经济时代和信息社会一样，届时人类经济社会将迈入生物经济时代和生物社会（biosociety）。目前，数字化（digitalization）正逐渐成为工业化（Industralization）的主流模式，并通过数字化转型（digital transform）推进"工业4.0"的发展。由此可推测，生物质产业会相互融合，生物基产品将无处不在，人与环境实现协调发展、共生共荣。如同信息经济时代"万物互联"一样，生物经济时代也将是"万物共生"的生物化时代。届时生物化将通过农业、工业乃至经济社会的绿色转型，逐步取代数字化并引领"工业5.0"发展。也就是说，生物化将开启"工业5.0"道路，"工业4.0"与"工业5.0"将实现有机融合（merge seamlessly into one another）。

四、生物经济能从本质上促进产业融合发展和绿色转型

生物经济涉及农业和食品、健康医疗、能源、材料、化工、环保等众多产业。生命本质的高度一致性、生物技术的通用性、跨领域的生物质共性为上述产业拓展与融合发展提供了物质基础与技术可能。以生命科学和生物技术为核心，结合信息技术、纳米技术、新材料技术等"会聚"发展与应用，将从本质上变革上述产业的发展模式，推动生物产业与信息、材料、能源、环保等产业的融合发展。届时，生物质产业将掀起一系列绿色革命，相关产业将被重新定义——定义问题比解决问题的层次更高。以农业为例，在生物经济时代，农业将被重新定义，将发展成为生物经济的

"双基础"——农业是生物质的基础，而生物质是生物经济的基础。届时，农业将经历第二次绿色革命及其系列革命，推动能源农业、健康农业和"互联网＋农业"等一批新业态乃至新型农业体系的形成，从而实现农业与非农产业的相互融合乃至绿色转型。其转型特征包括智慧利用可再生生物资源、低碳、环保、可持续、高品质、新业态、人本化等。

五、发展生物经济需要绿色政策的配套与协同

生物经济产品多种多样，部分产品类型如生物医药具有高投入、高风险、高回报、长远性等特点，大多数产品具有知识密集、可再生、绿色化、可替代等特点，同时具有正外部性、溢出效应及社会公益价值。因此，在生物经济产品研发及产业化之初，需要绿色政策的配套与协同。配套与协同主要体现在三个方面：一是区域协调，即全球不同区域、国家、地区或国内不同地区之间的技术与资源跨区域协调和优化配置，这是基于生物经济的"全球及地区"（glocal——both global and local）特征，如食品、能源等大宗产品应靠近原料产地和消费者，而其他多数产品及服务可在全球市场开展贸易。二是化石基产业与生物基产业协调，即两类产业的互补与替代，这就需要政治、科学和经济界之间的协调行动。三是与联合国可持续发展目标（SDGs）的协调。在 17 个 SDGs 中，大多数与生物经济直接相关，建立起两者之间的战略对接与协调机制，既有利于 SDGs 的实现，也有利于将发展生物经济倡议纳入多边政策制定过程并在政府间讨论，从而形成基于生物经济的可持续发展新共识，促进生物经济战略政策的实施。

第五节　经济学视角下生物产业价值分析

进入 21 世纪以来，随着全球能源、资源的日趋枯竭，地球生态环境迅速恶化，自然灾害激增，生物物种迅速减少，生态平衡遭到严重破坏，以

消耗资源、破坏环境和生态平衡为主要方式和代价的经济增长模式已经逐步走向终结，可持续发展、循环经济、绿色经济等新的经济增长观念开始日渐为人类所接受。生物技术正在推动以矿业资源为基础的经济向碳水化合物为基础的经济发展，将对经济和人类社会发展产生巨大而深远的影响。生物产业在农业生物技术、医药生物技术、工业生物技术 3 个产业化浪潮推动下，正快速由最具发展潜力的高技术产业向高技术支柱产业发展，成为 21 世纪经济可持续发展的战略性新增长源。世界各国政府和公众愈来愈意识到生物产业的巨大发展潜力和对人类社会巨大而深远的影响，各国政府纷纷把发展生物技术产业作为基本国策，国际竞争日趋激烈。20 世纪 70 年代以来迅速发展的现代生命科学和生物技术，正在成为 21 世纪经济发展的战略性新增长源。而生命科学和生物技术创造的生物产业及生物经济，已成为人类经济可持续发展的必然选择。本节从产业经济学和技术经济学的角度，深化对生物经济的理论分析。

一、产业融合诞生生物产业

产业融合是"由于技术进步和放松管制，发生在产业边界和交叉处的技术融合，改变了原有产业产品的特征和市场需求，导致产业的企业之间竞争合作关系发生改变，从而导致产业界限模糊化甚至重划产业界限"。或者是指"不同产业或同一产业内的不同行业通过相互渗透、相互交叉，最终融为一体，逐步形成新产业的交叉发展过程。其特征在于融合的结果出现了新的产业或新的经济增长点"。总而言之，产业融合是一种新的经济现象，并已在很大范围内影响产业的发展；同时，产业间互相渗透具有内在成长性，正在促使现有产业的边界重新划分。

生物技术是以生命科学为基础、利用生物体系和工程学原理、提供商品和社会服务的综合性科学技术。生物产业主要是指近 20 年来发展起来的以高新技术为支持的新兴产业，其中主要以生物技术为核心。从生物产业的内涵来看，其本身就是一个与其他学科紧密相关、互相联系、互相融合的产业。从以生物技术为核心发展起来的生物产业的含义就不难看出，其本身就是融合其他相关学科及技术而产生的。生物产业发展集聚的趋势越来越明显，产业集聚进一步推动了产业融合，而产业融合反过来又促进了产业集聚。生物产业发展应走产业融合的道路，必须实现技术融合、业务与产品融合、市场融合的"三结合"。技术融合是前提基础，业务与产品融合是关键，市场融合是最终的结果和检验。技术融合的实质是技术创新的过程，产业间发生技术融合之后，原有的生产、业务流程等要相应地发生变化，要产生提高核心技术和业务能力水平、生产出新的产品的效应，否则技术融合就没有意义。而新的业务水平和新的产品要能适应市场需求，以市场融合为方向，不然商品就不能实现其价值。

（一）生命科学中相关产业融合成为当前重要特征

生命科学产业中生物、医疗电子、制药和信息等项重要技术日益交融，相关企业间的跨行业合并或合作，已经成为当前生命科学界的一个重要特征。由于信息、医疗、制药和生物技术的相互渗透，一台医疗设备、一个计算机软件和一个药物之间的区别正变得不复存在。电子产品的微型化、远程遥控和网络技术则使得以上行业之间的界限变得更加模糊。从技术角度来说，要想在制药公司和生物技术公司之间划清界限将非常困难。生物、信息和制药等技术的融合，具体表现为不断出现的跨行业企业的合并。

（二）生物产业与农业的融合

现代生物技术正在引发一场新的"绿色革命"，创造一种新型农业，即生物环保农业。这就是利用现代生物技术开辟高产作物新资源，拓展新的食品资源。生物转基因技术、组织培养技术、动物胚胎移植与克隆技术，以及生物肥料、生物农药、生物饲料的广泛应用，将推动种植业和养殖业的变革，大幅度地提高农产品产量与品质，强化农产品的营养功能；减少化学农药、化学肥料对农田和环境的污染，加强对污染土壤的修复。生物技术还将从根本上改变农业生产的组织方式和农业产业结构，打破农业与工业的界限，实现"农业工业化""工业农业化"。

（三）生物产业与医药产业的融合

生物技术产业以生物医药产品为主导，而且用于生物医药产业发展的研发费用还在不断增长，平均每5年翻一番。基因工程制药成为21世纪高技术发展的顶级生长点，国际上已有多种基因工程药获准生产，有更多的新药正在临床试验阶段。

（四）生物产业与环境、能源产业的融合

生物技术产业的发展将在治理污染、防治沙漠化、保护生态和生物多样性、维持生态平衡、促进环保产业化以及发展无污染的洁净新能源等方面发挥重要作用。如生物陶瓷材料、生物金属材料、生物聚合物材料等生物材料已在日常生活中得到广泛使用，既安全又健康，还可以保护生态环境和生物多样性，实现材料与环境的协调性和适应性，被称为"绿色材料"。我国已在生物环保、生物能源、生物海洋方面具有一批重要成果，产业化前景广阔。如从野生麻风树果实中提取并加工出与柴油相近但更加环保的燃油，这种生物柴油不会出现黑烟弥漫现象。在化工、造纸等领域，正在进行利用生物降解有害物质减轻环境污染途径的探索。

（五）生物技术和IT产业紧密融合

生物技术和IT技术在未来将融合得更加紧密。目前，全球生物技术和IT企业的融合正进行得如火如荼。

（六）生物产业与工业的融合

如今，生物技术与工业制造技术相互融合发展的新成果备受关注，例如用生物技术变革传统的工业生产工艺技术的成果：用生物过滤替代传统采矿方法，用纸浆生物过滤替代传统造纸技术，用基因重组、细胞融合技术生产化工原料和产品，用生物材料发展制造业、医药业、建筑业、信息业、包装业，用生物技术改造废气、废水、废渣，变废为"宝"等。

（七）生物产业与芯片技术的融合

生物芯片是一门刚问世不久的，涉及微电子、微机械、塑料成模等工程技术和学科的新兴技术。它为生物信息学的发展和研究提供最基本的、必要的信息和依据，成为生物学和生物信息学的重要技术支撑。已有的生物芯片包括基因芯片、蛋白芯片、细胞芯片、组织芯片以及其他多种由生物材料制成的信息芯片。这一技术将许多分析过程集成到芯片上，使分析集成化、微型化，应用于疾病诊断、药物检测、司法鉴定、动植物检疫、基因组研究、环境监测等多个领域，是未来生物信息学的信息处理平台，产业前景十分广阔。

（八）生物产业与信息技术的融合

生物信息实验数据的积累速度相当惊人。继DNA序列测定之后，需要进行大量遗传信息的处理工作，如存储、检索、整理，以及分析基因序列、蛋白质序列、蛋白质结构和功能的关系等。生物信息学由此应运而生，涉及生物技术、结构生物学、信息科学、计算机科学、工程学等，是基因组学的技术平台和重要基础，对生物技术的发展由定性科学转入定量科学，起到了决定性的作用。生物和信息的融合还突出表现在一大批生物信息统计研究公司的诞生，生命科学领域新出现的"数据采矿"，正是生物信息统计公司从事的工作。

（九）生物产业与化学工程的融合

生物化工现已成为全球化工领域重点发展的产业。随着基因工程和细胞融合等现代生物技术的发展，生物化工学科获得了空前高速的发展。近年来，随着人类基因组测序计划的完成，生物技术研究进入了后基因组时代，并由此带来了蛋白质组学的发展，为生物分子的高效表达和生产带来新的契机，也为生物化工学科的发展带来新的机遇和挑战。我国已建设了一批生物化工重点学科及学术研究和技术开发基地，在发酵工程、生物反应器、工业生物催化和下游生物加工技术等领域取得了一批基础和应用研究成果，某些产品的生产技术达到了国际先进或领先水平。

二、生物产业是可持续发展最有效的技术进步条件

根据新古典经济增长理论，技术进步条件可以对经济增长起到重要推动作用，生命科学和生物技术作为最有效的技术进步条件，对 21 世纪新经济发展具有重大意义。

生物技术将是 21 世纪的主导技术之一，甚至可能引发一次新的工业革命，对人类生产、生活的各方面产生全面而深刻的影响。信息技术和生物技术是 21 世纪的新经济支柱，但信息经济只是知识经济的初步发展阶段，初步展示了知识经济发展速度快和创造的社会价值巨大等特点和优势，而生物经济才是知识经济的充分发展阶段。IT 和网络砝码只是为人类的信息沟通带来了巨大的革命，只是一个传播信息的手段，而生物领域的革命能够从根本上改变人类的命运，生物技术所带来的商业机会和所创造的价值将会大大超过网络。

三、生物产业是可持续增长的高效高收益产业

鉴于生物产业、生物经济知识和技术的高密集性，其高效高收益性可以从生物技术科研投资效果入手进行分析。从经济学角度评价生物技术科研投资的效果主要有两种方法，即剩余分析法和生产函数法。

科学研究可能带来单位产品成本下降或生产力提高，使供给曲线发生移动，消费者剩余和生产者剩余发生变化，对这种变化进行分析，就可以使用剩余分析法。假定采用生物技术成果后供给曲线从 S_1 移动到 S_2，那么均衡价格、产量将由（P_1，Q_1）变为（P_2，Q_2）。S_1 时，生产者剩余为 $A+D$，消费者剩余为 G，社会总剩余为 $A+D+G$；S_2 时，生产者剩余为 $A+B+C$，消费者剩余为 $D+E+F+G$，社会总剩余为 $A+B+C+D+E+F+G$。从 S_1 到 S_2，社会总剩余的净增加值为（$A+B+C+D+E+F+G$）-（$A+D+G$）=$B+C+E+F$。研究中，在极为不同的条件下，对供给和需求曲线的形状与移动作了大量的假设。使用剩余分析法对生物技术科研投资的收益进行评估，收益评估值的大小存在差异，虽然有些很小，但生物技术科研投资能

够获得收益这一点是毫无疑问的。通过对生物技术科研投资所进行的上述收益分析，可以得出以下结论：生物技术科研投入的社会效益较高，追加公共、私人投资可以促进社会福利的增长。经验表明，到目前为止，公共部门、私人部门的联合行动比任何两者独立的行动都更富有效率。

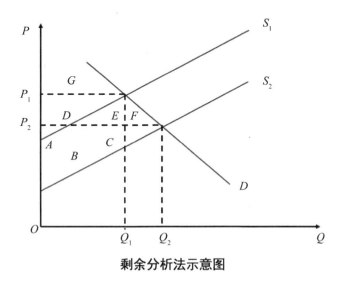

剩余分析法示意图

第二章 生物经济引领世界发展

第一节 生物质的开发与应用前景

在认识并大规模开发利用石油、铁矿砂等矿产资源及化学氮素发明之前，生物质早已存在。对其认识与利用程度的差异演绎了国家和人类截然不同的兴衰命运。

一、生物质及生物质资源开发

生物质是由植物、动物或微生物生命体所合成得到的物质的总称，分为植物生物质、动物生物质和微生物生物质。据 2007 年的数据估算，地球每年新生成的植物生物质资源和可再生废弃物资源（包括农业废弃物、林业废弃物、畜牧业废弃物、水产废弃物和城市垃圾等）总量换算后约为消耗石油天然气和煤等能源总量的 10 倍。生物质资源既可作为能源，也可加工成日用化学品。美国、欧洲、中国、印度、泰国等森林覆盖面积大或为农业国家，生物质资源可以满足能源和有机化学品的需要。

为了缓解未来能源与环境的双重压力，世界各国都十分重视可再生能源，特别是生物质资源的开发和利用，生物质资源作为石油、煤炭等资源的理想替代品已引起了全球的广泛关注。事实上，世界上许多国家已把发展生物质经济作为可持续发展最重要的战略之一。一方面是因为，传统的石油和化工产业产品，大多是以石油和煤炭等为资源生产开发的，随着石油价格的日益攀升，煤炭因过度开采而日渐匮乏，资源的短缺将成为石油和化学工业发展的"瓶颈"。另一方面，传统的石油和化工产业使环境进一步恶化，治理难度加大。对石油原料的依赖是现代社会最脆弱、最棘手的问题之一。可以肯定地说，人类耗尽所有石油和化工原料的一天终将到来，所以必须找到能替代它们的物质。而地球上存量巨大的生物质资源就是很好的替代品。美国在生物资源的利用方面一直处于领先的地位。我国目前在生物能源和有机化学品方面的开发也已取得一定的成果，研发范围仍在不断扩大，出现了新的开发热潮。

二、历史警示与现实危机

化学物质逐渐替代生物质实现工业化的同时，伴随出现的生态环境危机已经严重危及人类健康和经济发展。作为应对措施，世界各国纷纷将生物质的研究与发展作为国家重点战略加以扶持。从 2003 年开始，我国也将生物质能源、生物质材料、生物反应器的研究与开发纳入国家中长期发展规划。生物质经济这座潜能无比巨大的冰山，再次浮出水面。生物质经济能够较好地解决能源、环境和"三农"问题。我们必须抓住这次千载难逢的历史机遇，建立生物质产业发展协调机制，制定生物质产业化发展规划，引进国外先进技术，加大投入，完善政策机制，建立生物质产业集群，加大科技攻关力度，大力发展生物质经济，实现国民经济尤其是农业经济的跨越式发展。工业革命前，氮素不足，生物质被弃之不用，人类遭受了严重饥荒与灾难。在工业化之前漫长的历史长河中，人类是在氮素极其匮乏的情况下求生存、谋发展的。虽然大气中含有 78% 的氮气，但它属于惰性气体，在它的分子结构未被分解成氮原子之前不能被人类所利用。人类通过共生固氮的豆科作物、稻田中的蓝绿藻类等非共生固氮生物、闪电以及只分布在秘鲁等极少数国家的鸟粪矿来获得极为有限的氮素来源。当时氮素资源极为匮乏，世界上绝大多数国家并没有认识和利用生物质中含有的丰富的氮素资源。在人烟稀少、环境容量巨大的背景下，这些生物质资源对环境不构成任何威胁，但对急需氮素生产食物的人类来说，是个巨大的遗憾。古代战争、古代文明的兴衰与食物丰缺有关，食物丰缺与人们对生物质氮素的认识与利用程度有关。从这个角度讲，古罗马帝国、巴比伦王国的衰亡，人类饥荒和灾难与人类对生物质氮素资源的忽视有着或多或少的联系。工业革命后，用化学氮素逐步替代生物质氮素引起了日益严重的生态环境危机，也加大了农业生产的风险。

1913年人工合成氮素机器的发明，为人类无限制地生产氮素肥料、彻底摆脱对自然氮素的依赖开辟了道路，极大地解放了农业生产力，也产生了日益严重的生态环境危机。由于科学技术水平的限制，氮素化肥的使用必然导致环境污染随用量增加而加重。20世纪50年代和80年代前后，在欧美等发达国家和中国等发展中国家的发达地区出现了一系列严重的氮素污染问题。这些国家和地区的土壤、淡水、近海以及森林生态系统的氮素普遍由亏缺变成盈余状态。土壤中无法存储的氮素渗漏到地下水中造成了地下水污染，流失到地表水中导致江、河、湖、海富营养化，进入海湾和近海中导致海洋赤潮，多余的未被作物吸收的氮素以气态形式排放到大气中造成酸雨增加、臭氧层破坏、全球气候变暖等后果。排放到大气中的氮素化合物通过降水、酸雨的形式降落到土壤与水体中，导致土壤酸化，加重了水体富营养化，降落到森林中导致森林生态系统氮素的进一步盈余，由此形成恶性循环。中国经济发展中出现的生态环境问题和迅速发展的经济一样受到全世界关注，比如沙尘暴不仅使中国受害，也直接影响韩国、日本等周边国家。环境污染给各国造成了严重的经济损失，严重危及广大人民群众的生命与健康。

化学氮素肥的大量使用，不但增加了化石能使用量，也加大了农业风险。化肥价格受世界能源价格影响严重，石油价格的持续上扬迫使化肥价格不断升高，为了降低成本、增加农民收入，政府必须对化肥价格进行补贴，化肥补贴进一步增加了农民对化学氮肥的依赖。随着人口的不断增加和经济的不断发展，人类对粮食的需求将会不断提高，如何在增加食物生产的前提下减轻氮素污染，成为全人类关注的焦点问题。世界权威专家普遍认为，摆脱过度依赖化学品和化石能造成的恶性循环、增强农民抗风险能力的根本途径在于对生物质的资源化利用。

三、生物质经济与我国传统农业

生物质能的应用具有悠久历史。人类自从发明火以来，就开始燃烧木材做饭和取暖，以此方式利用生物质能源。生物质能源也是人类赖以生存的重要能源，据"科普中国"数据显示，每年地球上的植物通过光合作用产生的能量相当于目前人类消耗矿物能的 20 倍，相当于世界现有人口食物能量的 160 倍。我国理论生物质能资源相当于 50 亿吨左右标准煤，是 2010 年我国总能耗的 4 倍左右。生物质能是人类利用最早、最多、最直接的能源，目前仅次于煤炭、石油、天然气，居世界能源消费总量第 4 位，在世界能源总消费量中占 14%。至今，世界上仍有 15 亿以上的人口以生物质能作为生活能源。生物质能源是一种再生能源。只要太阳辐射存在，生物质能就可以源源不断地储存并提供能量。生物质能源更是一种清洁能源。生物质能源生产与应用基本可以实现 CO_2 的"零排放"，被称为 CO_2 中性的能源，可以实现资源和环境的双赢。生物质能源也是未来重要的能源形式。据预测，到 2050 年，利用农、林业剩余物以及种植和利用能源作物等产生的生物质能源，有可能提供世界 60% 的电力和 40% 的燃料。

生物质经济也造就了中国传统农业。可以说，生物质经济是对生物质（包括植物、秸秆、枯枝落叶、动物及其排泄物、垃圾及有机废水等）的开发利用，古老而新兴。中国传统农业是世界可持续农业的典范。我国的太湖平原、珠江平原和成都平原在土地生产力不断提高的前提下，生态环境水平没有下降，很大程度上得益于发展生物质经济，实现了农业的有机循环。其经验可以总结为种植业与养殖业、城乡生活与农业、工业与农业、能源与环保、环保与农业的 5 个结合，即将畜禽粪尿、塘泥、城乡人粪尿归还土壤，将剩饭剩菜作为畜禽饲料归还到乡村的猪舍、禽舍，将农产品加工业废弃物作为农业原料，将秸秆等作为农村燃料。由于长期的塘泥还田措施，太湖地区稻田高度不仅没有因水土流失而降低，反而出现了抬高现象。这些在中国极为寻常的措施，在世界上其他国家，尤其是在当今经济高度发达的欧美各国却十分罕见。我国在人口经济压力十分巨大的情况下，经数千年之久，农田地力没有下降、生态环境没有受到破坏的根本原因正中国传统农业生产方式所产生的效应。

100 多年来，世界对中国传统农业的兴趣经久不衰。在世界范围的石油危机以及世界八大环境公害出现前，世界各国尤其是欧美日等经济发达国家对中国传统农业的关注仅仅停留在理论探讨阶段。当他们发现只考虑投入产出、不考虑环境后果的农业生产方式无法继续下去的时候，才真正将中国传统农业理论应用到生产实践中来，集中体现在发展有机农业、生产有机食品上。世界有机农业的"鼻祖们"无不承认中国才是世界有机农业的真正发源地。国际社会的这一普遍共识和我国目前有机农业落后于欧美，甚至落后于拉丁美洲的局面形成鲜明对比。

四、生物质与生物质能

生物质是由光合作用产生的各种有机体。生物质能是太阳能以化学能形式贮存在生物中的一种能量形式，它直接或间接来源于植物光合作用。在各种可再生能源中，生物质是独特的，它可以贮存太阳能，更是一种再生的碳源，可转化成常规的固态、液态及气态燃料。

（一）生物质开发的潜力

生物质能是人类最早直接应用的能源。随着工业化的不断加速，人们对煤、石油、天然气等化石能源的无节制使用，使大量的二氧化碳、二氧化硫、粉尘等废弃物排放到大气中，严重污染人类赖以生存的环境。而使用生物质能源几乎不产生污染，并且是一种可再生资源，同时起着保护和改善生态环境的重要作用，是理想的可再生能源之一。生物质能的开发利用目标是把森林砍伐、木材加工剩余物以及农林剩余物如秸秆、麦草等原料通过物理或化学化工的加工方法，制成高品位能源，提高其使用热效率，从而减少化石能源使用量，保护环境，走可持续发展的道路。

（二）生物质开发的价值和意义

1.摆脱对化石能源的过度依赖

生物质能一直是人类赖以生存的重要能源，它仅次于煤炭、石油和天然气，是世界第四大能源，在整个能源系统中占有重要地位。生物质能将成为可持续能源系统的重要组成部分，有关专家预计，到21世纪中叶，采用新技术生产的各种生物质替代燃料将占全球总能耗的 40% 以上。我国是一个人口大国，又是一个经济迅速发展的国家，面临着经济增长和环境保护的双重压力，因此改变能源生产和消费方式，开发利用以生物质能为代表的可再生清洁能源，对实现国民经济可持续发展和环境保护具有重要意义。

根据 2019 年的数据，我国石油储量约占世界的 2%，在全球排第 13 名，消费量是世界第二。我国二氧化硫和二氧化碳的排量在全球仍居高位。在我国，能源的多元化、可持续、与环境友好以及降低进口依存度已是大势所趋。生物质能源是目前最佳的可再生能源。太阳能、风能、水能等可再生能源可以提供能量，但不能形成物质性生产，不能像煤炭和石油那样形成庞大的煤化工和石油化工产业，生产出上千种化工产品。而生物质既是可再生能源，也能生产出上千种的化工产品，且因其主要成分为碳水化合物，在生产及使用过程中与环境友好，相比化石能源具有独特的优势。发展生物质能源可以逐步摆脱进口石油、天然气过程中受制于人的局面，并减少为此付出的外交代价。在利用我国自身资源的同时，要积极引进国外的先进技术，包括引进能源植物，例如北欧种植的多年生木本植物"沙莱斯"速生荆条和美国种植的多年生草本植物柳枝稷，是从众多植物中筛选出来的高产能源植物。一般树木是 10 年成材，一次砍伐；速生荆条是 4~5 年成材，多次砍伐。柳枝稷则可以像割韭菜一样连续收获 20 年，每年可产 21 吨/公顷。而且柳枝稷是节水植物，年耗水量只占现有农作物的 40%，每公顷每年能够生产出 4725 升乙醇。路旁、沟旁、河旁、农舍周围，以及难以作为粮食用地的土壤，都可以种植这些能源植物。

2. 保护环境

首先，发展生物质经济可以根除有机污染。将作物秸秆、畜禽粪便、林产废弃物、有机垃圾等农林废弃物和环境污染物作为原料循环利用，使之无害化和资源化，将植物蓄存的光能与生物质资源进行深度开发和利用。其次发展生物质经济可以减轻化肥污染，用生物质肥料和饲料逐步替代化学肥料和粮食饲料，是减轻化肥污染、减轻粮食生产对环境压力的根本途径。

3. 调整农业经济结构

开发利用生物质能对我国农村更具特殊意义。几千年来，传统农业一直从事稻麦棉、猪牛羊等初级农产品的生产，满足人类生活的基本需要。随着工业化的发展，农业在提供初级农产品的同时，向着食品和轻工业方向延伸。我国 80% 的人口生活在农村，秸秆和薪柴等生物质能是农村的主要生活燃料。尽管煤炭等商品能源在农村的使用量迅速增加，但生物质能仍占重要地位。进入 21 世纪，通过开发生物质能源、生物质材料和生物反应器，发展生物质经济，种植业不再是粮经饲三元结构，而逐渐转变为粮经饲能四元结构，将秸秆、畜禽粪便等农业废弃物从污染源变成宝贵的可以永续利用的能源，如清洁电力、清洁燃料、可再生饲料、有机肥料、可降解塑料、可降解木材等。

（三）我国生物质能源：15 年三步走

生物质包括农作物秸秆和农业加工剩余物、薪材及林业加工剩余物、禽畜粪便、工业有机废水和废渣、城市生活垃圾和能源植物等。利用提取加工等现代技术可以将生物质能源转换为多种终端能源，如生物质气体燃料、生物质固体燃料和生物质液体燃料等，其中受到最多关注的是生物质液体燃料（生物燃油）。

为实现"三步走"目标，国家发改委开展四项工作：一是开展可利用土地资源调查评估和能源作物种植规划；二是建设规模化非粮食生物燃料试点示范项目；三是建立健全生物燃料收购流通体系和相关政策；四是加强生物燃料技术研发和产业体系建设。可以预见，未来能源作物会像粮食作物一样，在国家相关政策支持下生产、收购和流通。

第二节　生物技术与生物经济

21 世纪将是生物学的世纪，生命科学将成为 21 世纪的显学，生物工程产业也将不可阻挡地成为 21 世纪的支柱产业。目前世界上许多国家正在致力于生物技术的开发应用以及生物技术的产业化研究。以生物为核心的"生物技术""生物产业""生物经济""生态社会"等一系列新的词汇和术语，将会如"信息技术""信息产业""信息经济"等一样，逐渐被人们所接受和理解。

一、生物技术的新进展

生物经济形态是在信息经济形态生命周期处于发展和成熟的阶段孕育出来的，以 Francis Crick 和 James Watson 发现的 DNA 双螺旋结构为标志。人类基因组测序工作的完成和公布，标志着生物经济进入成长阶段。有机的生物技术将与无机硅的信息技术并存，无机的复合材料将与纳米技术并存，生物过程数字化技术将在这段时间获得突破，为生物经济进入成熟阶段奠定基础。现代生物技术的发展逐渐呈现出两个显著的特点，越来越引人注目：一是现代生物技术可以突破物种界限，有效地改造生物有机体的遗传本质；二是现代生物技术带来的经济效益和社会效益日益显著。

（一）生物芯片研究

生物芯片研究起始于用生物大分子制作计算机芯片，这是 20 世纪 90 年代中期迅速发展起来的一项尖端技术，属于物理学、微电子学与分子生物学综合交叉形成的高新技术。这项技术的开发和利用为基因识别提供了最基本的信息和依据，因而有可能成为 21 世纪最强大的分析工具之一。预计在不久的将来，生物芯片也会像微电子芯片一样进入千家万户。

生物芯片是通过微加工工艺，在厘米见方的薄膜、玻璃片和硅胶晶片等载体上集成成千上万个与生命相关的信息分子，从而实现对基因、配体和抗原等生物活性物质进行高效快捷的测试和分析，其优点在于大规模、并行化、微制造。在单位面积上能高密度地排列大量的生物探针，可广泛用于疾病诊断、新药筛选、环境污染监测、食品卫生监督以及司法鉴定等。生物芯片技术已经给遗传信息的监测和研究工作带来了一场革命。10 多年前，在发达国家的实验室里，1 平方厘米内集成的生物探针就可达 100 万枚，已经实现产业化的生物芯片每平方厘米可排列 5 万～10 万枚探针。这样一个如指甲大小的生物芯片，实际上等同于一个实验室，可同时检测上万种基因。通过这种芯片可以一次同时测出多种病原微生物，在极短的时间内确定病人被哪种微生物感染，从而使病人得到迅速医治。

目前较为前沿的是 DNA 芯片的开发研究。主要朝两个方向发展。

第一，制作高密度探针阵列型芯片，以适应大规模长片段 DNA 序列的测定；

第二，制作针对已知序列的中等密度或者较低密度探针阵列型芯片，用于检测已知基因或者用于基因诊断。目前已研制出可检测艾滋病病毒（HIV）相关基因、囊性纤维化相关基因、与乳腺癌相关的 BRCA1 基因等检测型基因芯片几十种。

（二）干细胞技术与克隆技术

干细胞是指尚未发育成熟的细胞，它具有再生为各种组织器官的潜能，被医学界称为"万用细胞"。干细胞研究以及用干细胞技术来修复坏死组织的干细胞生物工程，是近些年才兴起的生命科技领域。干细胞技术有着巨大的医疗应用前景，许多疾病，如帕金森病、糖尿病、脊髓损伤、癌症、艾滋病等都有望借助干细胞技术得到治疗。干细胞分为胚胎干细胞和成体干细胞，前者是早期胚胎或原始性腺中分离出来的一类细胞，后者存在于成体组织中。人们已开始尝试用干细胞技术治疗某些疾病，如血液干细胞技术较为成熟，在骨髓移植方面已得到临床常规应用。作为未来治疗组织坏死性疾病的重要手段，干细胞技术还面临许多问题，如弄清胚胎干细胞发育的调控机制，建立发展分离成体干细胞的有效方法和手段，克服异体移植引起的免疫排斥，以及涉及的诸多伦理法律问题等。

21 世纪初，哈佛大学用人胚胎培育出 17 个干细胞系，并免费提供给同行使用。芝加哥生殖遗传研究所从有缺陷的人类胚胎中新分离出 12 个干细胞系，将有助于加深对遗传疾病的理解和开发新疗法。另外，美国科学家发明人类胚胎干细胞操作新技术，可刺激干细胞高效分化成其他有用细胞和组织。

2004 年，日本京都大学的一个研究小组通过动物实验，用精子干细胞制成像胚胎干细胞一样可生成各种器官和组织的细胞。这种新的"万能细胞"引起了广泛关注。科研人员在实验中培养刚诞生幼鼠的精囊细胞，约 1 个月后出现了和胚胎干细胞形状相似的细胞。科研人员还用培养胚胎干细胞的条件对这种细胞继续加以培养，发现这种细胞不但发生了分化，而且还出现了增殖现象。细胞的性质与功能和胚胎干细胞相似，一旦改变培养条件，就会分化成血液、心肌和血管细胞等。

（三）战胜病毒

2004 年，美国国家免疫与传染病研究所先后两次宣布有关非典疫苗进展。一是发现老鼠体内能产生阻止 SARS 病毒复制的"抗体+"，意味着可用老鼠作为动物模型来评估疫苗和抗病毒药物在非典防治上的效果，从而加快非典疫苗的开发。二是以编码 SARS 病毒表面一种外壳蛋白的 DNA 片段为基础开发出一种疫苗，在实验中能有效阻止病毒在老鼠体内的复制。另外美国科学家还首次人工合成出普里昂蛋白，实验鼠受其感染后大脑受到损害，该成果有助于研究海绵状脑病包括疯牛病和人类新型克雅氏症的基因，以及找到早期诊断疯牛病的方法。

艾滋病是人类健康的重大威胁。到目前为止，人们还没有找到非常有效的预防办法和特效治疗的药物。2004 年，法国巴斯德研究所的科学家成功地在兔子身上获得了可以阻止多种艾滋病病毒入侵的抗体。虽然抗体目前只是在实验室里实现了其功能，但足以为艾滋病疫苗的研究开发展示出令人乐观的可能性。艾滋病病毒进入人体后，会有选择地侵犯 T 淋巴细胞，然后在病毒自身的 gp41 透膜蛋白协助下，病毒的膜与细胞膜相融合，从而使病毒进入细胞内。法国科学家发现 gp41 透膜蛋白上一个叫 CBD1 的区域，对协助病毒入侵起关键作用。科学家合成了一种类似 CBD1 成分的复合物，并借助它对兔子实施人工免疫。实验显示，接受免疫实验的兔子血清中产生了识别并破坏 CBD1 的抗体。当发现真正的病毒时，抗体确实抑制了多种艾滋病病毒亚型对淋巴细胞的入侵，同时阻止了病毒的自我复制和传播，并抑制了潜藏的已受感染的细胞。

二、生物经济是改善生物资源保障的一种有效方式

经济发展是为了推动社会进步，实现人的全面发展。然而在现实社会中，经济发展与人的全面发展协调并进却不是一种必然的关系，往往是人们在享受经济不断发展带来的实惠的同时，也面临着难以回避的困扰，出现了人与经济不和谐的问题。发展生物经济既是时代的选择，也是历史的必然，它必将促使我国经济全面、协调、可持续地发展。改革开放以来，中国经济发展无论是数量的快速增长，还是质量的不断提升，都被世人认为是一个奇迹，但这样的奇迹能否持续下去，却是人们更加关心的。因为按照中国此前的发展模式继续前行，经济发展将越来越受到资源不足的制约。我们能否在未来经济发展的同时更好地保护生态环境，实现和谐发展和可持续发展，则是 21 世纪需要积极应对的重要课题。而发挥生物潜能，调整生物结构，大力发展生物经济，无疑是历史的选择、时代的呼唤。

经济发展离不开资源保障，而地球资源的有限与需求的快速膨胀总是矛盾的。当社会生产力低下时，由于资源的相对充足，人们会一味追求效率，改进生产工具，最大限度地扩大产能。而随着机械化、自动化、智能化生产方式的不断推进，各个国家的经济发展都面临着资源"瓶颈"的约束。

生物经济正是具有改善生物资源保障的一种有效方式。利用生物技术可改变农产品、林产品、牧产品、海产品的特性，尤其是科学利用基因工程从生物的结构上进行改良和优化，并对后天环境加以控制，可以使得生物的质量与数量同时提高。经济发展时刻影响着生态的变化。社会生产过程是一个预期产品的价值提存过程，伴生着废弃物资的释放排出。不管这些废弃物是以气体、液体还是固体形式，最终都会排放到环境中去。当生产规模有限时，其废弃物资的排放量也有限，这时环境靠自身的净化能力就可以化解掉，特别是化解有害物质对生态的影响和破坏。也就是环境的自净能力大于有害物质造成的大气污染、水污染、土壤污染的能力。但随着经济总量的快速增长，有害物质的排放也成倍增加，环境的自净能力就难以为继，生态破坏、环境恶化也就成为不可避免的事情。如何应对这

种局面？发展生物经济在一定程度上可以缓解并减少此类问题的发生。生物经济改善生态的空间非常广阔，相信在生物化工、生物医药、生物农业（种植业、养殖业）、生物轻纺业等推动下，人们可以期望经济高速发展和环境切实保护会同时实现。可喜的是，中国在生物经济服务生态保护方面已迈出了坚实步伐，取得了较好的成绩。

三、生物经济引领未来经济

进入 21 世纪，生命科学和生物技术进入高速发展时期，生命科学的不断创新和生物技术的重大突破，已成为 21 世纪科学技术发展的重要特征，由此而孕育的生物经济将引起全球经济格局的重大调整。生物技术对科技发展、社会进步和经济增长将产生极其深远的影响。生物技术是高科技、高效益产业，它不断创造出新理论、新技术、新材料，将极大地提高社会生产力。例如，一条基因可形成一个产业，一种基因药物可治疗几千种基因病症，一种重组蛋白质药物可创造几百亿甚至上千亿美元的财富，等等。不少科学家指出，再过十几年，随着信息经济如日中天的时代的结束，人们将迎来生物经济时代。届时，生物应用技术将渗透到人们生活中的各个角落。

越来越多的国家清醒地认识到，未来的竞争将是生命科学基础创新能力的竞争。只有拥有生物技术创新优势，才能占据国际生物产业竞争的制高点；只有具有生物技术转化优势，才能主导未来世界生物经济的格局。综观全球生物技术的发展趋势，主要呈现以下特点：

第一，生命科学已经成为新科技革命的重要推动力。截至 2006 年，生物技术及医学方面的论文数占全世界自然科学论文总数的 49.8%，其专利占世界专利总数的 30%。

第二，生物技术及其产业已经成为世界经济和国家安全竞争的焦点。世界各国不约而同地把生物产业作为新的经济增长点来培育，纷纷采取加强领导、增加投入、聚焦人才、垄断专利、发展园区、培育产业等综合措施，加速抢占国际生物产业发展的制高点。

第三，世界各国政府纷纷加大对生物技术研发的投入。

第四，据"产业在线"统计，全球生物技术产业的产值，在近 10 年来以每 3 年增加 5 倍的速度增长，许多国家生物技术产业增长速度超过 30%，是世界经济年平均增长率的 8 ～ 10 倍。

第五，生物技术涉及面广，应用领域宽，市场容量大。据预测，生物技术产业的市场容量大约是信息产业市场的 10 倍，2020 年，全球生物技术市场达到 30000 亿美元的规模。

生物技术及产业是我国与国际先进水平差距最小、最有希望实现跨越式发展的高技术领域。中国已将生物技术产业的发展作为争夺世界未来经济发展制高点的重要战略。发展生物技术，对于调整产业结构、解决"瓶颈"问题、发展循环经济将发挥极其重要的作用，为构建创新型国家，实现跨越式发展，构建和谐社会提供重要的战略机遇。

四、生物经济对全球政治经济格局的深远影响

由信息技术革命带动经济强劲增长的高潮已经过去，另一场具有划时代意义的生物科技革命和产业革命正在世界范围内迅速酝酿和加速形成，新一轮经济强劲增长正处在启动的前夜。从第二次世界大战后科技发展的主流趋势和当今世界经济发展基本走势来看，21 世纪的科技竞争和经济竞争无疑将集中在生物科技领域里。世界将进入"生物经济时代"，是生物科技革命及其引发的产业革命和产业兴衰更迭规律下的必然产物。这场革命的出现必将对全球 21 世纪的经济格局和政治版图带来深远的影响。

（一）生物技术产业化进入加速扩张阶段

20 世纪 90 年代以来，生物技术和生命科学基础研究不断取得重大进展，生物技术的基础性原创研究正在引发一场生物技术领域的科技革命和产业革命。有关生物科技的研究已经成为当今科学研究的热点和重点，全球有关生物技术的论文以及专利数已占总量的 30%。人类基因组序列"工作框架图谱"已经完成，成为继核能利用、航天登月、互联网之后现代科技史上的又一个里程碑。同时，生物技术与信息技术、纳米技术、能源技

术等不断广泛交叉和融合，出现了一大批新技术、新工艺、新产品、新产业等。

生物技术产业已经迅速成为 21 世纪新一轮的投资热点，据美国《时代》周刊杂志 2016 年的报道，全球生物技术的产业化正在以每 3 年增加 5 倍、销售值每 5 年翻一番的速度发展，增长率高达 30% 左右。一些发达国家的生物技术及其相关产业每年新创造价值占全国 GDP 的 20% ～ 30%。据统计，近些年世界最新注册的生物技术企业数量明显加快，并且这一势头还在持续增长。有关研究预测，现代生物产业在今后将稳健进入产业化的成熟阶段，到 2030 年左右，基因工程与生物技术将成为人类经济的主流，并发展成为新的主导产业。

迅猛发展的生物科技革命及其正在迅速催化的生物产业革命，极有可能在人类健康、粮食、环境和能源领域引发连锁反应式的革命，为经济、自然和社会可持续协调发展，为人类社会生产、生活方式和人的生命存续方式带来革命性的变革。一大批适用范围广、通用性强、渗透性快的生物技术研究成果取得重大突破，世界性的生物科技革命正在迅速孕育，大规模产业化已经进入加速扩张阶段。

（二）争夺国际生物经济技术制高点的"战争"已经在全球范围内悄然展开

美国在全球依然保持全面领先地位，在全球十强生物技术企业中美国占有 4 席，并拥有全球约一半的生物技术专利。美国对生物技术研发费用的投入仅次于军事科学，约占其整个民用研发费用的 50%。另外，"硅谷"也在悄然发生变化，"硅谷"是高科技产业的代名词。有学者预测，硅谷进入下一波高增长不一定是在信息产业，可能是新的产业，如能源科技、生命科学和生物科技等领域。韩国、泰国以及新加坡等国家，也都高度重视生物技术产业的发展，期望在未来的生物技术领域里占有一席之地。可以这样说，将生物产业培育成为新兴战略产业，并形成为国家核心竞争力的关键组成部分，已经成为各国政府制定经济发展战略的核心目标之一。

（三）发展中国家的历史性机遇

与信息技术产业比较起来，生物技术产业具有资源依赖性强、技术通用性高、市场垄断性差等特点。生物技术产品不可能像信息技术产业那样形成"赢者通吃、胜者全得"的垄断局面，生物产品多样化以及生物市场广泛性的特点，必然为资源丰富的发展中国家提供难得的参与机会。因此，对于那些资源丰富、地域特点明显、生物多样性广泛的发展中国家来说，发达国家仅凭资金优势和暂时的技术优势企图把发展中国家排挤出生物产业革命大门的做法变得越来越困难。发展中国家完全没必要因为无力参与和领导过去发生过的那几场产业革命而丧失掉信心。事实上，以色列、巴西、印度特别是古巴等少数发展中国家的成功经验证明，对于那些生物技术实力并不太强，但能够紧紧依靠自己独特资源和技术储备的国家来说，如果能够集中技术力量首先在某一特色领域实现突破，通过小范围的相对优势来对更大范围、更广领域的技术和产业形成以点带面的辐射、拉动和融合，最终建立起一个强大的生物技术产业是完全有可能的。因此，全球现代生物产业成长正处在一个加速过程，一些关键技术及其产业化尚未完全成熟和具备垄断规模，没有形成像汽车、软件等产业那样的由少数发达国家垄断的格局。国际生物技术处在一个通用技术和基础研发大规模爆炸的启动期，产业化也处在加速起步阶段，这为各个国家选准目标、实现技术切入和市场细分提供了历史性机遇。

第三节　可持续发展与生物经济

科学技术的进步，现代工业的飞速发展，在给人类带来高度物质文明的同时，也带来了许多灾难性的环境问题。如臭氧层破坏、全球变暖、生物多样性锐减，以及能源、资源的急剧耗竭，等等。这一系列的问题正在越来越严重地损害和制约着社会经济的进一步发展，甚至威胁着人类和整个自然界的生存和继续发展。面对众多严重的环境问题，面对生死存亡的抉择，人类开始对自己的行为进行深刻反思，并提出了可持续发展的理念。

一、可持续发展理念的提出

（一）可持续发展

可持续发展指的是在不损害未来世代发展所需资源的前提下发展，包括经济、社会、资源和环境保护协调发展，使子孙后代能够永续发展和安居乐业；要使现有一代人的需要得到满足，向所有人提供实现美好生活愿望的同等机会，做到自己的发展机会与他人的发展机会平等的统一；要使人类和自然界都享有同等的生存与发展机会，做到人类自下而上发展权利和自然界生存发展权利的统一。这一概念从提出发展到今天，其含义已远远超出了原有的内容。其核心思想是强调经济、社会、人口资源、环境、科技协调发展，永续不断，意味着在人与自然的关系和人与人的关系不断优化的前提下实现经济效益、社会效益、生态效益的有机协调，从而使社会的发展获得可持续性。在时间上，它体现了当前利益与未来利益的统一；在空间上，它体现了整体利益与局部利益的统一；在文化上，它体现了理性尺度和价值尺度的统一。这种新的发展观认为，"发展"是一个广义的总体概念，它不等于"经济增长"，从而突破了将经济和技术增长作为社会发展的全部的传统发展观念，把社会发展理解为人的生存质量及自然和人文环境的全面优化。而循环经济思想的诞生，使可持续发展有了实现的途径。

（二）中国可持续发展战略

《中国21世纪议程》中明确提出了我国的可持续发展战略，主要包括提高能源利用率与采取节能措施，推行清洁生产，发展环保产业，开发利用新能源和可再生能源。还提出了资源的合理利用与环境保护战略，主要包括水、土等自然资源的保护与可持续利用，生物多样性保护，土地荒漠化防治，保护大气层和固体废物的无害化处理等。我国的可持续发展战略实施需要各个方面的配合，比如人口素质的提高、环境保护、资源的合理利用、技术进步、制度创新等。人口问题是影响可持续发展的一个重要因素，环境问题又是一个非常难解决的问题，资源的合理利用是实现可持续发展的前提条件，要实现可持续发展必须依靠技术进步，制度创新对于可持续发展的实现有着不可替代的作用。在经济学中，索洛等人已经提出，技术进步是经济增长的决定因素。可持续发展同样最终要依赖科技进步，因为环境问题的解决依靠科学技术、资源的永续利用依赖科学技术、制度创新更加离不开科学技术。

（三）可持续发展与循环经济

可持续发展概念比较抽象，自从它一出现，一直处于一片争论中。对于可持续发展量化研究的指标体系更是分歧很大，从关于可持续发展量化研究的现状来看，无论从宏观的角度来进行可持续发展量化研究，还是从企业微观的角度来进行可持续发展的量化研究，都无法给出一个切实可行的可持续发展的模式。而循环经济给出了很具体的操作模式，可以说把握住 3R 原则（减量化、再利用、再循环），就可以实现循环经济。而且对于 3R 原则，每一个原则都有一个相对较为明晰的标准。另外循环经济与可持续发展所追求的目标也是一致的，因此可以说，循环经济模式是可持续发展理念的具体实践。

二、生物经济与中国可持续发展

生物经济兼备知识经济和循环经济的特征。中国现代化进程与发达国家相比还有很大的差距，不能被动地接受发达国家产业梯度转移，而要追赶新技术革命浪潮的前沿，直接进入新兴产业领域，实现跨越式发展。

21 世纪是生命科学的世纪，同时也是生物经济的世纪，生物技术将进入大规模的产业化阶段。生物经济的兴起将是中国赶超先进国家的绝好时机，中国的国情也要求通过发展生物质经济实现可持续发展。

发展生物经济有利于资源合理利用和生态保护，有利于实现我国经济的全面、协调和可持续发展。例如转基因技术等新兴生物技术在农业上的运用，可以大幅度提高农产品的产出数量和水平，有效地缓解我国人口与土地之间的矛盾。生物肥料、生物农药的应用，可以大幅度减少化学农药、化学肥料所带来的污染。用于废气、废水、废渣处理的微生物技术的应用，将解决污水排放、白色垃圾等环保难题。更为重要的是，基因技术在妊娠前期的应用可以帮助我国解决优生优育的问题，生命科学技术的进步可以实现医疗技术、制药技术的革命性变化，从而大幅度提高人民的生活质量。可见，生物经济不仅是未来经济发展的方向，更是一项惠及十几亿人口健康的世纪性工程，与全面建设小康社会和建设和谐社会的目标相一致。

未来经济的发展必须依靠新的科技革命，必须依靠新的经济增长点来满足我国社会发展的需求。改革开放以来，我国经济发展取得了重大的成就，连续43年保持平均9%的增长速度，是世界上人口最多的国家成为经济增长最快的国家。我国告别了短缺经济时代，但经济增长是粗放型的增长，经济效益不高。未来国民经济的增长，不能仅仅依靠既有的产业规模和产品数量的简单扩张，必须依靠新的科技革命，推动新的产业崛起，改变经济增长方式。生物技术是新的科技革命的主要动力，是我国在高新技术领域与国际先进水平差距最小、最有希望实现跨越发展，对人类健康、粮食安全、能源安全、资源安全和国家安全影响最大的领域之一。生物产业将成为新的支柱产业，为中华民族伟大复兴带来了一次难得的发展机遇。

生物经济形态是在信息经济形态逐渐趋于成熟和衰退的过程中孕育、形成和发展起来的，但生物经济形态的确立则需要大规模的生物产业甚至是生物产业群，而产业的形成必须依赖于生物产品的形成。这不仅需要丰富的生物资源和先进的实用型生物技术，而且需要稳定的对生物产品的社会需求。技术的进步表现在技术方式的进步上，而技术方式的进步则主要是劳动资料结合方式的进步，其目的是创造新产品或服务于人们的经济需要，同时推进人的全面进步。所以，我们应该让更多的人了解生物经济，让所有人都能看到生物经济的希望，激发人们对生物产品的稳定需求，从而推动生物经济形态的早日到来，让生物经济造福人类。生物经济形态是以生命科学与生物技术研究开发应用为基础的，建立在生物技术产品和生物产业基础上的经济形态。

传统经济的投入与收益是以传统工业产业为支柱、以稀缺自然资源为主要依托的，由于无法突破自身的局限性，其收益增长速度是随着人力、物力的不断投入和相对失调而逐渐减缓的。当发展到一定程度时，传统经济便呈现出衰亡的趋势。而从一般意义上来说，生物经济的原料是取之不尽、用之不竭的可再生型的资源，不必受过多自然条件的制约。特别是中国具有得天独厚的生物资源，完全可以发挥独特优势。生物经济作为知识经济的一种，区别于以前的经济形态，是和农业经济、工业经济相对而言的一个概念，它以基因技术产业为支柱，以智力资源为首要依托。由于智力资源在生产、传播和使用的过程中，有不断被丰富、被充实的可能性，所以，生物经济增长与自然界的承受能力之间就会形成良性的物质交换，使得生物经济成为一种可持续发展的经济。

21 世纪，人类面临着一场新的生物技术革命及其所引发的生物育种革命、新绿色革命、新医药革命等，生物技术将在农业、医药、食品、环保等领域发挥重要作用。生物经济的特性，使之在工业社会向知识经济主导的可持续发展的生态社会过渡的过程中起着关键性作用。它是解决当今社会面临的人口、环境、粮食、致死病、发展等全球课题的新的希望所在。

第四节　国际生物经济战略格局

基于政策文本分析法，在分析国际生物经济战略政策格局、驱动类型和动力机制的基础上，系统探讨生物经济战略政策发展的四大趋势：生物经济将深入推进当代可持续发展，政策研究将进入定量、标准研究与产品认证阶段，生物化将超越数字化成为未来时代经济发展的主流，健康医疗在生物经济发展中的先导性。生物经济是可持续的发展方式，能从本质上促进产业融合与绿色转型，但其推进需要绿色政策的支持与协同。在这一趋势下，为加快发展生物经济，我国应创新发展理念和生产方式，推行与生物经济相配套的绿色政策；有序开发利用生物质，推进化石资源替代战略；加强国际合作与协同，完善健康医疗体系；倡导绿色消费，鼓励使用生物基产品。

生物经济政策是国家政府、国际组织及其他相关团体为实现特定时期内生物经济发展目标而制定的基本行动准则，从层次上可分为战略政策、战术政策及具体政策。本节主要讨论生物经济战略政策，包括各个国家和国际组织的生物经济战略、生物经济重大领域和相关部门制定的生物经济战略，以及相关规划和行动计划，这些政策具有导向、控制、协调、象征等多元化综合功能。生物经济是利用生物资源及生物功能、原则与过程，生产食品、饲料、能源、纤维、健康医疗及其他工业产品和服务的经济活动，是与农业经济、工业经济、信息经济相对应的综合经济形态。早期传统的生物技术对经济的影响，不能称之为现代意义上的"生物经济"，如同早在数世纪以前，遗传与育种便依据经验法被应用于农业、健康医疗等领域，但尚不能称之为"遗传学"一样。经过近几十年的发展与演进，如今的生物经济现已涵盖农业及食品、生物制药与健康、生物制造、生物能源、生物材料、生物酶、生物化学品、环境与生态服务等众多领域。生物经济具有以下特征：缘起于生命科学与生物技术的研发，以可再生生物质为基础，包含食品、饲料、能源、药品等的创新开发和生产，与节能减排、气候变化、资源再生循环、产品绿色化、创造就业和收入等直接相关。生物经济虽然尚处于兴起与成长时期，但从概念的形成到战略的制定，再到行动计划与项目的实施，已在欧美形成基本共识。发展生物经济，对于实现化石资源特别是化石能源的战略替代、减少温室气体排放、增进人类食品安全与健康医疗水平，进而促进经济社会绿色转型具有根本性作用和深远影响。因此，世界主要发达国家、生物资源丰富的发展中国家及一些国际组织纷纷倡导发展生物经济，并出台了相关政策。由于生物经济涉及领域众多，对经济社会发展影响广泛且深远，国际生物经济的协同发展已成为全球可持续发展及产业科技政策研究面临的时代性机遇和挑战。因此，探讨国际生物经济战略政策格局和未来发展趋势，对于生物经济政策的多方协同及我国生物经济政策的研究制定，具有重要的决策参考价值和前瞻性指导意义。

一、国际生物经济战略政策格局

（一）国际生物经济战略政策总体格局

全球已有多个国家、地区及国际组织制定了生物经济战略政策或部门与重点领域的生物经济政策。如美国、加拿大、德国、芬兰、瑞典、挪威、冰岛、意大利、西班牙、比利时、法国、英国、奥地利、拉脱维亚、爱尔兰、南非、马来西亚、泰国、日本等已制定生物经济国家战略政策；荷兰、比利时、葡萄牙、丹麦、立陶宛、俄罗斯、中国、韩国、印度、印度尼西亚、澳大利亚、新西兰、墨西哥、哥斯达黎加、哥伦比亚、巴西、阿根廷、巴拉圭、乌拉圭、马里、尼日利亚、肯尼亚、坦桑尼亚、莫桑比克、纳米比亚等国家已制定重点领域或部门的生物经济战略政策；爱沙尼亚等正在制定生物经济国家战略政策。总体看，已制定生物经济国家战略政策的国家在全世界占相当大比重，且主要分布在欧洲和北美；已制定重点领域生物经济战略政策的国家占比超过 50%，主要分布在亚洲、大洋洲及非洲、欧洲的部分地区。几乎所有发达国家都已制定生物经济国家战略政策，其中部分国家如美国、德国、芬兰还对生物经济国家战略政策进行了更新；在发展中国家中，除部分生物资源比较丰富的国家，如南非、马来西亚、泰国等制定了生物经济国家战略政策外，另有多个国家已制定重点领域或部门的生物经济战略政策。尚未制定国家、重点领域或部门生物经济战略政策的国家主要分布在中东欧、西亚及南亚、非洲、中南美洲。

（二）代表性国家与国际组织生物经济战略政策发展动态

1. 欧盟生物经济战略政策

2018 年欧盟发布的生物经济新战略进一步提出三个方面的行动计划及政策措施：一是加强以生物为基础的行业发展，建立循环生物经济专业投资平台，促进新的可持续生物精炼厂的发展。二是加快全欧生物经济部署，包括制定粮食和农业系统、林业和生物有关产品的战略性部署议程；在"地平线2020"计划中设立欧盟生物经济政策支持机制，以推动区域和成员国相关政策制定；在农村、沿海和城市地区开展生物经济发展试点。三是落实生态环保政策，包括建立欧盟范围内的监测评估体系，追踪可持续和循环生物经济进展情况；利用生物经济知识中心等平台收集、获取相关数据和信息，增强民众的认知与了解；在生态安全限度内为生物经济体系运行提供指导和范例。

2. 美国生物经济战略政策

2016 年发布的《生物经济联邦行动报告》，描述了联邦政府 8 个部门为发展生物经济所采取的政策行动。2019 年，美国白宫科技政策办公室（OSTP）召开的生物经济峰会，提出建设未来的生物经济劳动力队伍；促进和保护关键的生物经济基础设施和数据；强化美国创新生态系统，确保在关键研发预算中优先考虑发展生物经济。2020 年 1 月，美国国家科学院系统发布了《护航生物经济》报告，提出了美国生物经济面临的风险及维持领先地位的战略措施。

3. 德国生物经济战略政策

2020 年 1 月，德国联邦政府发布了新的《国家生物经济战略》，提出了德国未来生物经济发展的指导方针、战略目标及优先领域。

4. 芬兰生物经济战略政策

《芬兰生物经济战略》提出四个方面的行动计划及措施：一是为生物经济发展创造具有竞争力的良好环境；二是通过风险融资、创新实验、跨领域合作等方式，刺激新的生物经济领域的商业行为；三是通过教育、培训和研发提升生物经济的知识储备；四是保障生物质原料的供给和可持续利用。

二、国际生物经济战略政策的动力机制

（一）生物经济战略政策的驱动类型

一是跨国协调型。生物经济及其应对的重大问题具有全球性特征，因而国际组织的跨国协调非常必要。目前，欧盟是全球生物经济发展的主要引领者和倡导者，制定了系统的战略政策，建立了一系列平台，从而形成由政策、技术等组成的多平台综合系统。

二是创新驱动型。以七国集团为代表的发达国家发布或更新了各自的国家生物经济战略政策，这些政策主要基于其拥有的技术创新能力和对更高品质生活需求特别是环境可持续性的需求，属于创新驱动型，部分国家还带有"工业绿化＋农业复兴"目标，因而引领了全球生物经济发展与绿色创新潮流。

三是资源驱动型。部分新兴工业化国家和发展中国家，如南非、巴西、马来西亚、泰国等，基于其丰富的生物资源，也制定了生物经济国家战略

政策或重点领域的相关战略，形成资源驱动型政策。

四是混合驱动型。部分新兴工业化国家和发展中国家采取了"资源＋技术＋工业再造"的混合驱动型政策，如中国、俄罗斯等。中国科技部于 2007 年提出生物经济"三步走"战略和推进生物经济发展的十大科技行动，形成国家科技主管部门生物经济战略政策。同时，部分生物资源相对丰富、创新能力较强的省份，出台了生物（质）经济战略、行动计划或生物产业发展规划。在生物经济的重点领域，如生物医药、生物能源等，国家相关部门出台了领域性发展战略与政策措施。2017 年年初，中国出台《"十三五"生物产业发展规划》，对发展生物经济进行战略部署。

（二）生物经济战略政策制定动因

国际生物经济战略政策的出台及其格局的形成，有着深刻的经济社会发展背景和普遍性动因。一是基于缓解当代经济社会发展所面临的涉及食品及营养、健康医疗、环境及气候变化、资源（特别是清洁能源与淡水）、生态等五个方面的全球性问题。二是摆脱对不可再生化石资源（特别是化石能源）的依赖，逐步实现生产方式乃至经济社会的绿色转型。例如，依据《生物经济联邦行动报告》，美国发展生物经济的出发点是为了实现生态环境、社会和国家安全，通过可再生生物质资源的可持续利用，实现产业转型。该报告认为，生物基产品能减少温室气体排放，相较于以化石燃料为基础的产品，更有利于生态环境改善，并可从大气中回收碳以缓解全球变暖，而且可减少对国外石油的依赖，有利于美国的能源安全及在农村创造就业机会。三是发达国家对生活品质及绿色发展的高标准需求——外生动力，以及具备较强的创新能力——内生动力。如芬兰出台生物经济战略政策的动因，除拥有丰富的森林资源外，工业生物技术创新、高素质人力资源和与构建可持续社会相关的"可持续的生物经济"替代理念是其三大出发点。四是部分新兴工业化国家和发展中国家的生物资源禀赋，以及这些国家绿色发展的意识觉醒与需求、创新能力的提高。如中国和印度已注意到生物技术创新的重要性，并将其视为未来发展的重要竞争力；巴西、南非和马来西亚正在通过发展生物经济，促使其丰富的生物资源实现增值。与之对应，东欧部分国家、西亚、中东及非洲部分国家，由于经济结构及其发展水平等因素限制，发展生物经济的内外动力均相对不足。

三、生物经济未来发展战略

（一）创新发展理念和生产方式，实施与生物经济相配套的绿色政策

生物经济既是一种绿色思维方式和发展理念，也是一种可持续的生产方式，能够改变产品的生产方式、回收方式及消费模式，促进化石基产业向生物基产业转型，利于资源和废弃物的"正循环"利用、碳捕获与碳储存及生态环境保护。我国正在步入高质量发展阶段，迫切需要全方位地推进产业绿色发展与转型升级，而生物经济能从本质上实现众多产业的融合发展和绿色转型。要使生物经济所具有的涉及发展理念和生产方式变革的功能得到充分发挥，就需要一系列相配套的绿色政策，包括生物质循环利用研发政策、生物基产品公共采购政策、绿色市场准入政策、生物基产业税收减免政策、征收 CO_2 排放税政策，以及与推进绿色消费相关的政策等。当前，已有北京、上海等多个城市出台配套推进生活垃圾的分类回收及其有机废弃物的循环利用政策。

（二）有序开发利用生物质，推进化石资源替代战略

我国化石资源相对缺乏，特别是石油和天然气的可利用储量不足，且开采成本不断提高。更为重要的是，化石资源的开采与利用对环境特别是全球气候变化会造成不利影响。因此，有序开发利用可再生生物质（或称生物质的智慧利用），制定并实施化石资源的生物质替代战略，生产可持续的生物基产品，具有可持续发展的前瞻性战略意义。实施化石资源替代战略，除需生物技术创新这一关键内在驱动因素外，生物质原料是重要基础和关键的外在驱动条件。有序开发利用生物质是指按生物基产品附加值的高低顺序统筹分配各类生物质原料（如脂类、糖类、蛋白质、淀粉、纤维

素、木质素等），即高附加值的产业链在生物质原料分配利用中处于优先位置，以提高生物质总体利用效率。从目前情况看，其优先顺序从先到后基本为健康医疗、化学品生产链、其他功能性产品（如生物材料、润滑剂）、供热和发电。

（三）加强国际合作与协同，完善健康医疗体系

2020年，新冠肺炎疫情在全球范围大暴发，给国际健康医疗领域带来巨大挑战，也给生物安全、检测试剂、疫苗与新药研发等带来新的发展机遇。我国应继续加强与各国及世卫组织等机构的合作，在传染病预防、疫情信息、护理手段、疫苗研发、新药创制及公共卫生的全局系统性解决方案等方面和环节加强协同，为完善全球公共卫生及健康医疗体系作出前瞻性与建设性贡献。生物经济各领域具有原料及遗传资源、生命科学与生物技术、化石基替代产业、可再生目标等多方面的通用性联系或共同的生物质基础，涉及农业、工业、健康医疗、环境、国家安全等多部门。伴随生命科学和生物技术的群体性进展与突破，健康医疗方式有望实现由以治疗为主的"疾病护理模式"转向以预防为主的"预防模式"，即由"有病被动治疗状态"转向"主动参与疾病预防状态"。因此，应整合多部门相关职能，成立"生物经济部"一类综合职能机构，组织制定生物经济发展战略政策，以加强国内生物经济的统筹发展及国际合作与协同，并在其统筹生物经济发展的管理职能框架下，进一步完善我国医疗卫生和健康管理体系及生物安全预警机制。

（四）倡导绿色消费，鼓励使用生物基产品

生物经济下生产方式的转型和消费观念的转变是相互促进、相辅相成的。生物基产品生产可从供给侧推动绿色消费，而绿色消费可从需求上拉动生物基产品生产。生物经济为绿色消费模式的推行和生物基产品的普遍性推广带来时代机遇。以生物塑料为例，其颠覆了传统的塑料概念，使"塑料"和"一次性塑料制品"不再仅指通过化石资源生产的难以降解的产品。生物塑料的研发与产业化应用，能为可再生环保塑料的普及和作为过

渡政策的"限塑令"的终结创造条件，进而为"禁塑令"的全面推行提供可持续的替代方案。因此，应积极倡导绿色消费，通过鼓励使用生物基产品的方式，促进生物材料的研发与使用，不断提升生物经济发展的需求拉动力。

第三章　生物经济与生物制药

第一节　生物制药概述

一、生物制药技术和生物药物基本概念

（一）生物制药技术

生物制药是指利用生物体或生物过程生产药物的技术。生物制药技术是一门讲述生物药物，尤其是生物工程相关药物的研制原理、生产工艺及分离纯化技术的应用学科。其研究内容包括发酵工程制药、基因工程制药、细胞工程制药和酶工程制药。

1. 发酵工程制药

发酵工程制药是指利用微生物代谢过程生产药物的技术。此类药物有抗生素、维生素、氨基酸、核酸有关物质、有机酸、辅酶、酶抑制剂、激素、免疫调节物质、微生物酶制剂及其他生理活性物质。发酵工程制药主要研究微生物菌种筛选和改良、发酵工艺、发酵产物的分离纯化技术和质量控制等问题。发酵工程制药技术是基因工程制药、细胞工程制药、酶工程制药的技术基础。

2. 基因工程制药

基因工程制药是通过重组 DNA 技术将编码蛋白质、肽类激素、酶、核酸和其他药物的基因转移至宿主细胞进行复制和表达，最终获得相应药物，包括蛋白质类生物大分子、初级代谢产物（如苯丙氨酸、丝氨酸）以及次生代谢产物抗生素等。这些药物通常是一些人体内的活性因子，如干扰素、胰岛素、白细胞介素 -2、EPO 等。基因工程制药主要研究目的基

因的获得与鉴定、克隆、基因载体的构建与导入、目的产物的表达及分离纯化等问题。

3.细胞工程制药

细胞工程制药是利用动植物细胞培养生产药物的技术。利用动物细胞培养可生产活性因子、疫苗、单克隆抗体等产品；利用植物细胞培养可大量生产经济价值较高的植物有效成分，也可生产活性因子、疫苗等重组 DNA 产品。现今重组 DNA 技术已用来构建能高效生产药物的动植物细胞株系或构建能产生原植物中没有的新结构化合物的植物细胞系。细胞工程制药主要研究动植物细胞高产株系的筛选、培养条件的优化以及产物的分离纯化等问题。

4.酶工程制药

酶工程制药是利用酶或活细胞（包括其固定化形式）的催化功能，借助工程手段将相应的原料转化成药物的技术。应用酶或细胞除了能合成药物分子外，还能用于药物的转化，如用微生物转化生产甾体药物、微生物两步转化法生产维生素 C 等。酶工程制药主要研究酶的来源、酶制剂的制备、酶（或细胞）的固定化、酶反应器及相应的操作条件等。酶工程生产药物具有生产工艺结构简单紧凑、目的产物产量高、回收效率高、可重复生产及污染少等优点。酶工程作为发酵工程的替代者，其应用具有广阔的发展前景，将引发整个发酵工业和化学合成工业（尤其是手性药物的合成）的巨大变革。

（二）生物药物的概念、特性和分类

1.生物药物的概念

生物体是有组织的统一整体，生物体的组成物质及其在体内进行的一连串代谢过程都是相互联系、相互制约的。所谓疾病主要是指机体受到病原体的侵袭或内外环境的改变而使代谢失常，导致起调控作用的酶、激素、核酸、细胞因子和各种活性蛋白质等生物活性物质自身或环境发生障碍，如酶催化作用的失控、产物过多积累而造成中毒、底物大量消耗得不到补偿、激素分泌紊乱、免疫功能下降，或基因表达调控失灵等。正常机体在生命活动中之所以能不断战胜疾病、保持健康状态，就在于生物体内部具有调节、控制和战胜各种疾病的物质基础和生理功能。维持正常代谢的各种生物活性物质应是人类长期进化和自然选择的合理结果，人们还可根据其构效关系进行结构的修饰和改造，使之能更有效、更专一、更合理地为机体所接受。在机体需要（如生病）时，应用这些活性物质作为药物可对人体进行补充、调整、增强、抑制、帮助，纠正人体的代谢失调。如用胰岛素治疗糖尿病，用生长激素治疗侏儒症，用尿激酶治疗各种血栓病，用细胞色素C治疗因组织缺氧所致的一系列疾病等。生物药物就是根据生物体的这些特点，以多种技术手段将生物材料制成相关药物。确切地讲，生物药物（biopharmaceutics）是利用生物体、生物组织、细胞或其成分，综合应用生物学与医学、生物化学与分子生物学、微生物学与免疫学、物理化学与工程学和药学的原理与方法，加工、制造而成的一大类用于预防、诊断、治疗疾病的制品。广义的生物药物包括以动物、植物、微生物和海洋生物为原料制取的各种天然生物活性物质及其人工合成或半合成的天然物质类似物，也包括应用生物工程技术（基因工程、细胞工程、酶工程与发酵工程等）制造生产的新生物技术药物。

2. 生物药物的特性

（1）药理学特性

第一，药理活性高。生物药物是体内原先存在的生理活性物质，以生物分离工程技术从大量生物材料中精制而成，具有高效的药理活性。

第二，治疗的针对性强，治疗的生理、生化机制合理，疗效可靠。如细胞色素C为呼吸链的一个重要成员，用它治疗因组织缺氧导致的一系列疾病效果显著。

第三，毒副作用较小，营养价值高。生物药物的组成单元多为机体的重要营养素，如氨基酸、核苷酸、单糖、脂肪酸及微量元素和维生素等。其化学组成更接近人体的正常生理物质，进入体内后更易为机体吸收、利用和参与人体的正常代谢与调节，所以生物药物对人体毒副作用一般较小，还具有一定的营养作用。

第四，生理副作用常有发生。生物药物来自生物材料，不同生物或相同生物的不同个体所含的生物活性物质在结构上常有很大差异，尤其是分子量较大的蛋白质类药物更为突出，这种差异在临床使用时常会表现出免疫原性反应和过敏反应等。另外，生物药物的活性物质在机体内的原有生理活性受到机体的调控平衡，当用这些活性物质作为治疗药物时，常常使用超过正常生理浓度的剂量，致使体内的生理平衡调节失效发生副作用，如发热等症状。

（2）理化特性

第一，生物材料中的有效物质含量低，杂质种类多且含量相对较高。如胰腺中脱氧核糖核酸酶的含量为 0.004%，胰岛素含量为 0.002%，共存多种酶、蛋白质等杂质，分离纯化工艺很复杂。

第二，生物活性物质组成结构复杂、稳定性差。生物药物多数为生物大分子，组成结构复杂，并且有严格空间构象和特定活性中心，以维持其特定的生理功能，一旦遭到破坏，就失去了生物活性。引起活性破坏的因素有生物性因素，如被自身酶的水解；理化因素，如温度、压力、pH、重金属、光照及强烈机械搅拌等。

第三，生物材料易染菌、腐败。生物原料及产品均为高营养物质，极易染菌、腐败从而使有效物质分解破坏，产生有毒物质、热原或致敏物质和降压物质等。因此生物材料的选择要新鲜无污染，及时低温冻存。生产过程中对于低温、无菌操作要求严格，为确保产品的质量，就要从原料制造、工艺过程、制剂、储存、运输和使用多个环节严加控制。

第四，生物药物制剂的特殊要求。生物药物易受消化道的酸碱环境和水解酶的破坏，常常以注射给药，因此对制剂的均一性、安全性和有效性都有严格要求。必须有严格的制造管理要求，即优质产品规范（good manufacturing practice），简称 GMP 质量管理要求，并对制品的有效期、储存期、储存条件和使用方法作出明确规定。

生物药物是具有特殊生理功能的生物活性物质，因此对其有效成分的检测，不仅要有理化检验指标，而且要根据制品的特异生理效应或专一生化反应拟定生物活性检测方法。通常采用一个国际上法定的标准品或按严格方法制备的参照品作为测定时的参考标准。生物药物标准品在国际上有统一规定的制法与规格，依照这样拟定的制法和规定，各国药品鉴定机构就可以复制成相应的副品，供有关生产单位使用。有关国际专业组织曾公布和制定了一些主要激素类药物的标准。

3. 生物药物的分类

生物药物可以按药物的化学本质和化学特性分类，也可以按其来源和制造方法分类，还可以按其生理功能和临床用途分类，通常是将三者结合进行综合分类。现代生物药物可分为4大类。

（1）基因工程药物

应用基因工程和蛋白质工程技术制造的重组活性多肽、蛋白质及其修饰物，如治疗性多肽、蛋白质、激素、酶、抗体、细胞因子、疫苗、融合蛋白、可溶性受体等均属于基因工程药物。

（2）基因药物

基因药物是以基因物质（RNA 或 DNA 及其衍生物）作为治疗的物质基础，包括基因治疗用的重组目的 DNA 片段、重组疫苗、反义药物和核酶等。基因治疗除用于遗传病治疗外，已扩展到用于治疗肿瘤、艾滋病、囊性纤维变性、糖尿病和心血管疾病等，美国 FDA 已批准 500 多个基因治疗方案进入临床试验。反义药物是以人工合成的十到几十个反义寡核苷酸序列与模板 DNA 或 mRNA 互补形成稳定的双链结构，抑制靶基因的转录和 mRNA 的翻译，从而起到抗肿瘤和抗病毒作用。目前已有 20 多种反义药物进入临床试验，其中 ISIS 2922 是美国 FDA 批准上市的第一个反义药物，用于治疗艾滋病患者并发的巨细胞病毒性视网膜炎。

（3）天然生物药物

尽管有一些天然活性物质已可以用化学合成法生产，但仍然有许多生物药物还会从生物材料中提取、纯化获得或用生物转化法制取，同时来自天然活性物质的生物药物常常是创制新药的有效先导物，因此从动物、植物、微生物和海洋生物中发现、研究、生产的天然生物药物（nature biological medicine）仍然是生物制药工业的重要领域。

①微生物药物（microbial medicine）

微生物药物是一类特异的天然有机化合物，包括微生物的初级代谢产物、次级代谢产物和微生物结构物质，还包括借助微生物转化（microbial transformation）产生的用化学方法难以全合成的药物或中间体。

②天然生化药物（nature biochemical medicine）

天然生化药物是指从生物体（动物、植物和微生物）中获得的天然存在的生化活性物质，通常按其化学本质和药理作用分类命名。

③海洋生物药物（marine biological medicine）

从海洋生物分离纯化的活性物质与通过生物技术制造的海洋生物药物按照其化学结构类型分类主要有多糖类、聚醚类、大环内酯、萜类、生物碱、核苷、多肽、蛋白质、酶、甾醇类、苷类和不饱和脂肪酸等，已获得的新化合物以甾醇最多，其次是萜类，生物碱也有一定比例。

海洋生物毒素具有强烈的生物活性，主要为多肽和蛋白质类毒素，多为各种神经、心脑血管和细胞毒素的混合物，混合物作用时，对哺乳动物是致命的，但经纯化和适当控制剂量时，会产生麻醉、升压、降压、强心、降脂、抗癌、抗病毒等药理作用。常见的海洋毒素有河豚毒素、海蛇毒素、海葵毒素和芋螺毒素等。

（4）医学生物制品（medical biologies）

生物制品有预防用制品、治疗用制品和诊断用制品。随着生物技术的迅速发展，生物制品在我国已获得极大发展，重组药物、基因药物等生物技术药物以及天然生物药物的多组分制品均属于生物制品范畴，在新药研究与申报时均按《新生物制品审批办法》要求进行管理。

按制造的原材料不同，预防用制品可分为菌苗（如卡介苗、霍乱菌苗、百日咳菌苗、鼠疫菌苗等）、疫苗（如乙肝疫苗、流感疫苗、乙型脑炎疫苗、狂犬疫苗、痘苗、斑疹伤寒疫苗等）和类毒素（如白喉类毒素、破伤风类毒素等）。治疗用制品有特异性治疗用品与非特异性治疗用品，前者如狂犬病免疫球蛋白，后者如白蛋白。诊断用制品主要指免疫诊断用品，如结核菌素、锡克试验毒素及多种诊断用单克隆抗体等。

诊断试剂是生物制品开发中最活跃的领域，许多疾病的诊断、病原体的鉴别、机体中各种代谢物的分析都需要研究各种诊断测试试剂。方法学的发展将会促使更多高效、特异优良试剂的产生，各种单克隆抗体诊断试剂的大量上市，同时特异诊断病种的试剂盒和基因芯片也已广泛进入临床应用，从而促使临床诊断试剂朝着更快速、方便、准确和更加知准化的方向发展，使临床检验从医院走向社区、进入家庭。

二、生物制药技术发展历史和发展状况

（一）生物制药技术的发展历史

人类利用生物药物治疗疾病有着悠久的历史，尤其是古代的中国在此方面有巨大的成就。上古时代，神农就开创了用天然物质治疗疾病的先例，如用羊靥治疗甲状腺肿大，用蟾酥治疗疔疮，用羚羊角治疗中风，用紫河车（胎盘）作强壮剂，用鸡内金治疗遗尿及消食健脾，神农是我国最早应用生物材料制作治疗药物的人。4世纪，葛洪所著的《肘后备急方》就有用海藻酒治疗瘿病（地方性甲状腺肿）的记载。孙思邈首用猪肝（含维生素A）治疗"雀目"（现在称之为夜盲症）。清朝董玉山著《牛痘新书》中记载有："自唐开元年间，江南赵氏始传鼻苗种痘之法。"宋朝真宗年代（998—1022年）就开始利用接种人痘的免疫技术预防天花，这应该是最早将生物材料用作预防药物的例子。11世纪，沈括所著的《沈存中良方》中记载了用秋石（男性尿中的沉淀物）治疗类固醇缺乏症，其制备原理与阿道夫·温道斯于20世纪30年代创立的类固醇分离方法近似。明代李时珍所著的《本草纲目》收载药物1892种，除植物药外，还有动物药444种（其中鱼类63种，兽类123种，鸟类77种，蚧类45种，昆虫百余种），书中还记载了各种药物的用法、功能、主治等。

西方生物制药的产生和发展与文艺复兴之后生物科学的发展有关。1796年，英国医生爱德华·琴纳（Edward Jenner）发明了用牛痘疫苗治疗天花，从此用生物制品预防传染病得到肯定。1860年，巴斯德发现细菌，开创了第一次药学革命，为抗生素的发现奠定了基础。

20世纪20年代，有关蛋白质和酶的分离纯化技术，如盐析法、有机溶剂分级沉淀法、离心分离法等，开始应用于制药工业领域。纯化胰岛素、甲状腺素、多种必需氨基酸、必需脂肪酸与多种维生素生产工艺相继成功

开发。1928 年，英国弗莱明（Fleming）发现青霉素，1941 年青霉素在美国开发成功，标志着抗生素时代的到来，推动了发酵工业的快速发展，促使生物制药由传统生物制药阶段进入了近代生物制药发展阶段。

　　1943 年，美国瓦克斯曼（Waksman）继青霉素应用于治疗之后，第一个将从放线菌中发现的链霉素作为抗菌药品治疗结核病，取得了令人振奋的效果。20 世纪 50 年代是抗生素发现的黄金时代，各种不同类型的抗生素相继被发现。1952 年，Peterson 和 Murray 发现少根霉及黑根霉可使黄体酮进一步转化成 11 羟基黄体酮，从而使可的松大量生产。20 世纪末，高通量筛选（high throughput screening，简称 HTS）技术形成，在抗生素新药的研究与开发中开始采用高通量筛选技术。

　　20 世纪 60 年代后，生物分离工程技术与设备在生物制药工业中获得广泛应用，离子交换技术、凝胶层析技术、膜分离技术、亲和层析技术、细胞培养与组织工程技术及其相关设备为近代生物制药工业的发展提供了强有力的技术支撑，许多结构明确、疗效独特的生物药物迅速占领市场，如胰岛素、前列腺素、尿激酶、链激酶、溶菌酶、缩宫素、肝素钠等。70 年代，Zenk 等人开始研究应用植物细胞培养生产植物药物。1983 年，日本首先实现紫草细胞培养工业化生产紫草素。20 世纪 80 年代，人们开始认识到应用微生物除了能生产抗生素外，还能生产酶抑制剂、免疫调节物质和作用于神经系统、循环系统等的药物。

　　1953 年，Watson 和 Crick 构建了 DNA 的双螺旋结构。1966 年，人们破译了 DNA 三联体密码，随之证明了遗传的中心法则。1973 年，Boyer 和 Cohen 首次成功实现了 DNA 分子体外重组。1976 年，诞生了全球首家应用 DNA 重组技术进行新药研发的公司——美国 Genetech 公司。1982 年，欧洲首先批准了使用 DNA 重组技术生产的动物疫苗——抗球虫病疫苗。1982 年，第一个基因工程药物——基因重组胰岛素上市，这标志着生物制药进入了以基因工程为主导，以现代细胞工程、发酵工程、酶工程和组织工程为技术基础的现代生物制药发展阶段。近 30 年来，基因工程药物的研究与开发进入了一个快速发展时期。

　　我国自 20 世纪 70 年代末 80 年代初开始进行现代生物技术的研究与开

发以来，在基因工程和细胞工程技术方面的研究水平与国外先进水平相比差距逐渐缩小，中下游技术有了很大进展，国内已建立了多个临床药理试验基地，近千个生物工程中试基地。我国有实力的大中型企业已开始积极投入现代生物技术的研究与开发，生物技术药品开始实现产业化，并开始注意产品的自主创新和产业的群落化与集约化，如生物谷、生物城、生物医药城、生物岛等正在逐步建立。我国的生物技术药物研究开发已进入自主创新的时期。

（二）生物制药技术的发展概况

1. 基因工程制药

基因工程制药技术是随着 DNA 重组技术的发展而发展的，基因工程药物已经成为利用现代生物技术生产的最重要的产品，并成为衡量一个国家现代生物技术发展水平的最重要标志，也是当今最活跃和发展最迅速的领域。从 1982 年第一个新生物技术药物基因重组胰岛素上市至今，基因工程制药已走过近 40 年的历史，截至 2021 年，已有超过有 100 种基因工程药物上市，这些产品在治疗肾性贫血、白细胞减少、癌症、器官移植排斥、类风湿性关节炎、糖尿病、矮小症、心肌梗死、乙肝、丙肝、多发性硬皮病、不孕症、粘多糖病、Gaucher's 病、法布莱氏病、囊性纤维化、血友病、银屑病和脓毒症等疾病，特别是疑难病症上，起到了传统化学药物难以达到的效果。近十几年来，基因工程制药发展迅速，基因工程药物产值年增长速度保持较高增速，生物制药已成为制药业乃至整个国家经济增长中的新亮点，被普遍认为是"21 世纪的钻石产业"。

生产基因工程药物的基本过程是首先获得目的基因，然后将目的基因连接在载体上，再将载体导入靶细胞（微生物、哺乳动物细胞或人体组织靶细胞），使目的基因在靶细胞中得到表达，最后将表达的目的蛋白质提纯并做成制剂，从而成为蛋白类药或疫苗。若目的基因直接在人体组织靶细胞内表达，就称为基因治疗。

利用基因工程技术生产药品有如下优点：

第一，大量生产过去难以获得的生理活性物质和多肽；

第二，挖掘更多的生理活性物质和多肽；

第三，改造内源生理活性物质；

第四，可获得新型化合物，扩大药物筛选来源。

DNA重组技术不仅直接提供干扰素、白细胞介素、红细胞生成素（EPO）、集落刺激因子（CSF）等基因工程药物，供临床治疗使用，以提高对恶性肿瘤、心脑血管病、重要传染病和遗传病的防治水平，而且也广泛应用于改造已有的抗生素和生物制品等传统医药工业。因此，基因工程制药技术被认为是现代生物制药技术的核心。

2. 发酵工程制药

发酵工程也称微生物工程，它在原有发酵技术的基础上又采用了新技术，使工艺水平大大提高。所采用的新技术主要应用于工艺改进、新药研制和菌种改造等三个方面。工艺改进主要依赖于计算机理论及技术的发展，新药研制则得益于医药研究中对疾病机理的深入了解，菌种改造主要利用基因工程原理技术。正是由于采用其他学科的理论和新技术成果，使得微生物工程成为高新技术。这反映出当今各门学科之间相互渗透、相互支持，以促进科学技术加速发展的趋势。

在工艺改进方面主要是在发酵过程中实现计算机控制和使用各项生理指标应用传感器等加以检测。

新药研制主要是开发微生物药物。获得新的生理活性物质的手段通常有两种，一种是在已知的微生物中寻找除抗生素外的新的代谢产物，另外一种手段是获得全新的物种。

近年来，随着基础生命科学的发展和各种新的生物技术的应用，由微生物产生的具有除抗感染、抗肿瘤作用以外的其他活性物质的报告越来越多，如酶抑制剂、免疫调节剂、受体拮抗剂和抗氧化剂等，其生物活性均超过了传统抗生素所具有的抑制某些生物生命活动的范围。这类化合物是在抗生素研究的基础上发展起来的。这类物质和一般抗生素均为微生物的次级代谢产物，其在生物合成机制、筛选研究和生产工艺等多方面具有共同特点，因此将其统称为微生物药物，即在微生物生命活动过程中产生的具有生理活性（或称药理活性）的次级代谢产物及其衍生物。微生物药物的新时代是以酶抑制剂的研究为开端的，目前已拓展到免疫调节剂、受体拮抗剂、抗氧化剂等多种生理活性物质的筛选和开发研究领域，其研究成果令人瞩目。

获得全新的物种通常有如下几种途径：

（1）寻找稀有菌

就微生物而言，目前已被人类分离而且认识的微生物种类不会超过自然界天然存在总量的 10%。如何更多地分离以获得新的微生物种群是一项世界性的大课题。据统计，在已报道的微生物中，超过总数 60% 的产生菌属于放线菌科（actinomycetaceae），因此，如何不断发掘属于放线菌科的新的属、种，即分离研究"稀有放线菌""超级稀有放线菌"已显得十分重要。近年来，世界上的一些著名制药公司在这方面投入了巨大的财力和物力，以期有新的发现。

（2）寻找极端微生物

在不同的生存环境下存在着不同的微生物群种。为了适应周围的生存环境，微生物在进化过程中就有可能形成与普通环境下微生物不同的体内代谢途径，因此产生新的微生物药物的可解性就大为增加。目前，世界各国药学工作者对于生存在极端环境下的微生物种群给予了越来越多的重视，如南极、北极地区的微生物，火山口高温下生存的微生物，深海中生存的微生物，太空中生存的微生物，与植物、动物共生或寄生的微生物等。对于陆地微生物而言，人烟稀少地区的微生物资源，因其很少受到人为污染而仍然受到人们的关注。

（3）构建难培养微生物

在人们千方百计分离寻找迄今尚未被分离得到的绝大多数微生物种群的同时，随着基因克隆技术、细胞培养技术、DNA 扩增技术等现代生物技术的不断发展，美国等国的一些研究机构正着手利用基因工程手段，把生存在土壤中目前还无法分离出来的土壤微生物的总 DNA 克隆到预先设定的宿主系统中，生成各种带有未知微生物 DNA 的"工程菌株"，然后再将这些"工程菌株"进行发酵、初筛、复筛等研究程序，以期发现新的微生物产生的新化合物。当然，进行这方面研究，必须在确保没有基因污染风险的前提下进行，尤其是对于获得的带有各种不明基因的"工程菌株"必须加强管理，以防对人类社会带来不可预测的污染和危险。但是，不可否认，利用克隆技术来发掘土壤未知微生物的潜力，从而为人类造福，这一思路是令人鼓舞的，这也为新的微生物产生先导化合物提供了一条可供选择的途径。

在菌种改造方面，可利用基因工程技术构建基因工程菌，使其能够产生新物质及改善生产工艺，这是 20 世纪 80 年代初开始形成的新领域。目前，已经构建了许多能够产生新的次级代谢产物的基因工程菌和具有优良特性的能用于生产的基因工程菌。

3. 细胞工程制药

细胞工程制药技术主要有细胞培养技术和细胞融合技术，其中包含了基因工程技术在细胞工程制药技术中的应用。

细胞培养包括植物细胞培养和动物细胞培养。通过植物细胞培养可生产出有药用价值的次生代谢产物。此外，由于培养中细胞变异以及培养条件的影响，可产生自然界不存在的新的产物。还可利用固定化植物细胞将廉价的底物转化成价值高的药物。通过大量动物细胞培养获得的细胞产品，还可用来进行病毒抗原的制作和疫苗的生产。

细胞融合技术是单克隆抗体制备的最关键技术。单克隆抗体在医学上的用途十分广泛，抗病毒单克隆抗体已用于临床。例如，用于诊断流感病毒类型和狂犬病的治疗。单克隆抗体最受重视的用途是在肿瘤诊断和治疗方面，如经抗体与药物结合制成靶向药物——"生物导弹"，能定向杀灭肿瘤细胞，避免或减少对正常细胞的伤害，从而大大减轻了抗癌药物的副作用。以单克隆抗体为基础的诊断和治疗试剂在全球的销售额相比前期大幅增加。

细胞工程同基因工程结合技术用于生产蛋白质类药物，前景尤为广阔。以融合蛋白的生产为例，融合蛋白是通过基因工程的方法将编码不同的蛋白质基因片段按照正确的阅读框进行重组，将其表达后获得的新蛋白质。如将编码可以增强人体免疫反应的细胞因子的基因与编码肿瘤细胞特异抗原的抗体的基因连接成一段新基因转染到动物细胞内，这种基因工程细胞可以表达含有抗体和细胞因子的融合蛋白，用来激发人体对肿瘤细胞特异性排斥的免疫反应。

4. 酶工程制药

酶工程制药就是将酶或微生物细胞作为生物催化剂，借助化学反应工程手段将相应的原料转化成药物的技术。生物催化具有区域和立体选择性强、反应条件温和、操作简单、成本较低、公害少且能完成一般化学合成难以进行的反应等优点。同时，生物催化剂工程、溶剂工程和生物反应器等新技术的发展，不仅可使生物催化反应的效率成倍增长，而且可使整个生产过程连续化、自动化，为生物催化技术应用于药物的有机合成展现了广阔的前景。进入 21 世纪以来，手性药物已得到了世界各国制药工业界越来越多的关注，利用生物催化进行手性药物的不对称合成和对映体拆分，成为新的研究热点。我们知道，一些药物的异构体具有不同的生物活性，且有些差异很大。为了降低药物的毒副作用，提高药物的使用效率和安全程度，以美国食品药品监督管理局（FDA）为代表的欧美发达国家的药品监督机构更是对消炎药品的上市和使用进行了严格的限制，而大力提倡以手性药物形式即以单一手性异构体上市，这就大大促进了手性技术尤其是生物催化手性合成技术的迅猛发展。

三、生物药物的研究发展前景

生物制药产业已成为制药工业中发展最快、活力最强、技术含量最高的领域，是"21 世纪的钻石产业"，也是衡量一个国家生物技术发展水平的重要标志。生物药物的创新研究已成为新药开发的重要发展方向。许多疑难杂症将在此突破，如肿瘤、感染性疾病、AIDS（艾滋病）、自身免疫性疾病、心血管疾病、神经障碍性疾病、呼吸系统疾病、糖尿病和器官移植等。有些生物药物具有确切、突出的临床疗效，其治疗作用是其他类药物不可替代的，如治疗糖尿病的胰岛素，溶栓药物 tPA、TNK-tPA、r-PA，治疗风湿性关节炎的 Anti-TNFα 的抗体类药物 Enbrel，治疗遗传性疾病的酶类药物以及预防和控制传染性疾病的多种疫苗等。

生物技术是生物新药发现的关键，并贯穿于生物新药尤其是生物技术药物研发的全过程。人类基因组学与蛋白质组学的生物信息学研究使得对人类疾病与相关生理活性物质的认识进入分子水平，为新的药物靶点与先导物的发现和确证提供了依据；对功能蛋白的结构与生物活性关系的研究使得设计新的生物药物成为可能；通过 DNA 重组技术建立生物分子库，从中以高通量筛选获得新的药理活性分子，再经药效学与安全性评估和下游工程的研究开发成新的生物药物，新的生物药物剂型研究使其能更方便、安全、有效地应用于临床，并加速生物制药工业的现代化与市场化。

（一）生物技术药物的研究发展前景

2007 年市场销售额最高的六大类生物技术药物分别为：肿瘤治疗用抗体类、Anti-TNFα 治疗性抗体、EPO 类、胰岛素类、β-干扰素类和凝血因子类，这 6 大类药物占生物制药市场的 75% 以上，说明生物技术药物主要用于癌症、糖尿病、心血管疾病、自身免疫性疾病和遗传疾病等重大疾病的治疗。美国处于临床研究的生物技术药物有 631 种，其中疫苗 223 种，治疗性抗体 192 种，重组蛋白激素类 66 种，这三大类生物技术药物是当前发展的重点领域。

我国将大力支持人源化抗体，治疗性疫苗，重组治疗蛋白，多肽、核酸药物及干细胞为主的生物治疗品种的研究开发，重点突破规模化制备、药物递送及释药系统、质量控制、动物细胞高效表达和产品纯化技术、蛋白质工程技术、PEG 化学修饰技术、新型疫苗研发与生产技术、多肽药物大规模合成技术、干细胞治疗相关技术、核酸药物化学修饰等关键技术。

1. 研究发展新型疫苗

疫苗可分为传统疫苗（tradilional vaccine）和新型疫苗（new generation vaccine）或高技术疫苗（high-tech vaccine）两类，传统疫苗主要包括减毒活疫苗、灭活疫苗和亚单位疫苗，新型疫苗主要是基因工程疫苗。疫苗的作用也从单纯的预防传染病发展到预防或治疗疾病（包括传染病）以及防、治兼具。

2. 治疗性抗体（therapeutic antibody）成为生物制药的重点发展领域

治疗性抗体由于具备治疗专一性强、疗效好、副反应小的优点，已成为生物制药的重要支柱。随着抗体技术和大规模哺乳动物生产技术的进步，国际上批准的治疗性抗体药物大幅增加，占生物技术药物产业份额也不断上升。抗体技术经历了鼠源单抗→嵌合单抗→人源化单抗→人源性单抗→人源性多克隆抗体的演变历程，人源性单抗与多克隆抗体将成为今后治疗性抗体的主体。

治疗性抗体最重要的产品是经过人源化改构的基因工程抗体，无论从药物疗效、在研药物品种数量、批准上市药物数量，还是药物市场、药物产量及药物生产技术水平看，治疗性抗体都是在生物制药产业中一枝独秀的研究、开发和生产领域，是全球制药企业重点发展和争夺的领域，是拉动生物制药产业高速发展的主要引擎，更是评价一个国家生物技术发展水平最重要的指标之一。

3. 重组治疗蛋白进入蛋白质工程药物新时期

依据发现的药物新靶标，应用蛋白质工程技术，可以研究开发新的重组治疗蛋白质药物。利用对蛋白质构效关系的研究，通过定向改造、分子模拟与设计或转译后修饰研制开发出创新药物，这是重组蛋白质药物开发研究的新特点。

4. 加快发展多肽类药物

多肽类药物具有毒性低、特异性高、分子量小等独特优势，化学合成多肽技术，特别是固相多肽合成成本的显著下降，促使多肽药物的研发蓬勃发展，如抗肿瘤多肽 RasGAP 肽段衍生物，用于糖尿病治疗的胰高血糖素样多肽 -1（GLP-1）口服型药物，以及昆虫抗菌肽、动物抗菌肽、海洋生物抗菌肽等都是近期研究热点。

5. 开发新的高效表达系统

已上市的基因工程药物多数以 E.coil 表达系统生产（如 Ins、iPA），其次是以酿酒酵母（如用毕赤酵母生产人体白蛋白）表达系统和哺乳动物细胞（中国仓鼠卵细胞 CHO 和幼仓鼠肾细胞 BHK）表达系统生产。正在进一步研究的重组蛋白表达体系有真菌、昆虫细胞和转基因动物及转基因植物表达体系，转基因动物作为新的表达体系能更便宜地大量生产复杂产品，有多家生物制药公司已应用转基因动物生产多种产品进入临床试验（主要有 IX 因子、tPA、α - 抗胰蛋白酶、α - 葡萄糖苷酶和抗凝血酶Ⅲ），尚有几十种产品正在转基因山羊、绵羊或牛上进行研究开发。另外通过克隆动物生产重组药物也具有发展前景，如使克隆山羊带有 IX 因子基因来制备 IX 因子方面也取得了良好进展。

6. 将基因组学和蛋白质组学的研究成果转化为生物技术新药的研究与开发

通过药物基因组学和药物蛋白组学的研究，药物作用的靶标将大幅增加，必将进一步阐明在一个特定的细胞内表达的动物蛋白或在特异疾病状态下或代谢状态下表达的蛋白组，从而为药物研究提供更多的信息。药物作用靶点涉及受体、酶、离子通道、转运体、免疫系统、基因等，这些新靶点一旦被确定，通过分子模拟的合理药物设计与蛋白质工程技术，就可以设计出更多的新药或获得更有治疗特性的新治疗蛋白。人类基因组计划中的初步研究结果，已获得多个可用来研究、开发生物技术药物的基因，这将推进生物技术药物的更快发展。

7. 药物递送系统与生物技术药物新剂型研究快速发展

药物递送系统可以将药物有效地递送到药物发挥疗效的目的部位，从而调节药物的药代动力学、药效、毒性、免疫原性和生物识别性。常可采取长效、靶向、受体介导、内吞非注射给药策略，应用细胞穿透、内涵体逃逸、抗体 - 药物偶联物、超分子复合物等手段有效地递送生物药物，进而促进生物技术药物新剂型迅速发展。如对药物进行化学修饰、制成前体药物、应用吸收促进剂、添加酶抑制剂、增加药物透皮吸收及设计各种给药系统等。研究的主攻方向是开发方便、安全、合理的给药途径和新剂型。主要有两个方向：①埋植剂与缓释注射剂。②非注射剂型，如呼吸道吸入，直肠给药，鼻腔、口服和透皮给药等。如 LHRH 缓释注射剂作用可达 1 ～ 3 个月。尤其是纳米粒给药系统，常见的有纳米粒和纳米囊，如环孢素 A 纳米球、胰岛素纳米粒、降钙素钠米粒等。结果表明多肽和蛋白质类纳米粒制剂具有更高的生物利用度和有效的缓释作用。

（二）天然生物药物的研究发展前景

天然药物的有效成分是生物体在其长期进化过程中，在自然选择的胁迫下形成的，具有特定的功能和活性，是生物适应环境、健康生存和繁衍后代的物质基础。因此，有些天然生物药物已沿用很长的时间，迄今还在广泛使用，而且随着生命科学的进展，人们从天然产物中不断发现更多新的活性物质。如从动物与人体的呼吸系统内发现多种神经肽，表明呼吸功能除受肾上腺素能神经和胆碱能神经的调节外还受非肾上腺素能神经和非胆碱能神经的调节，此类神经系统的递质主要是神经肽，结果从心房中分离到心钠素，从大脑中分离到脑钠素。又如对细胞生长调节因子的发现，使免疫调节剂成批出现。实际上，人类对生物与人体全身的了解还十分不够，疾病、健康、长寿等问题还远不能解决，因此对天然活性物质的研究必将随着生命科学的发展而不断深入。众多的天然产物除可直接开发成有效的生物药物外，还可以应用现代生物技术生产重组药物，通过组合化学与合理药物设计提供新的药物作用靶标及设计合成新的化学实体。

1. 深入研究开发人体来源的新型生物药物

人体血浆蛋白成分繁多，目前已利用的不多，主要原因是含量低、难于纯化，因此进行综合应用、提高纯化技术水平与效率是关键，如纤维蛋白原，凝血因子Ⅱ、Ⅶ、Ⅸ，蛋白C，α2-巨球蛋白，β2-微球蛋白，多种补体成分，抗凝血酶Ⅲ，抗胰蛋白酶，转铁蛋白，铜蓝蛋白，触珠蛋白，CI酯酶抑制因子，前白蛋白等均是亟待开发的有效产品。另外各种人胎盘因子以及人尿中的各种活性物质也有良好的研究价值。

2. 扩大和深入研究开发动物来源的天然活性物质

继续从哺乳动物中发现新的活性物质，如从红细胞中分离获得新型降压因子，从猪胸腺中分离得到淋巴细胞抑裂素（LC），从猪脑中分离得到镇痛肽AOP（分子量为12000）等。扩大其他动物来源的活性物质的研究也是一个重要发展方向，包括从鸟类、昆虫类、爬行类、两栖类等动物中寻找具有特殊功能的天然药物，如已研究成功蛇毒降纤维酶、蛇毒镇痛肽，还发现了多种抗肿瘤蛇毒成分。

3. 努力促进海洋药物和海洋活性物质的开发研究

海洋活性物质在抗肿瘤、抗炎、抗心脑血管疾病、抗放射和降血脂等方面已取得重要进展，将加快对海洋活性物质如多肽、萜类、大环内酯类、聚醚类、海洋毒素等化合物的筛选及其化学修饰和半合成研究，以获得活性强、毒副作用少、有药用价值的海洋活性物质。另外，充分利用海洋资源积极研发海洋保健功能食品、海洋医用材料以及海洋中成药也是亟待发展的重要领域。

4. 综合应用现代生物技术，加速天然生物药物的创新和产业化

通过基因工程、细胞工程、酶工程、发酵工程和抗体工程、组织工程与合成生物学途径等现代生物技术的综合应用，不仅可以解决天然生物活性物质的规模化生产，而且可以对活性多肽、活性多糖、核酸酶等生物大分子进行结构修饰、改造，进而进行生物药物的创新设计和结构模拟，再通过合成或半合成技术，创制和大量生产疗效独特、毒副作用少的新型生物药物。如将 2 个合成青蒿素基因导入酵母细胞而取得青蒿素的高表达，已达到工业化要求。

5. 中西结合创制新型生物药物

"中国医药是一个伟大的宝库"，我国在发掘中医中药、创制具有我国特色的生物药物方面已取得可喜的成果，如人工麝香、骨肽注射液、香菇多糖、复方干扰素、药物菌和食用菌及植物多糖等，都是通过整理和发掘我国医药遗产及民间验方应用生物化学等方法开发研制成功的。中国的医药学是几千年来中国人民与疾病作斗争的成果，具有丰富的实践经验，将其与现代生物科学结合，一定可以创制一批具有中西结合特色的新型药物。如应用分子工程技术将抗体和毒素相偶联，所构成的导向药物（免疫毒素）是一类很有希望的抗癌药物。应用生物分离工程技术从斑蝥、全蝎、地龙、蜈蚣等动物类中药中分离纯化活性生化物质，再进一步应用重组 DNA 技术进行克隆表达生产，也是实现中药现代化的一条重要研究途径。

第二节　生物制药产业链的创新与发展

全产业链创新的发展模式是我国生物制药产业的发展方向，制定生物制药全产业链创新战略可以促进生物制药产业的发展。

制药产业是集资本、技术和知识为一体的关系国计民生的战略性产业。我国已明确提出将生物医药产业培养成高新技术支柱产业。在生物技术领域，生物技术制药是我国重点发展的生物技术领域，也是各级地方政府发展高技术产业的重点选择。与世界先进国家相比，我国生物制药产业还处于发展初期，主要在原料药的生产领域发展较成熟，但是在生物制药产业链中，原料药的价值水平在整个价值链中处于较低位置。我国生物制药产业要想获得跨越式发展，需要进行生物制药产业变革，打造全产业链创新模式。全产业链模式的价值在于资源的优化配置，创造最高效率，其不仅仅是上下游的简单扩张，而是借助市场完成资源优化配置。

一、生物医药全产业链创新模式

（一）生物医药全产业链模式的提出

何谓全产业链？全产业链最早是由中粮集团提出的，中粮对食品行业全产业链定义如下：覆盖种植养殖、运输、仓储、生产、加工、分装和销售七大环节，而且在各产业链以及七大环节之间都存在资源共享、融会贯通。生物制药的全产业链模式涉及几个关键环节，包括研发设计、原料药生产、合成药生产、物流与营销以及品牌运作。

在新药物研发阶段，通过建设实验室支撑技术研发，通过建立知识产权体系保护和鼓励技术及产品创新；在药物开发阶段，通过开发生产设备，在产品开发管理体制下对新药物临床批量制造进行研究；在原料药生产和合成药生产阶段，加强生产质量管理，进行生产设备制造升级，利用配方技术进行药物制造；开展销售网络建设，完善和维护客户关系管理体系；创立品牌价值，积极进行服务质量管理。

（二）生物制药全产业链创新条件下的利润率均衡

生物制药产业的价值链是一条呈正 U 形的"微笑"曲线。在全球价值链中，研发创新和营销及品牌运作具有较高的附加值，欧美主要的生物医药产业集群大多处于价值链的研发创新阶段和药物的营销及品牌运作阶段。据统计，2007 年欧美的大医药公司每年在研究费用上的投入约为其销售额的 16% ～ 17%。我国大部分生物医药产业集群的创新力不足，品牌效应不强，多数处于价值链较低位置的原料药制造阶段。

我国生物医药产业正逐步向全产业链模式迈进。例如华北制药提出挺进制药全产业链的目标，从低级原料药中间体向高附加值制剂转化升级，形成高端、中端、低端不同层次的市场需求，以及具有集约规模和国际国内竞争力的梯次化产品结构。华北制药与 DSM 合作，在技术和市场上实现双重突破，在研发阶段，华北制药提供业内领先的研发平台和持续支撑的新药产品线，这是华北制药最核心的研发资产，代表了我国新药自主创新的一流水准，一直引领我国抗生素、维生素和基因重组生物制药的创新研究。华北制药的新药公司定位于"大规模生物发酵"，与全球新药研发潮流相吻合，是公司新药孵化器。在销售方面，华药从多方面着手，搭建研产销对接通道，生产、销售人员定期沟通，以销促产，坚持工艺技术升级、新产品研发和产业化并重，同时面向市场和客户，组建生产、技术、研发和销售的专业团队，为客户解决实际问题，提供增值服务。通过最经济、最便捷、最有效、最灵活的营销手段，依托强势品牌、过硬的质量和优质的服务，全面提升了华药的公众形象，增强了市场竞争力，在巩固和扩大市场占有率方面取得了很大的成效。

二、全产业链国际化创新战略

（一）研发设计外包和创新国际化战略

外包已成为新药物研发的大趋势，我国具备生物制药外包发展的几个条件：

第一，雨后春笋般涌现了一批专业性生物技术公司，这些公司在医药研发的不同领域或不同技术方面都积累了相当丰富的经验，很多已经处于国际先进水平，这为承接新药研发的外包创造了必要条件；

第二，交易市场日趋成熟，交易费用趋于合理；

第三，知识产权制度的完善，知识产权意识的增强，法律法规的健全，为生物制药技术创新提供了有力的政策保障；

第四，在生物医药研发方面有大量的基础人才；

第五，我国药品监管体系不断完善，药品审查力度不断加强。

我国生物制药产业集群可以广泛深入开展国际科技合作与研发服务外包，积极与美国、欧盟、日本等国家开展合作；大力引进国际著名跨国生物企业基地建设产业化项目，设立研究机构；支持基地生物企业吸引国际风险投资，开展国际并购；鼓励基地生物企业海外上市，拓宽融资渠道，在海外建立研发中心；积极吸引国际知名生物产业专家、学者和海外留学人员到基地工作、讲学或开展合作研究工作；与国内外大企业、科研机构建立生物医药产业战略联盟。

（二）生物制药创新网络战略

我国是原料药生产大国，有着较好的发展基础和成绩，但不容忽视的是高能耗、高污染的代价。随着世界生物制药技术水平的提高，我国传统的原料药生产优势已经减弱，我国原料药要想实现跨越式发展，走技术创新路线是关键。生物药品的开发费用是惊人的，国际大型生物制药企业的研发费用一般占销售收入的20%以上，纯粹的生物技术公司的研发投入比重更大。我国生物制药科研开发经费投入严重不足，研发投入占销售收入的比重保持在略高于1%的水平。

我们应该加大对生物制药的研发投入，建立创新资源共享平台，构建生物制药创新网络。

第一，建立以共享机制为核心，以资源系统整合为主线，具有公益性、基础性、战略性的科技基础平台。重点整合各学科领域的科技文献信息资源，建设科学、工程技术、医学和农业数字图书馆，支持各级科技信息服务网络运行环境建设，分批完善跨部门、跨学科、跨地区的省级科技文献和科学数据网络服务体系。整合现有科技基础条件资源，建设科技基础条件平台中心，搭建一站式服务与共享平台，实现与国家和其他省市科技基础条件平台的无缝对接。

第二，建设若干国家级重大科学工程和国家重点实验室，引进培育一批国内外一流科研院所，推动重点优势学科建设，引进一批创新团队和领军人才。形成企业、研发、孵化、中试、教育等一体化的科技创新体系，形成由多所高校、多家专业研究机构和研发中心（含外资）、多家新药临床研究基地、多家研发型企业组成的生物制药创新网络。

（三）商业模式创新战略

打开物流与营销渠道，是企业获得稳定利润的重要保障。实施商业模式创新战略，搭建研产销对接体系，以销促产。营销人员是最了解市场的企业人员，是直接接触客户的群体，对于客户需求、市场动态信息的获取能力更强，通过研发人员和营销人员的定期交流和沟通，可以使企业准确把握市场定位，研发满足市场需求的产品，同时也可以有效控制产量，避免产品积压。

（四）走品牌战略路线

生物制药企业应提升自身的公众形象，打造强势品牌，走品牌战略路线。通过取得国家各类药物证书，重点培育一批研发能力强、拥有创新产品和自主知识产权的旗舰企业，形成品牌优势。

第三节 我国生物制药产业的现状与前景

现代生物技术制药始于20世纪80年代初，近40年来，生物药物的研究开发取得了巨大进展，新的天然生物活性物质不断被发现，对原有药物在医疗上的用途又有了新的认识和评价，药物新剂型日益增多，生物技术普遍进入实验室，生物制药工业已成为现代制药工业新的经济增长点。以基因工程药物为核心的生物制药工业蓬勃发展，并成为新药开发的重要发展方向，在危及人类健康的重大疾病的防治方面具有重要作用。目前，生物制药产业已成为制药工业中发展最快、活力最强和技术含量较高的领域，是"21世纪的钻石产业"，也是衡量一个国家生物技术发展水平的最重要标准。

我国生物制药产业起步于20世纪80年代后期，经过了40多年的发展，以基因工程药物为核心的研制、开发和产业化已经颇具规模。目前我国已有生物制药企业超500家，其中100多家有生产生物技术药物的技术与批文，主要分布于环渤海、长三角、珠三角等经济发达地区。我国已批准和生产的生物技术药物品种与国内外已批准的常用品十分相近，并已有一批相当规模的生物制药企业，表明我国的现代生物制药工业体系已初步形成。

与世界先进国家的生物医药产业相比，无论是数量、规模还是效益方面，我国生物医药产业都还处于比较落后的状态，但是国家和地方政府都在不断加大对该产业的扶持力度，从政策和资金等各方面不断加大投入。当前，我国已将生物制药作为经济发展的重点建设行业和高新技术的支柱产业来发展。一些科技发达或经济发达地区正在不断建立国家级生物制药产业基地，并初步形成了以长三角、环渤海地区为核心，珠三角、东北、东部沿海地区集聚发展的生物医药产业集群，这对我国的生物医药产业发展起到了很好的带动作用。总体而言，我国生物制药产业未来充满希望，前景乐观，我国的生物制药产业将呈持续上升发展态势。

一、我国生物制药产业面临的发展机遇

自20世纪90年代以来，生物制药已经成为我国政府重点扶持的产业之一，经过近30多年的发展，形成了一个集上、中、下游产业共同发展的生产体系，这个体系带动了一大批相关产业的发展，为促进我国经济的增长作出了卓越的贡献。并且我国当前对于生物制药有着明显的政策偏向，也在一定程度上促进了生物制药产业的发展。我国在《国家中长期科学和技术发展纲要（2006—2020年）》里指出，要在生物制药领域掌握一批优

秀的前沿技术，包括生物催化技术和生物转化技术等。尤其是将创新药品的研制作为重大专项之一。我国要在 2030 年之前研制出 100 个具有一定市场竞争力和自主知识产权的新药，30 个为全新结构的创新药物，并且要力争有 5 ~ 10 个药品能够打入国际市场。国务院办公厅也编制了一系列的发展规划和纲要来促进我国生物制药行业的发展。各地方政府、企业也积极地响应国务院办公厅的号召努力发展。一时间，我国生物制药产业进入了欣欣向荣发展的黄金时期。预计在未来的几年内，我国应该会有相当一批具有市场竞争力的生物工程药物投放市场，其中有少部分高精尖的品种甚至会进入国际市场。届时，我国与在生物制药方面较发达的国家之间的差距将会逐渐缩小，经过长时间的发展，我们会赶超世界先进水平。

当前，生物制药已经成为创新药物的重要来源，包括疫苗、多肽药物、血液制品、生物提取药物、重组蛋白药物等，这些都是生物制药产业发展的方向，并且这些方向已经形成了一条较为完整的产业链。目前，我国已经有相当一批生物制药产品投放市场，另外还有相当一部分的生物制药正处于研制当中。尤其是疫苗产业，全国有多家能够自主生产疫苗的企业，生产的产品也能够有效地满足国内市场的需求。在新特效药方面，我国当前也开发出了一系列新的特效药，重点针对肿瘤、心脑血管等疾病，具有非常好的疗效。在胰岛素、生长激素等多个领域已经形成了产业化链条，充分地说明了我国在生物制药领域已经取得了较为良好的效果。在血液制品方面，我国也拥有了一大批具有 GMP 认证资格的血液制品生产厂家。以天坛生物、上海莱士、北京科兴等一大批先进企业为代表的血液产品制造企业表明了我国在血液制品领域的突出发展。

二、我国生物制药产业发展现状

（一）产业基地的建立

我国当前已经建立了一批生物制药相关的产业基地，因为生物制药产业已经成为当前国家重点建设的项目，也代表着国家未来制药行业发展的方向。在一些经济较为发达的地区，已经出现了许多规模较大的生物制药产业基地。如此规模庞大的制药产业已经形成了一个产业群，不仅能够实现自身很好地发展，还能够带动周边生物制药及其他行业的发展。大部分的产业基地都已经初步形成了研究开发、创新孵化、培训教育以及专业服务等各个模块所组成的现代生物制药体系。

（二）研发外包化

当前我国生物制药产业发展较快的重要因素之一就是研发的外包化，研发外包给中国生物制药产业的发展带来了广阔商机。我国拥有众多的人口，具有世界上最大的消费市场，加上高素质低成本的用工资源，使得世界知名的生物制药企业都愿意在中国投资办厂。当前我国生物制药企业研发外包规模已经非常庞大，多个城市都已经把医药研发外包作为当地经济的新增长点。另外，我国还拥有大量的医药院校、研发机构以及学校人才，这些都为研发外包的顺利开展提供了资源的支持。

（三）发展非常迅速

近些年来，我国的生物制药企业不断增加，并且都得到了非常好的发展。早在 20 世纪末期，我国生物制药企业就已经突破了 200 家，以深圳科兴、天津泰达等优秀的生物制药企业为代表的生物制药业为我国经济的增长作出了卓越的贡献，同时这些企业自身也得到了较为迅速的发展。随着我国经济发展水平越来越高，人们的生活质量也在不断提高，人们开始越来越多地追求更高层次的享受。生物制药行业有效地满足了人们对高端生活提出的要求，这也在一定程度上保证了我国生物制药企业的较快增长速度。

三、我国生物制药产业面临的挑战

（一）研发与创新能力不足

关键性或者是重要性药物一般都是制药企业的主要销售收入来源。但是，当前我国生物制药企业的研发与创新能力不够，不能针对市场需求开发出有针对性的药品。我国当前生物制药行业依旧缺乏行业知名品牌，创新能力不足，使得许多生物制药企业还是停留在简单的模仿生产阶段。由于创新能力较差，市场上有相当大比例药品都是仿制药品，自主研发的药品非常少，制药企业的发展至今还是停留在重复阶段。研发与创新能力不高的重要原因是研发与创新都需要大量的资金投入，并且短期之内很难见到明显成效；而走仿制药品的道路，可以使得企业在短期之内就能获得大量的收益。企业这种更看重眼前效益的做法，使得我国的生物制药企业大都缺乏明显的市场竞争力，如果长期走仿制药品的道路，那么我国生物制药行业必定没有太大的发展，只会被淘汰。

（二）市场占有率较小

随着对外开放幅度的增加，越来越多的国外生物制药企业开始进军中国市场。由于国外生物制药公司起步早，技术较为先进，所以其产品往往具有更高的疗效与性价比。而我国本土的生物制药企业由于本身发展较为弱小，所以在与国外品牌竞争的过程中往往处于劣势，使得本土生物药品的市场占有率非常小。

（三）生物制药技术产研脱节较为严重

生物制药技术重在研发，而研发则需要生物制药上下游的配套技术支持。如果上下游都不能给予生物制药以足够的技术支持，那么就容易造成生物制药技术产研相脱节的现象。在个别领域，我国的生物制药技术与国际先进水平的差距并不大。但是在大多数领域，我国与国际的生物制药技术产研差距还是非常大的。上下游产业不能给予足够的支持，使得我国生物制药行业的发展受到了较为严重的限制。

（四）结构失调

2021年，我国生物制药产业增长速度非常快，远远超过了我国GDP增长的速度。但是生物制药在国民经济构成当中所占的份额却非常低，这与生物制药产业飞速发展的现状明显脱节。并且我国的生物制药产业地域性色彩较为浓厚，主要集中在沿海地带，而内陆地区生物制药企业数量较少,很难形成规模经济。

四、我国生物制药产业的发展趋势

在未来的发展过程中,生物制药行业肯定要在制药行业中扮演重要的角色,并且会给制药行业带来根本性的变化,我国生物制药产业发展趋势也会有一定的调整。

(一)生产方式的优化

我国有着较为丰富的药材资源,尤其是中药资源,在国际药材市场上也享有非常高的声誉。面对国际生物制药产业的发展趋势,我们应当充分发挥自身的优势,重点开发中药领域。例如以天然植物、中草药等作为原材料进行生物制药的生产。可以预见,在不久的将来,我国的生物制药产业会有大量的企业开始从事中草药相关的生物制药技术研究,通过现代制药技术与传统中药技术的结合,来增强市场竞争力。

(二)走集群产业化道路

随着当前生物制药产业的不断发展,我国生物制药也在不断地走集群产业化的道路。高等院校在不断地为社会输送高质量的人才,这些人才聚集地往往就形成了具有一定规模的生物制药产业气候,随着企业的发展,往往也就形成了较为稳定的生产基地和研究基地。当前,生物制药企业业务外包趋势较为明显,越来越多的大型企业开始将研发等内容外包,走产业化道路。由此可见,产业化道路也是我国生物制药企业未来发展的一个重要趋势。为了与外来生物制药企业竞争,获得更高的利润,集群产业化道路是未来发展的必经之路。

我国生物制药产业的发展步伐已经非常迅速,并且我国在生物制药行业已经有了较为明显的发展。相信随着产业结构的不断调整优化,以及相关技术的不断成熟,我国生物制药产业将会得到更好的发展,实现医药强国的战略目标。

第四章 生物经济与生物质能

第一节 世界能源供需现状及趋势

能源是现代社会赖以生存和发展的基础，清洁燃料的供给能力密切关系着国民经济的可持续发展，是国家战略安全保障的基础之一。我国是能源消耗大国，我国以煤炭为主，2019 年煤炭占一次能源的比例为 63.6%，一方面，由于煤的高效、洁净利用难度大，使用过程中已对人类的生存环境带来严重的污染。另一方面，我国人均能源资源严重不足，人均石油储量不到世界平均水平的 1/10，人均煤炭储量仅为世界平均值的 1/2。因此，开发清洁可再生能源已成为紧迫的课题。

生物质能是由植物的光合作用固定于地球上的太阳能，最有可能成为 21 世纪主要的新能源之一。据估计，植物每年贮存的能量巨大，而作为能源的利用量却非常少。这些未加以利用的生物质，绝大部分经自然腐解将能量和碳素释放回自然界中。通过生物质能转换技术，可以高效地利用生物质能源，生产各种清洁燃料，替代煤炭、石油和天然气等燃料，减少对矿物能源的依赖，保护国家能源资源，减轻能源消费给环境造成的污染。

现阶段世界能源消费呈现以下特点。

（1）受经济发展和人口增长的影响，世界一次能源消费量不断增加。

（2）世界能源消费呈现不同的增长模式，发达国家因进入后工业化社会，经济向低能耗、高产出的产业结构发展，能源消费增长速率明显低于发展中国家。

（3）世界能源消费结构趋向优质化，但地区差异仍然很大。

（4）世界能源资源仍比较丰富，但能源贸易及运输压力增大。

能源是人类社会发展的重要基础资源，但由于世界能源资源产地与能源消费中心相距较远，特别是随着世界经济的发展、世界人口的剧增和人民生活水平的不断提高，世界能源需求量持续增大，由此导致对能源资源的争夺日趋激烈、环境污染加重和环保压力加大。近几年我国出现的"油荒""煤荒"和"电荒"，以及国际市场的高油价，加重了人们对能源危机的担心，促使我们更加关注世界能源的供需现状和趋势，也更加关注中国的能源供应安全问题。

面对以上挑战，世界能源供应和消费将向多元化、清洁化、高效化、全球化和市场化方向发展。鉴于国情，我国应特别注意依靠科技进步和政策引导，提高能源利用效率，寻求能源的清洁化利用，积极倡导能源、环境和经济的可持续发展，并积极借鉴国际先进经验，建立和完善我国能源安全体系。

一、世界能源消费的现状及特点

（一）受经济发展和人口增长的影响，世界一次能源消费量不断增加

随着世界经济规模的不断增大，世界能源消费量持续增长。

（二）世界能源消费呈现不同的增长模式

发达国家能源消费的增长速率明显低于发展中国家过去 30 多年来的增长速率。北美、中南美洲、欧洲、中东、非洲及亚太等六大地区的能源消费总量均有所增加，但是经济、科技与社会比较发达的北美和欧洲两大地区的能源消费增长速度非常缓慢，其消费量占世界总消费量的比例也逐年下降。其主要原因，一是发达国家的经济发展已进入到后工业化阶段，经济向低能耗、高产出的产业结构发展，高能耗的制造业逐步转向发展中国家；二是发达国家高度重视节能与提高能源使用效率。

（三）世界能源消费结构趋向优质化，但地区差异仍然很大

自产业革命以来，化石燃料的消费量急剧增长，初期主要是以煤炭为主，后来石油和天然气的生产与消费量持续上升，再之后石油的消费量首

次超过煤炭，跃居一次能源的主导地位。虽然 20 世纪 70 年代世界经历了两次石油危机，但世界石油消费量却丝毫没有减少的趋势。此后，石油、煤炭消费量所占比例缓慢下降，天然气消费量的比例上升。同时，核能、风能、水力、地热等其他形式的新能源逐渐被开发和利用，形成了目前的以化石燃料为主，可再生能源、新能源并存的能源消费结构格局。

由于中东地区油气资源最为丰富、开采成本极低，故中东能源消费的绝大部分为石油和天然气，该比例明显高于世界平均水平，居世界之首。在亚太地区，中国、印度等国家煤炭资源丰富，煤炭在能源消费结构中所占比例相对较高，故在亚太地区的能源结构中，石油和天然气的比例偏低，明显低于世界平均水平。除亚太地区以外，其他地区石油、天然气所占比例均校高。

（四）世界能源资源仍比较丰富，但能源贸易及运输压力增大

煤炭资源的分布存在巨大的不均衡性。随着世界一些地区能源资源的相对枯竭，世界各地区及国家之间的能源贸易量将进一步增大，能源运输需求也相应增大，能源储运设施及能源供应安全等问题将日益受到重视。

二、世界能源供应和消费趋势

伴随着世界能源储量分布集中度的日益增大，对能源资源的争夺将日趋激烈，争夺的方式也更加复杂，由能源争夺而引发冲突或战争的可能性依然存在。

随着世界能源消费量的增大，二氧化碳、氮氧化物、灰尘颗粒物等环境污染物的排放量逐年增大，化石能源对环境的污染和对全球气候的影响日趋严重。

面对以上挑战，未来世界能源供应和消费将向多元化、清洁化、高效化、全球化和市场化方向发展。

（一）多元化

世界能源结构先后经历了以薪柴为主、以煤为主和以石油为主的时代，

现在正在向以天然气和新能源为主转变，水能、核能、风能、太阳能正得到更广泛的利用。可持续发展、环境保护、能源供应成本和可供应能源的结构变化，决定了全球能源多样化发展的格局。天然气消费量将稳步增加，在某些地区，燃气电站有取代燃煤电站的趋势。未来在发展常规能源的同时，新能源和可再生能源将受到重视。

（二）清洁化

随着世界能源新技术的进步及环保标准的日益严格，未来世界能源将进一步向清洁化的方向发展。不仅能源的生产过程要实现清洁化，而且能源工业要不断生产出更多、更好的清洁能源，清洁能源在能源总消费中的比例也将逐步增大。根据美国能源信息署（EIA）的预测，在世界消费能源结构中，煤炭所占的比例将由 1997 年左右的 26.47% 下降到 2025 年的 21.72%，而天然气将由目前的 23.94% 上升到 2025 年的 28.40%，石油的比例将维持在 37.60% ～ 37.90% 的水平。同时，过去被认为是"脏"能源的煤炭和传统能源薪柴、秸秆、粪便的利用将向清洁化方面发展，洁净煤技术（如煤液化技术、煤气化技术、煤脱硫脱尘技术）、沼气技术、生物柴油技术等将取得突破并得到广泛应用。一些国家，如法国、奥地利、比利时、荷兰等国已经关闭其国内的所有煤矿而发展核电，它们认为核电就是高效、清洁的能源，能够解决温室气体的排放问题。

（三）高效化

世界能源加工和消费的效率差别较大，能源利用效率提高的潜力巨大。随着世界能源新技术的进步，未来世界能源利用效率将日趋提高，能源强度将逐步降低。但是，世界各地区能源强度差异较大，可见世界的节能潜力巨大。

（四）全球化

由于世界能源资源分布及需求分布的不均衡性，世界各个国家和地区已经越来越难以依靠本国的资源来满足其国内的需求，越来越需要依靠世界其他国家或地区的资源供应，世界贸易量将越来越大，贸易额呈逐渐增加的趋势。

（五）市场化

市场化是实现国际能源资源优化配置和利用的最佳手段。随着世界经济的发展，特别是世界各国市场化改革进程的加快，世界能源利用的市场化程度越来越高，世界各国政府直接干涉能源利用的行为将越来越少，而政府为能源市场服务的作用则相应增大，特别是在完善各国、各地区的能源法律法规并提供良好的能源市场环境方面，政府将更好地发挥作用。当前，俄罗斯、哈萨克斯坦、利比亚等能源资源丰富的国家，正在不断完善其国家能源投资政策和行政管理措施，这些国家能源生产的市场化程度和规范化程度将得到提高，有利于境外投资者进行投资。

第二节　我国能源现状及问题分析

能源是人类赖以生存的五大要素之一，是国民经济和社会发展的重要战略物资。经济、能源与环境的协调发展，是实现中国现代化目标的重要前提。在中国，很久以前就开始开发和利用自然界中各种形态的能源，但是能源的社会化和大规模的商业化开发与利用是在新中国成立以后才真正开始的。中国现代能源工业从出现至今虽已有百年的历史，但是由于中国在鸦片战争之后相当长的一段时期内一直处于半封建半殖民地的社会状态，工业化进程非常缓慢，经济和社会发展水平低下，因此能源的开发利用水平也很低。

一、我国当前能源形势

我国能源业的发展现状为：一是能源供给能力逐步增强，二是能源消费结构有所优化，三是能源技术进步不断加快，四是节能环保取得进展，五是体制改革稳步推进，六是能源立法明显加强。

二、我国能源发展面临的主要问题

虽然我国能源发展取得了很大成绩，但也要看到，随着经济社会快速发展，多年积累的矛盾和问题进一步凸显。这集中表现在六个方面。

（一）资源约束明显，供需矛盾突出

据人民网 2013 年报道，我国能源资源总量虽然比较大，化石类能源探明储量约 7500 亿吨标准煤，但人均拥有量远低于世界平均水平。煤炭、石油、天然气人均剩余可采储量分别只有世界平均水平的 58.6%、7.69% 和 7.05%。

1. 煤炭

我国煤炭储量丰富，但从中长期来看，要把储量变成有效供给，以满足经济社会发展的需求。当前我国煤炭资源面临"三大不足"的压力：一是煤炭精查储量不足。二是生产能力不足。根据全国目前煤炭的生产能力，考虑部分矿井衰老报废等因素，未来还需要新增煤炭生产能力。三是运输能力不足。我国煤炭消费主要集中在东部地区，但煤炭资源主要分布在北部和西部，这种资源禀赋与需求地理分布的失衡，决定了北煤南运、西煤东运的格局。为满足能源需要，我国还需加大相应铁路及港口建设。这些实现起来难度都是很大的。

2. 石油

据国土资源部（现自然资源部）发布的 2015 全国油气资源动态评价成果报告，我国石油可采资源量为 301 亿吨，资源探明率刚超过 30%，处于勘探中期阶段。我国石油勘探难度不断加大，新增储量质量变差，经过努力做到稳产、小幅增长尚有可能，但大幅增长的可能性不大。从分布情况来看，东部主要含油盆地已经进入勘探开发中后期。待发现石油资源主要集中在松辽、塔里木、准噶尔、鄂尔多斯等盆地和渤海海域。西部主要含油盆地和我国海域资源丰富，且探明程度低，处于勘探开发早期。据统计

数据显示，即使考虑大力节能降耗、调整经济结构和发展可替代品等因素，2020 年石油缺口仍达 5.4 亿吨。

3. 天然气

从整体上看，我国天然气勘探开发潜力大，处于勘探早期阶段，储量、产量将快速增长。塔里木盆地的库车地区，鄂尔多斯盆地及周边古生界，四川盆地川东、川西北地区和川西前陆盆地，柴达木盆地涩北和台南地区，东海海域，莺歌海、琼东南等，是今后勘探开发的重点区域。但是快速增长的天然气生产仍难以满足更快的需求增长。

与资源约束形成明显对比的是能源消费的快速增长。从近几年的能源供需形势看，能源消费总量越来越大，快速增长的能源供应仍赶不上更快增长的能源需求。

（二）能源技术依然落后，能源效率明显偏低

我国能源技术虽然已经取得很大进步，但与发展的要求和国际先进水平相比，还有很大差距：大型煤矿综合采掘装备、煤炭液化技术核心装备需要引进，瓦斯抽取和利用技术落后，矿井生产系统装备水平低，重大石油开采加工设备、特高压输电设备、先进的核电装备还不能自主设计制造。氢能及燃料电池、分布式能源等技术研究开发不够，可再生能源、清洁能源、替代能源等技术的开发相对滞后，节能降耗、污染治理等技术的应用还不广泛。

（三）能源结构尚不合理，环境承载压力较大

我国富煤、缺油、少气的能源结构难以改变。与世界能源消费结构相比较，我国一次能源消费呈现出迥然不同的结构特点：煤炭消费比重基本上与世界石油、天然气消费比重相当，占 60% 左右；而石油、天然气消费比重与世界煤炭消费比重持平，只占 30% 左右。尽管我国能源结构将不断优化，煤炭比重会有所下降，但煤炭的主导地位在一定时期内难以改变。2019 年，我国能源消费结构中，煤炭的比重仍高达 57.7%。

相比油气，煤炭对环境的影响较大，如煤矿地表沉陷、煤田自燃火灾、矸石山自燃等所引发的植被破坏、地下水位下降、水体污染等现象比较严重。加之我国煤炭清洁利用水平低，带来的污染更为严重。在全国烟尘和二氧化硫的排放量中，由煤炭燃烧产生的分别占 70% 和 90%。目前我国二氧化硫排放量在全球仍居高位，二氧化硫污染导致区域性的环境酸化，出现酸雨污染。此外，煤炭燃烧生成的二氧化碳还会加重温室效应。

（四）国际环境复杂多变，利用境外油气资源难度加大

我国石油天然气资源相对不足，国内生产能力增长有限，需要更多地利用境外资源。有关资料显示，全球剩余可开采的煤炭储量为 9845 亿吨，石油 1427 亿吨，天然气 156 万亿立方米。即使维持现有消费水平不变，化石能源总储量也只能维持人类消费 100 年左右。在全球能源产量中，国际贸易量占比相对不高。目前开发环境和条件好的油气资源大部分已被西方发达国家开发利用并控制，国际自由贸易量的比例更低，我国能源进口需求不可能无限制地得到满足。我国石油进口运输方式大多是远距离、大运量，每年进口的石油约 80% 经过马六甲海峡，现有远洋船队超大型油轮严重不足，约 90% 的进口石油依靠海外公司运输。同时，能源资源是战略资源，我国作为一个大国，过于依赖进口，不仅涉及供求格局和价格变化等问题，还涉及如何打破现有垄断格局、保障运输线路安全等极其复杂的国际经济、政治、外交和军事问题，处理不好会出现难以控制的动荡，会危及我国的国家安全。

（五）石油储备体系不健全，安全生产存在隐患

石油储备在能源供应安全中占有重要地位。20 世纪 70 年代第一次石油危机后，国际能源署要求包括西方七国在内的成员国，必须承担相当于 90 天的石油净进口量的石油储备义务。欧盟也要求其成员国承担石油储备义务。这些国家已经先后建立了比较完善的石油储备制度，而且已经发挥了重要作用。我国石油储备刚刚起步，目前项目建设进展较为顺利，但还有大量工作要做，石油储备要达到储备目标还需若干年，形成国家石油储备体系和应急机制还任重道远。

能源特别是煤炭安全生产形势较为严峻。近年来，市场需求旺盛，拉动煤炭产量快速增加，但缺乏安全保障条件，煤矿瓦斯爆炸等重特大事故未能得到有效遏制。油气生产和管网仍存在潜在的事故风险。近年来，电力建设高速发展，在设备制造安装、工程建设等方面潜存诸多隐患，可能带来一些安全问题。美国、加拿大和俄罗斯大停电事故，已经给我们敲响了电力建设和安全运行的警钟。

（六）能源体制改革尚未到位，法律法规有待完善

煤炭企业机制转换滞后，社会负担沉重，企业竞争力不强，企业跨区经营的体制环境没有完全形成，煤炭流通体制尚不完善，铁路运输体制改革、煤炭交易市场建设等配套改革滞后。建设适应 WTO 要求的原油、成品油和天然气市场体系，以及完善政府宏观调控与监管体系等方面还有大量需要解决的问题。电力体制改革方案中确定的各项改革措施也有待进一步落实。

同时，我国能源法律法规还不能适应能源发展与改革的需要，突出表现在：体现我国能源战略、维护能源安全、衔接能源政策的基本法律尚不完备；能源安全和石油储备等方面至今还缺乏相应的法律依据；一些法律法规及政策性文件已不适应发展需要，有待进一步协调、修改或废止。

总之，我们既要看到我国能源资源尚有较大的潜力，随着科学技术不断进步，资源可利用程度加深，以及非常规能源的补充作用进一步增强，我们有能力、有办法解决经济社会发展中的能源支撑问题；同时，我们也应进一步增强忧患意识和危机感，要清醒地认识到，我国能源人均占有量比较低，保障程度不高，近期的供求矛盾已经很大，未来资源"瓶颈"更为突出。因此，千方百计缓解能源"瓶颈"约束，事关全局，刻不容缓。我们要从保障中华民族长远发展和子孙福祉的高度，充分认识做好能源工作的极端重要性，切实采取有效措施，积极化解我国能源发展中面临的突出矛盾和问题。

第三节　加快推进生物质能发展

一、新能源与生物质能

什么是新能源？新能源是指传统能源之外的生物能、太阳能、风能、潮汐能、温差能、地热能、波浪能和废弃物能等。实际利用较多、较广并具代表性的能源是生物能、太阳能和风能。

人类能源消费的剧增、化石燃料的匮乏以至枯竭、生态环境的日趋恶化，迫使人们不得不思考人类社会的能源问题。国民经济的可持续发展依仗能源的可持续供给，这就迫切需求研究开发新能源和可再生能源。从新能源的发展特点和速度看，它将成为人类未来的重要能源。一是因为新能源多是"可再生能源"，分布广泛，使用方便。生物质能、太阳能、风能、海洋能等都是自然界中可以不断再生、永续利用的，在一定条件下是"取之不尽、用之不竭"的能源。而煤、石油等常规能源是不可再生的资源，它们的形成需要漫长的时间，用一点就少一点，终有一天会用完。二是因为新能源一般都具有巨大的能量。三是因为新能源大多是"清洁的"能源。当前除核能外，新能源基本上不污染环境，给环境带来的废弃物较少。而煤炭、石油等在使用过程中会释放出大量有毒、有害的气体和粉尘，严重污染大气环境和危害人类健康。随着我国的快速发展，能源消费不断增加，原油进口量增多，围绕能源资源的对外投资也不断增多，国际上将原油价格的上涨归咎于中国进口的增加。所有这一切表明，中国能源状况面临巨大的挑战，也使中国政府更加关注可持续发展的能源问题，开发新能源迫在眉睫。

生物质能是第四大能源，生物质资源遍布世界各地，数量庞大，形式繁多，通常包括以下几个方面：一是木材及森林工业废弃物；二是农业废弃物；三是水生植物；四是油料植物；五是城市和工业有机废弃物；六是动物粪便。

生物质能的开发利用有下列优点。

（1）提供低硫燃料。

（2）提供廉价能源，改善生态环境。

（3）将有机物转化成燃料可减少环境公害（例如，垃圾燃料）。

（4）与其他非传统性能源相比较，技术上的难题较少。

（5）生物质能源的开发利用将提供新的就业机会。

（6）生物质能源作为可再生能源，既能增加农民收入，又能满足人类日益增长的对能源的需求。

生物能是一种可再生、清洁环保能源，生物质能除了具有太阳能所具有的优越性之外，其优势在于可替代石油给汽车、火车、舰船、飞机、大炮等提供动力。

二、我国的生物质资源

我国拥有丰富的生物质资源。我国的生物质原料种类多、分布广、地域性强、年际变化大。我国现有森林、草原和耕地面积 7.48 亿公顷，理论上生物质资源可达 1181 亿吨 / 年以上（在每平方公里土地面积上，植物经过光合作用而产生的有机碳量，每年约为 158 吨）。这些资源若能很好地加以利用，能很大程度上缓解我国的能源压力。

实际上，目前可以作为能源利用的生物质，主要包括秸秆、薪柴、禽畜粪便、生活垃圾和有机废渣废水等。

生物质产业的另一类资源是利用边际性土地种植能源材料植物。不少人有这样的疑虑，我国土地本来就少，哪有那么多边际性土地去种能源材料植物？其实，紧缺的是耕地，而那些不能垦为农田但又能生长绿色植物的边际性土地并不少。南方约 3 亿亩的荒山荒坡可种植油料作物，生产的生物能源相当于 3 个大庆的原油产量；北方约 15 亿亩盐碱地可种植抗盐碱植物，提供丰富的原料。此外，西部还有大片的戈壁滩和沙漠，也是种植生物能源所需植物的理想土地，完全可以用来发展相关作物。

我国能源植物的种类十分丰富，包括一年生草本、多年生灌木以及速生乔木等，都不乏已具规模化生产的种类和品种，主要有甜高粱、木薯、甘蔗、木本油料、旱生灌木、冬闲地种油菜等。

由我国自行培育的甜高粱每公顷每天合成的碳水化合物可产出 48 升乙醇（玉米只有 15 升），年产 6 吨乙醇，比甘蔗还高 30%。而且甜高粱耐旱、耐涝、耐盐、耐瘠薄，需水量只是甘蔗的 1/3，生育期 4 ～ 6 个月，全国皆能种植，南方可一年两茬。

生长在我国南方的有"穷人庄稼"之称的木薯，光合效率高、抗逆性强、耐瘠薄，旱坡地每公顷可产鲜薯 30 ～ 50 吨，最高可达 80 吨以上，即每公顷可产乙醇 4 ～ 7 吨，是我国南方缺少灌溉条件的干旱山区和干热河谷地区一种很有潜力的能源植物。2019 年，我国现种植木薯面积 30 万公顷，有发展到 200 万公顷的潜力。

甘蔗是大家熟知的优良的能源植物，每公顷产 60 ～ 80 吨，可生产乙醇 3 ～ 5 吨。甘蔗种植于南方诸省，年种蔗面积 120 万公顷，总产 8000 万吨左右。2019 年，我国甘蔗面积约有 142 万公顷，具有年产 10000 万吨甘蔗和生产 400 万吨乙醇的潜力。甘蔗制糖后的废糖蜜亦可用于生产乙醇。

多年生灌木不仅生长快、生物量大和具有良好的生态功能，也是一种能质较好的能源植物。我国西北地区的柠条、沙枣、山杏、沙棘、柽柳等，能防风固沙和充作饲料，平茬的大量枝条（指成年灌木必须每两三年将地上部枝条砍除，否则生长不旺和衰死）又是良好的能材。灌木林如形成规模和产业，将大大有利于生态保护、能源生产和农民增收。

我国有 100 多种籽实含油量在 40% 以上的木本植物，能规模化种植和作为良种供应基地的木本油料植物有 10 种左右，如黄连木、文冠果、续随子、麻疯树等。其中麻疯树籽实含油率 50% 以上，耐干旱和恶劣自然条件，可作水土保持树种，是优良的生物柴油原料，西南地区已种植 10 多万亩，计划 2010 年发展到 1000 万亩。

我国的生物质资源丰富多样，潜力很大，对缓解能源消耗压力作用巨大。

三、生物质资源转化成能源的方式

生物质能源转换的方式主要有：生物质固化、生物质气化、生物质液化、生物质热解、生物质发酵和生物质直接燃烧等技术。

（一）生物质固化

生物质固化是将稻壳、木屑、花生壳、甘蔗渣等生物质原料粉碎到一定粒度，或者不加粉碎，不加黏合剂，在高压条件下，利用机械挤压成一定的形状。

生物质成型技术按成型物的形状主要可分为三大类：圆柱块状成型、棒状成型和颗粒状成型技术。如果把一定粒度和干燥到一定程度的煤按一定的比例与生物质混合，加入少量的固硫剂，压制成型就成为生物质型煤，这是当前生物质固化最有市场价值的技术之一。

生物质固体燃料具有型煤和木柴的许多特点，可以在许多场合替代煤和木柴作为燃料。目前，生物质固体燃料技术的研究在国内外已经达到较高的水平，许多发达国家对生物质成型技术进行了深入的研究，产生了一系列的生物质固化技术。日本、德国、土耳其等国研究用糖浆作为黏结剂，将锯末和造纸厂废纸与原煤按比例混合生产型煤，成为许多场合的替代燃料。另外，美国、英国、匈牙利等国用生物质水解产物作为黏结剂生产型煤。我国清华大学、浙江大学、哈尔滨理工大学、煤炭研究院北京煤化学研究所等对生物质固化利用的研究也取得了一系列的成果。

生物质型煤虽然在燃烧性能和环保节能上具有明显的优良特性，但其缺点是压块机械磨损严重，配套设施复杂，使得一次性投资和成本都很高，目前还没有显著的经济优势。技术和经济因素阻碍了它的商业化应用，还没有形成规模产业。以后的研究将主要集中在降低成本上。

（二）生物质气化

生物质气化是指柴草、枝条、秸秆、废木料等农林废弃物在高温条件下与气化剂（空气、氧气及水蒸气）反应得到可燃气体的过程。

伴随着气化过程，燃料会出现氧化、还原、干馏和干燥四个阶段，其中氧化和还原是关键技术。氧化的份额太高就接近于燃烧，氧化的份额太低，反应温度就偏低，只冒油烟和水蒸气，气化过程变为炭化过程，不能得到气体燃料。合理控制水蒸气在空气中的比例，就可以使气化反应放热超过重整反应中的吸热，使气化温度维持在预定的水平下，并能得到较高热值的气体燃料。

国内外最常用的气化方法主要有：固定床气化炉、流化床气化炉、携带床气化炉。目前，生物质气化技术的商业应用已经成熟，市场潜力巨大，气化煤气的主要用途有以下几种。

（1）供热、供暖。

（2）供气。

（3）烘干。

（4）发电。

（5）热源。

目前，国外的气化技术已达到很高的水平，气化炉工艺流程复杂，自动化程度很高，气化煤气主要用于发电和供热。

国内的生物质气化技术得到了较快的发展，研究主要集中在适用于农村、林区和偏远地区的固定床气化技术，以农业和林产工业废弃物为原料、面向工业企业的流化床气化技术及生物质气化集中供气技术。

生物质气化技术使生物质能的利用效率提高了 1 倍，降低了 CO_2 的排放，缓解了能源和环境两方面的压力，为可持续发展提供了途径。但是生物质气化技术的真正推广还存在许多障碍，还有许多问题有待解决。例如：第一，气化煤气中的焦油消除问题，净化除焦已经成为制约生物质气化技术的主要因素；第二，生物质气化产生的气化煤气总体来说成本还比较高，许多技术还处于试验和试运行状态，即使是应用比较成熟的气化集中供气系统，也存在着运行成本偏高、设备折旧偏快的问题。

（三）生物质热解技术

热解是指生物质在隔绝空气或供给少量空气的情况下，加热分解成气体、液体、固体产品的过程。热解产物中各成分的比例可通过控制反应参数，如温度，加热速率，过程中活性气体、固体停留时间等来加以控制。根据温度、加热速率、固体停留时间及固体粉碎程度等条件，可把热解分成慢速热解、快速热解和瞬时热解。

常用的热解设备主要有流化床、循环流化床、气流床和自由落下床等。目前国内外对这种热解设备的研究主要集中在消除焦油上。利用生物质热解产生燃料不会增加空气中 CO_2 的含量，可利用各种农林废弃物为原料，减少环境污染。生物质能源具有可再生性，能缓解能源紧张的矛盾，而且生物质热解产生的燃料比化石燃料更为清洁，热解产物中硫的含量远小于化石燃料。通过生物质热解还能得到像焦炭、生物质油、合成气、甲醇和氢气等原料，可满足多种工业需求。

（四）生物质液化技术

生物质液化是指通过化学方法将生物质转换成液体产品的过程。液化可分为催化液化和超临界液化。催化液化过程中，溶剂和催化剂的选择是影响产物产率和质量的重要因素。目前除了水之外，常用的溶剂还有苯酚、高沸点的杂环烃和芳香烃混合物。主要的超临界水液化生物质的研究，包括超临界水液化纤维生物质、超临界水和超临界甲醇液化木质素生物质等技术。

生物质的液化产物常被称为生物质油。生物质油与传统燃料相比，具有含水量高、含氧量高、性质较不稳定等特点，使得其蒸馏加工过程中对温度和不挥发性很敏感，因此，对生物质油的改良十分必要。目前对生物质油的改良主要有以下途径。

（1）加氢处理。

（2）分子筛处理。

（3）产品的精制等。

生物质液化是生物质能源利用的一条有效途径。目前对生物质液化的研究工作已有了一定的基础，但是生物质油的产量和质量还处于它的成长时期，仍需要更多的理论与实践的探索。例如对溶剂及催化剂技术还要进一步研究，以生产出高质量的生物质油。国外对生物质液化的研究比较早，技术相对成熟，而我国由于技术积累比较薄弱，急需开展相关的研究。

（五）生物质的生物转化技术——生物质发酵

生物质的生物转化技术，是指农林废弃物经过微生物的生物化学作用生成高品位气体燃料或液体燃料的过程。目前主要的生物质转化方式为厌氧发酵和乙醇发酵。厌氧发酵是指有机物在厌氧细菌的作用下进行代谢，产生以甲烷为主的可燃气体（沼气）的过程。厌氧发酵主要应用于生物质发酵制沼气及垃圾填埋。人类最早使用沼气是在西欧，但中国的沼气事业发展速度最快、数量最多，并已成为世界沼气大国。发展中国家和发达国家都在通过加大沼气的利用来缓解城乡的能源及环境问题，美国一直在研究新的发酵技术和新的微生物系统，以提高沼气的品质。寻找新的发酵菌类是沼气技术研究的一个重要方向。

乙醇发酵是指通过碳水化合物提取乙醇的过程。利用淀粉酿制的乙醇，被认为是一种重要的替代能源，可以用作交通运输行业所需要的液体燃料。目前在发酵生物的种类方面进行广泛的研究。利用生物质发酵生产液体燃料乙醇的技术，主要分为糖和淀粉原料发酵生产乙醇及转化纤维素生产乙醇。

纤维素发酵制取乙醇是制醇领域令人瞩目的技术，目前最主要的纤维素制乙醇方法有浓硫酸水解法、稀硫酸水解法、浓盐酸水解法及酶水解法。稀硫酸水解法已达到工业化水平，酶水解法还处于大力研究中，而浓硫酸和浓盐酸水解法已经通过试验研究。

生物质发酵产氢是利用微生物制氢，所用原料为生物质、有机废水等。我国学者提出了将光合细菌与发酵细菌联合处理高浓度有机废水持续产氢的最佳代谢模式，处理效率远比甲烷发酵高，处理成本低并可回收清洁能源氢，具有广泛的应用开发价值。

（六）生物质直接燃烧

生物质直接燃烧是生物质能最早被利用的传统方法，就是在不进行化学转化的情况下，将生物质直接作为燃料燃烧转换成能量的过程。燃烧过程所产生的能量主要用于发电或者供热。生物质直接作为燃料燃烧具有许多优点：

第一，资源化，使生物质真正成为能源，而不是产生能源产品替代物的原料；

第二，减量化，减少生物质利用后剩余物的量；

第三，无害化，直接燃烧生物质不会造成环境问题，真正达到了能源利用的无害化。

生物质直接燃烧主要分为生物质作为农用炉灶燃料直接燃烧和生物质作为锅炉燃料直接燃烧。

生物质在农用炉灶中燃烧的热效率一般为10%～15%，在省柴炉灶中燃烧的热效率为30%左右。生物质作为锅炉的燃料直接燃烧，其热效率远远高于作为农用炉灶燃料，甚至能接近化石燃料的水平。生物质作为锅炉燃料，与化石燃料（煤）相比具有许多优点，主要有：

（1）生物质含氢量稍多，挥发分明显较多。

（2）生物质含碳量少，含固定碳更少。

（3）生物质含氧量多。

（4）生物质密度较小。

（5）生物质含硫量低。

根据某项对生物质燃料燃烧过程的研究，得出以下结论：

（1）生物质燃料密度、结构松散，挥发分含量高，挥发分在250～350℃温度下大部分析出；

（2）挥发分析出后，疏松的焦炭会随着气流进入烟道，所以通风不能过强；

（3）挥发分燃尽后，受到灰烬包裹的焦炭较难燃尽。

所以，生物质燃料锅炉的设计要结合生物质燃烧的特点。目前的生物质燃料锅炉主要是流化床锅炉，因为流化床能很好地适应生物质燃料挥发分析出迅速、固定碳难以燃尽的特点，并能克服固定床燃烧效率低下的弊病，还具有燃料适应性好、负荷调节范围大、操作简单的优点。

瑞典、丹麦、德国等发达国家在流化床燃用生物质燃料技术方面具有较高的水平。我国以生物质为燃料的流化床锅炉的应用正在起步，哈尔滨工业大学、清华大学、华中理工大学、浙江大学等对流化床燃用生物质燃料技术进行了一系列的研究。当然，流化床锅炉燃用生物质燃料也存在一些缺点：

第一，锅炉体形大，成本高；

第二，生物质燃料的燃用需要经过一系列的预处理（例如生物质原料的烘干、粉碎等）；

第三，飞灰含碳量高于炉灰的含碳量，并且随着生物质挥发分的大量析出，焦炭的燃尽较为困难；

第四，生物质燃料蓄热能力小，必须采用床料来保证炉内温度水平，造成炉膛磨损严重，也影响了灰渣的综合利用。

国内研制出采用室燃与层燃相结合、燃用酒糟的锅炉，该锅炉物料从炉膛前上方喷入炉内，下落过程中酒糟逐渐被加热，大量挥发分开始析出，并在炉膛空间燃烧，同时物料颗粒在下落过程中也开始燃烧，较难燃尽的固定碳落在炉排上继续燃烧，燃烧速度快、效率高，负荷调节灵活方便。这项技术已经推广应用，五粮液酒厂已安装了多台燃酒糟锅炉，每年节省大量燃料，节能效果明显，并且极大地减轻了环境污染。由于酒糟与棕榈渣、椰子壳、稻壳等生物质燃料具有相近的燃烧特性，这种技术有望得到大面积的推广。

以上是生物质能利用的常用方法简介，从上面的介绍可知：固化、气化、液化、热解过程需要能量的投入，而且热解、液化过程需要投入的能量还比较大。固化、气化、液化、热解和发酵方式的设备成本比较高，而且这些方法并不能完全将生物质中的有用成分转化为产品。

生物质直接作为锅炉燃料燃烧，生物质能的利用效率很高，产生的能量可供发电、供热来满足各种需求，处理过程实现了减量化、资源化、无害化，且能置投入少。所以，如果能够实现经济、安全、高效地直接燃烧生物质燃料，将是解决未来的能源问题的重要途径，有利于人类社会的可持续发展。

四、我国生物质技术发展的现状与问题

我国政府及有关部门对生物质能源利用极为重视，国家领导人曾多次批

示和指示加强农作物秸秆的能源利用。国家科委已连续在三个国家五年计划中将生物质能技术的研究与应用列为重点研究项目，涌现出一大批优秀的科研成果和成功的应用范例，如产用沼气池、禽畜粪便沼气技术、生物质气化发电和集中供气、生物压块燃料等，取得了可观的社会效益和经济效益。同时，我国已形成一支高水平的科研队伍，包括国内知名的科研院所和大专院校；拥有一批热心从事生物质热裂解气化技术研究与开发的著名专家学者。

五、我国生物质能的发展方向与对策

（一）我国生物质能发展方向

我国的生物质能资源丰富，价格便宜，经济环境和发展水平对生物质技术的发展比较有利。根据这些特点，我国生物质能的发展既要学习国外先进经验，又要强调自己的特色，所以，今后的发展方向应朝着以下几方面：

第一，进一步充分发挥生物质能作为农村补充能源的作用，为农村提供清洁的能源，改善农村生活环境及提高人民生活条件。这包括沼气利用、秸秆供气和小型气化发电等实用技术。

第二，加强生物质工业化应用，提高生物质能利用的比重，提高生物质能在能源领域的地位。这样才能从根本上扩大生物质能的影响，为生物质能今后的大规模应用创造条件，也是今后生物质能能否成为重要替代能源的关键。

第三，研究生物质向高品位能源产品转化的技术，提高生物质能的利用价值。这是重要的技术储备，是未来多途径利用生物质的基础，也是今后提高生物质能作用和地位的关键。

第四，利用山地、荒地和沙漠，发展新的生物质能资源，研究、培育、开发速生、高产的植物品种，在目前条件允许的地区发展能源农场、林场，建立生物质能源基地，提供规模化的木质或植物油等能源资源。

（二）加快生物质能发展的对策

根据上面的主要发展方向，今后我国生物质利用技术能否得到迅速发展，在对策上主要取决于以下几个方面：

第一，在产业化方面，加强生物质利用技术的商品化工作，制定严格的技术标准，加强技术监督和市场管理，规范市场活动，为生物质技术的推广创造良好的市场环境。

第二，在工业化生产与规模化应用方面，加强生物质技术与工业生产的联系，在示范应用中解决关键的技术问题，在生产实践中提高并考验生物质能技术的可靠性和经济性，为大规模使用生物质创造条件。

第三，在技术研究方面，既重点解决推广应用中出现的技术难题，如焦油处理、寒冷地区的沼气技术等，又要同时开展生物质利用新技术的探索，如生物质制油、生物质制氧等先进技术的研究。

第四，制定生物质能源国家发展计划，引进新技术、新工艺，进行示范、开发和推广，充分而合理地利用生物质能资源。在 21 世纪，逐步以优质生物质能源产品（固体燃料、液体燃料、可燃气等）取代部分矿物燃料，解决我国能源短缺和环境污染等问题。

根据我国国情可以优先发展的领域有：秸秆能源利用、有机垃圾处理及能源化、有机废渣与废水处理及能源化、物质液体燃料等；同时要攻关的关键技术有：生物质气化发电技术、有机垃圾 IGCC 发电技术、厌氧处理及沼气回收技术、纤维素制取酒精技术、物质裂解液化技术、植物培育及利用技术等。

生物质能源在未来将成为可持续能源的重要部分。我国幅员辽阔，化石能源资源有限，生物质资源丰富，发展生物质能源具有重要的战略意义和现实意义。开发生物质能源将涉及农村发展、能源开发、环境保护、资源保护、国家安全和生态平衡等诸多利益，希望得到社会各界、各级政府、专家学者的广泛关注与支持，为我国的生物质能源事业创造有益的发展环境。

第五章 生物经济与新型农业

第一节 生物经济对农业发展的影响

国内粮食及相关畜禽产品生产成本高、价格明显高于国际市场，是现有发展模式的直观反映。如果实施农业减"肥"，那么，要想在不影响国家粮食安全的前提下促进农业可持续发展，就必须改变以往"大肥、高药"的所谓"高产"发展观及以数量为主的增长模式。

正在兴起的生物经济，为"如何转型"提供了生物经济与农业相结合发展的契合点，为农业发展观转变、减"肥"降耗、农业拓展及绿色转型提供了新的时代机遇。

一、生物经济引领农业迎来"双基础"时代

农业是利用生物的生活机能，通过人工培育取得产品的产业，是生物学应用最重要和最广泛，并且直接关系到食品及营养、健康、资源、环境、生态等全球性重大问题的基础性产业。

农业过去是工业乃至国民经济的基础，当代仍然是它们的基础，未来将进一步演变为生物经济的"双基础"——农业是可再生的生物质的基础，而生物质又是可持续的生物经济的基础。在生物科技推动和经济社会绿色发展需求拉动下，随着生命科学与生物技术的群体性进展及其在农业、能源、生物制造、医药、环保以及生态服务等领域的广泛应用，农业在生物经济中的这种"双基础"地位将更加突出。

与传统的常规农业不同的是，包括农业主副产品、农业与城市固体废弃物以及藻类等各种形式的生物质，可以作为系列生物基产品的生产原材

料。例如高端的医药，中端的生物能源、生物化学品、生物基材料，以及初级供热发电、农产品以及生态服务。从而形成玉米、大豆、稻米、畜禽、藻类等不同系列、多层次的植物化工产业链或生物质循环产业链。

二、农业与其他生物质产业互联大融合

生物经济正在促进农业与其他生物质产业互联大融合，以至出现"全生物质农业"、能源农业、化学品农业等新型业态。基因是生物存在的本质基础，储存于其中的遗传指令帮助生物协调其整个生命系统。生物、信息、物质大融合，是生物质产业互联融合的物质基础。生物质相关产业融合意味着产品及服务价值增加、产业链延长与调整、物质与能量的循环利用。

随着生命本质高度一致性的被揭示与工程化应用，农业与部分工业尤其是其中的食品工业、化工制造、能源、医药，以及旅游、生态服务等第三产业的界线渐趋模糊，边界趋于淡化；农业正发展成为与其他生物质产业有着广泛联系并相互影响的一个综合产业，食品、营养、健康医疗、能源及其他生物基资源、材料、环保、观光与休闲旅游、生物多样性及生态系统服务（BES）等都与农业有着越来越密切的关系。即便传统农业的比重在下降，多种农业新型业态也会促进农业领域与功能的进一步拓展。

第二节　农业转型的动力及趋势

一、农业拓展与形态演变的动力机制

农业为什么拓展？农业形态之所以演变，无非是外生动力（exogenous driver）和内生动力（endogenous driver）共同作用的结果。外生动力也叫外在动力，是经济社会及环境可持续发展的需求；内生动力也叫内在动力，主要是科学技术尤其是生物科技。与第二次绿色革命的动力稍有不同的是：农业拓展与形态演变不一定需要借助国际社会的共同努力及其政策的共同

推动。

（一）外生动力

五大全球性问题或其潜在危机的出现，以及由此引发的经济社会及环境对相关产业发展的绿色需求，客观上要求作为生物质相关产业基础的农业必须拓展、变革与转型，因而成为农业拓展与形态演变的外生动力。

农业变革的外生动力可分解为五项因素：

第一，粮食、纤维、食油以及为工业增值服务的原材料需求，后者包括为生产清洁可持续能源、化学品、生物基材料而兴起的对能源作物、藻类、农林水主副产品及其废弃物的需求。

第二，为缓解水土资源紧张状况，提高淡水资源、土地资源特别是耕地利用率的需求。

第三，农业新功能需求，包括：功能食品需求；与食品相关的营养需求和健康医疗需求；增强作物抗性（抗病虫害、节水、耐旱、耐盐碱等）需求；生物多样性及其他生态需求。

第四，为应对全球气候变化、减少化石能源消耗的节能减排（低碳）需求，包括消纳处理城市固体废弃物的需求。

第五，为解决当代面临的食品及营养、健康医疗、资源、环境等全球性问题而采取的政治与公共管理需求。

（二）内生动力

科学技术特别是其中的生物科技推动了农业新型业态的形成，是农业拓展与形态演变的内生动力。例如，新一代基因编辑技术 CRISPR-Cas9 正在成为植物育种的革命性技术，因其可能摆脱"外源基因"的说辞而促进"新型"转基因农业的发展。再如，互联网等信息技术催生了"互联网＋农业"新业态的形成。

相对于由经济社会及环境外在需求（拉动）构成农业拓展、变革与转型的外生动力，以分子生物学及基因工程为核心的生命科学与现代生物技术，则成为推动农业拓展、变革与转型的内生动力。

生命的本质是复杂的化学作用，自然界所有生命具有本质上的高度一致性。这种一致性主要表现为以下几个方面。

第一，生命特征的基本组成物质和生物界遗传物质的共性——所有生物的蛋白质都是由相同的 20 种氨基酸以肽键连接，核酸都是由相同的 4 种核苷酸以核苷酸链构成。

第二，基因规律在所有生物体内的表达（语言）机制是相同的。

第三，遗传密码的通用性——几乎所有的生命都共用一套遗传密码，为"人为改变生物性状"提供实现可能性。

第四，生命有共同的起源，不同生物体的细胞中的很多结构如细胞核、线粒体、高尔基复合体等具有相似性。

第五，所有生物的生化反应都是由酶来催化的——基本的生化相似性，物质和能量代谢过程很相似。

分子生物学与基因工程揭示出生命本质的高度一致性，使得基因能够在不同生物体之间转换表达，来自两种生命形态的基因可以融为一体。由此自然界物种之间的界限或称种间隔离（基因隔离）或将被打破，各种生物的基因可以通过修饰或编辑在分子水平上实现通用，基因在跨界的不同生物体之间转换表达，从理论变成实践、从可能化为现实，从而让生物表现出以自然处理方式（含杂交育种）难以获得的对人类有益的性状，正在从根本上导致农业与其他生物质产业的融合及边界淡化，进而增强农业的可拓展性。因此，生命本质的高度一致性，既构成新一轮农业变化拓展的物质基础，也成为新型农业体系形成与发展的理论基础。

二、农业形态演变趋势及其特征

当代农业正面临信息技术革命、第二次绿色革命或其系列亚革命，正在改变农业发展模式，并催生一批新的农业形态。农业形态是随着科技进步与经济社会需求而逐渐演变形成的，具有某种技术特征的农业表现形式。有人称之为农业类型、农业模式或农业业态。在每一个经济时代，农业发展表现出的形态既有所不同，又相互传承与交叉，从而形成异彩纷呈的农业形态组合（群）。在同一个经济时代，各类农业形态通常表现出相对稳定的基本特征。

从狩采经济时代、农业经济时代、工业经济时代，到目前的信息经济时代，以至将要来临的生物经济时代，农业具有不同的主导功能及功能组合。每个经济时代推动农业发展的科学技术（内生动力）、经济社会及环境可持续发展对农业的外在需求（外生动力）也有所不同。从农业主导功能及其驱动力两方面来归纳，农业形态可以归纳为五种类型。

（1）资源型：以最大限度开发利用自然资源为主。

（2）经济型：以追求最大化产量和经济利益为主。

（3）技术型：以科学技术的内生推动为主。

（4）城乡协调型（简称"协调型"）：以城镇化发展为导向、城乡环境协调发展为主。

（5）人本型：以提高人类生活质量，注重以人为本、人性化和个性化发展为主。

分别以"农业形态类型"和"经济时代"为纵、横坐标归纳，可以得出农业形态演变趋势。

以上归纳并非分类，而是从宏观上整体考察农业形态的演变趋势，因而部分形态可能重复列于不同的农业形态类型或经济时代。例如设施农业，既追求最大化经济利益和产量，又以技术推动为主，并兼顾城乡环境协调发展，因而横跨经济型、技术型、协调型三种类型；再如有机农业，从"被动"供给发展到"主动"需求，经历了农业经济时代、工业经济时代、信息经济时代。

归纳是从观察得到的资料或事实出发加以概括，从而解释所观察到的事物之间的关系。随着经济时代的演进，农业形态总体上由过去的以资源导向、以片面追求经济利益为主，转向以技术导向、以追求人与自然协调发展为主，亦越来越趋向以提高人类生活质量为主的"人本化"发展方向。因此，可将农业形态演变趋势亦即各种形态之间的关系归纳为以下几点。

第一，农业形态类型总体上沿"资源—经济—技术—协调—人本"主导型的方向演进。

第二，农业形态向多功能化和以提高人类生活质量为主的人本化方向演变。

第三，工业经济时代的农业形态横跨并具备所列全部五种类型，体现出农业工业化、工农融合发展趋势。

第四，面向生物经济时代的即未来农业发展的主流方向和重点，处于信息经济时代和生物经济时代的交叉域，分属技术型、协调型、人本型。

综上，农业形态演变具有以下时代特征：集成当代最新技术（如现代生物技术及其与互联网、大数据等信息技术的集成）；绿色环保低碳与可持续；生物相关产业融合与边界淡化；农业功能多元化；城乡协调发展；注重生活质量及人本化。

转基因食品（genetically modified food，简称 GM food）研发与生产是生物科技融汇发展的结果，转基因农业不等同于现代化农业，而是常规现代农业的延伸与拓展。所谓"田园般农业"与崇尚自然的"小农"系列形态，是建立在针对大量人口的现代化规模农业营造出的大批量物美价廉的农产品丰裕的基础上；否则，小农生产的农产品量少、规格与质量参差不齐、价格高，将导致地球上至少现有人口的一半是"吃不饱、穿不暖"的。试想，如果没有现代化、规模化农业作为基础和保障，哪有物美价廉的农产品？哪有多少机会一边欣赏"田园般风光"，一边奢谈休闲农业与有机农业？

换言之，所谓"返璞归真"式的自然农业、休闲农业、城市农业以及有机农业等农业形态，都是建立在规模化、集约化的现代农业解决农产品大宗需求的基础之上，否则就可能成为"乌托邦"式的田园臆想。在生活节奏加快、普遍存在紧张感的现代社会，"小农"的确有几分浪漫和情调，也有存在的空间与必要，但它们与现代化规模农业并非水火不容或完全对立，而是各取所长、相互补充。各类"小农"形态可以作为现代农业体系中的"业余调剂""拾遗补缺"或"锦上添花"，但并非如一些人士所标榜的"用有机农业去取代规模化的现代农业"，如同传统手工制药或制醋不可取代工业制药或制醋一样。

第三节　生物农业典型案例分析

通过对农业形态及其演变的文献调研与大量观察发现，当代农业正在从传统的常规农业系统拓展到包含常规农业系统在内并包括新食品、营养、健康医疗、生物基资源、环境与生态服务，以及传统与现代并存的休闲旅游、观光疗养等新的领域。

近年来，先后对在农业领域与功能拓展方面具有代表性的北京昌平农业嘉年华、小汤山农业科技园、延庆德青源生态农场（简称"德青源"）、平谷大桃园、大兴留民营生态农场，河北石药集团（CSCP）部分药厂车间及中草药基地、遵化板栗生产基地、怀来县葡萄基地、大午农牧集团，山东龙力生物科技股份有限公司（简称"龙力"）、浙江中国科学院湖州应用技术研究与产业化中心、安吉谈竹庄竹纤维公司，广东广州市澳洋饲料有限公司，上海张江科技园，天津津南农业科技园等进行了实地调查与考察研究。

在文献调研与观察、调查与考察的基础上，重点对龙力、荷兰皇家帝斯曼集团（DSM）等中外生物质涉农企业（biomass & agriculture-related company）的产业链与经营模式及其"拓展 - 生物质"因果联系进行了系统分析和归纳推理，综合提出"新型农业体系"假说。

德青源、龙力、益海嘉里、大北农、中粮集团，以及杜邦旗下的杰能科、荷兰 DSM、美国塞内克斯能源与农业公司等众多国内外生物质涉农企业的研发与经营实践（相当于科学试验中的"观察"）正进一步证实：新型农业体系的理论预言即假说已经或正在成为现实。

通过对以下典型案例的归纳推理与实证研究表明：新型农业体系能够解释当代农业领域与功能正在拓展的事实现象（内符），又能够预见并指导未来农业发展方向（外推），因而可望成为生物经济时代未来"现代农业"的愿景。

一、玉米产业链

无论从播种面积还是从产量上来衡量，玉米均为中国第一大粮食作物。

以中外玉米生物质产业链为例进行分析，具有典型代表性。

（一）龙力玉米全株产业链

作为国内代表企业，龙力成立于 2001 年，是以玉米、玉米芯及秸秆为原料，采用现代生物技术生产功能糖、淀粉及淀粉糖，利用废渣生产燃料乙醇和高分子材料等系列产品的生物质综合企业。其产品及服务的领域包括：

第一，上游的传统种植业——玉米种植及农业生态园；

第二，以低聚木糖、木糖醇为核心的新食品、营养及健康保健品；

第三，由燃料乙醇、沼气及其发电构成的生物能源；

第四，通过酶解木质素生产的高分子材料和利用纤维废渣生产的石墨烯高性能材料；

第五，通过改变秸秆焚烧习俗、综合利用有机废弃物而创造出的有利于环境的生态产品（如有机肥料）及服务。

可见，其涉及的领域与农业拓展后形成的新型农业体系假说及其 6 个子系统的框架基本吻合，其中的"生物基资源"子系统包括由燃料乙醇、沼气及其发电构成的生物能源和生物材料等两个分领域。

（二）DSM 生物质产业链

作为国外代表企业，DSM 是一家致力于可持续发展的生命科学与材料科学的跨国公司。其产品及服务的类型包括：维生素与抗生素、保健品、涂料与油漆、饲料成分、生物能源（纤维素生物燃料和生物气）、生物基材料、化学品结构单体（生物基琥珀酸等），以及个人护理、医疗设备、生命防护等健康医疗服务，涉及新食品、营养、健康、能源、材料、环保等领域。

DSM 将生物经济作为创造可持续发展未来的综合平台，运用先进的生物科技手段和基于生物过程的可持续发展理念——以可再生的非化石型替代解决方案来满足日益增长的需求，如以玉米残渣等生物质（包含农业、工业及生活的有机废弃物）为原料，生产环保、高效、可再生的生物基系列产品；创造新的就业机会，增加农民收入；减少温室气体排放。

（三）玉米产业链的意义

作为生物经济与农业相结合发展的经典案例，龙力玉米全株产业链和 DSM 生物质产业链具有示范价值与普适意义。第一，具有重要性。玉米是中国也是世界主要的农作物，其秸秆重量约占全株 3/4，生物量巨大。第二，具有可持续性。能源与环境问题属于全球性问题，玉米生物质的循环利用，能够为能源与环境问题的化解提供新的可持续发展途径与方案。第三，具有可复制性。玉米产业链为其他农作物如大豆、小麦、高粱、水稻等的综合开发利用提供了可资借鉴的经验和模式。如果农业生产能够做到废物利用、循环发展，则可以减少农业污染与碳排放，改善农业生态，从而实现农业低碳环保与可持续发展。

二、德青源生态农场

（一）德青源生态产业链

德青源生态农场，即北京德青源农业科技股份有限公司，创立于 2000 年，是以鸡蛋为主导产品的新型农业企业，位于北京延庆区，占地约 1000 亩。

德青源已形成"种植—养鸡—食品加工—能源—环保"的生态产业链，拥有 300 万只蛋鸡及蛋品系列加工产品。产业链的核心是包括蛋鸡和雏鸡在内的养殖业；产业链的上游是种植业，包括自有的 500 亩有机蔬菜和水果，以及分布在周边农村的 10 万亩玉米的订单农业种植基地；下游是沼气发电与有机肥料——该产品又循环成为下一轮种植业的上游产品。

沼气发电项目成功并网发电，成为德青源跨入清洁能源领域的里程碑。这是因为，沼气发电不仅解决了传统养殖业存在的畜禽粪便等废弃物的环境污染问题，而且能够为周边村庄提供清洁能源，同时利用其副产品沼液和沼渣可以为附近农民的种植业提供有机肥料如液态及固态有机肥，收到既解决环境问题又带动当地农村经济发展的"多赢"效果，标志着德青源循环经济和可持续发展模式进入新的发展阶段。

德青源不仅实现了自身"有机种植—生态养殖—食品加工—清洁能

源—有机肥料—订单农业—有机种植"的良性循环，而且其模式辐射推广到安徽滁州市等地。这些复制或推广项目还包括德青源与美国 Smithfield 公司的合作项目，该项目不仅能够生产沼气并发电，而且可以化解 Smithfield 公司所属 2600 多家猪场废气物的资源化利用问题。

从农业领域及其拓展角度来看，德青源生态产业链可分解为以下四个子系统：

第一，以种养业为核心，并包括其上游产品——有机肥，及其下游系列产品及生态服务等在内的常规农业系统，包括有机蔬菜、果品、玉米等在内的食品系统；

第二，以优质蛋品及其系列加工产品为主的营养系统；

第三，以沼气及其发电为内容的生物基可再生能源系统；

第四，以清洁环境及生态服务为特征的环境与生态系统。

由此可见，除可供拓展的健康医疗系统（动物健康医疗已涉及）外，与上述新型农业体系及其六个子系统的框架基本契合。

（二）德青源产业链的意涵

我国农业总体上仍属于"高投入、高能耗、高污染"发展模式，容易导致水体及土壤大面积污染、土壤侵蚀、酸化、盐渍化、沙化、农药农膜残留，相对粗放的增长方式不可持续；秸秆等有机废弃物如不能得到有效利用，反而会给城乡及农业环境造成沉重负担。

未来农业发展要求绿色环保、可持续、多功能、高品质。以德青源为代表的生态产业链，通过生物质循环利用，不仅能够实现产业链增值，而且为能源与环境问题的化解提供可持续方案。各类农业生产如果能够做到废物利用、循环发展，则可以减少农业污染与碳排放，改善农业生态，从而实现农业低碳环保与可持续发展。这正是德青源模式有利于克服传统农业模式主要弊端的意义所在。

德青源已构建的新型农业生态循环模式和正在形成的与周边休闲旅游相结合的科普教育示范基地，以及创造出的"能源农业""循环农业"新业态，与农业形态变化和绿色转型的目标要求高度契合。

三、塞内克斯大豆产业链

以塞内克斯能源与农业公司（位于美国明尼苏达州）为代表的大豆产业链，创造了大豆作为"神奇农作物"的经典传奇。该公司产品涉及领域包括：

第一，以大豆种植业及其主产品大豆油为核心的常规农业系统；

第二，由大豆及其副产品加工而成的豆制品、大豆粉、酱油、卵磷脂等组成的食品与营养系统；

第三，由精炼过程中产生的副产品脱脂豆饼加工形成的动物饲料；

第四，以大豆生物柴油为核心的生物能源系统；

第五，以大豆塑料、泡沫等组成的生物材料系统；

第六，以大豆天然固氮为代表的生态环境系统。

四、生物质产业链的共性特点

由以上案例可见，生物质产业链具有以下共性特点：

第一，利用可再生的生物质生产绿色环保、可持续的生物基系列产品及相关生态服务。

第二，注重生命科学与生物技术的研发创新，如 DSM 采用先进的生物科技手段和基于生物过程的可持续发展理念，将生物经济作为创造可持续发展未来的综合平台。

第三，所生产的生物基产品绿色环保、可降解，资源可循环利用，可直接或间接减少温室气体排放。

第四，与农业主副产品生产相结合，创造新的就业机会，直接或间接增加农民收入。

除上述 4 家企业外，中粮集团、大北农集团、益海嘉里（稻米、大豆产业链）、浙江安吉谈竹庄（竹产业链）以及杜邦旗下的杰能科、丹麦诺维信等国内外众多生物质涉农企业，其主体领域同样具有上述共性特点，表明以生物资源为基础的全生物质（whole of biomass）产业链的研究开发及其产业化，正在形成生物经济绿色发展浪潮，引领或推动包括农业在内的众多产业的绿色转型。

五、生物质产业链的综合效益与实证意涵

（一）生物质产业链的综合效益

在全球性不可再生的化石资源逐渐枯竭、成本上升，城乡经济需要绿色转型的时代背景下，生物质产业链具有长远的综合效益。从经济效益上讲，将常规农业拓展到新型农业体系，延长了产业链，实现了生物质（如玉米）系列加工产品的多级增值；从民生及社会效益上讲，改变传统农业的就业形态与人们的健康观念，创造了农业新业态与绿色产业模式以及新的营养健康的生活方式，增加了"绿领"就业，提高了农民收入；从生态效益上讲，物尽其用，变废为宝，在增加可再生能源及其他生物基产品绿色供给的同时，减少农林剩余物的浪费与生活有机废弃物的排放，能够化解困扰多年的秸秆与生活垃圾处理等问题，并消除由秸秆焚烧带来的大气污染。

（二）生物质产业链的实证意涵

作为生物经济与农业相结合发展的案例，上述生物质产业链具有借鉴、推广价值以及普适性意义。首先，自然界生物质来源广泛、数量巨大，生物质的循环利用，能够为能源与环境问题的化解提供新的可持续发展途径。如果农业生产能够做到废物利用、循环发展，则可以减少农业污染与碳排放，从而实现农业低碳环保与可持续发展。其次，丰富多样的生物质类型及高效的生物工艺过程，为生物质的深度开发提供了物质基础与技术手段，进而为生物制造及相关产业的绿色转型提供了可持续的解决方案。全生物质产业链，既可以由单个企业（集团）主要领域组成，如中粮集团的食品领域与其旗下的中粮生化能源有限公司的能源领域；也可以由不同企业从事相关上下游不同环节来体现，如塞内克斯大豆产业链，凯斯纽荷兰国际公司（农机巨头）利用大豆副产物生产的大豆塑料板——用作联合收割机

挡板，具有重量轻、易成型、坚实耐用、绿色环保可降解等优点。

不同类型的案例，能够从微观层面折射出新型农业体系所具有的时代特征：绿色、可持续、可再生及生态循环、多功能性。众多生物质产业链的形成，表明农业正在拓展，农业与相关"非农"产业正进一步融合，界线趋于淡化。可见，当代农业不仅依然呈现"活着的农业"（living agriculture）现象，而且农业的功能与内涵更加丰富，领域范畴也在进一步拓展。农业这一普遍性变化与拓展的共同点是：更加绿色、低碳、环保、可再生、可循环、可持续。沿着"生命本质的高度一致性—物种间的界限被彻底打破—农与非农融合、边界淡化—农业可拓展—农业新业态"的逻辑路线，有助于理解生物质产业链对于生物相关产业融合与农业拓展的革命性意义。

六、农业第三次拓展应时而生

回溯过去，随着经济时代的演进，农业的概念、领域一直在拓展，如从原始狩守与采集拓展到农业经济时代的原始种养业；从农林牧渔拓展到工业经济时代的农产品系列深加工；从过去粮食概念到当代的"大食品＋营养"概念。每次拓展赋予了农业新的功能，概括地讲，自农业经济时代以来，农业领域及功能经历过三次规模化整体性拓展：

第一次拓展主要发生（即"成为现实"）在农业经济时代，是指由狭义的农业即种养业（俗称"小农业"），拓展到包括种植业、林业、畜牧业、渔业以及与农民生产生活直接相关的副业（统称"大农业"）。

第二次拓展发生在工业经济时代和当今信息经济时代，是指由"大农业"拓展到除包括种植业、林业、畜牧业、渔业外，还包括为农业提供生产资料的农业前部门和由农业主副产品加工、储藏、运输、物流、销售及有关服务所构成的农业后部门。经过第二次拓展，农业已广泛渗透到第二产业和第三产业。

把握当下并前瞻未来，农业是生物学应用最重要和广泛的产业，农业与生物质产业之间具有共同的生物学基础，生命科学与生物技术正在从根本上改造传统农业，在生物经济的成长阶段，农业拓展与形态演变的内生和外生动力正在分别推动和拉动农业第三次拓展。

农业第三次拓展，是指由"大农业、农业前部门、农业后部门"构成的"常规农业系统"，拓展到包含常规农业系统在内，并包括新食品、营养、健康医疗、生物基资源、环境与生态等生物质相关的共六个子系统在内的新型农业体系（俗称"超农业"）。

通过农业形态演变宏观层面上的归纳与四个案例微观层面上的实证的相互印证，进一步明确新型农业体系假说可望成为农业形态变化与绿色转型的目标模式，由此新型农业体系堪称"革命性未来农业"。

"经者，常也"。常——经，即不变；无常——易，即变化。常规农业系统是相对于农业新的革命所产生的将要拓展（变）的部分而言，相对保持不变（经）的部分。

农业第三次拓展在时空上的表现是：传统农业在很大程度上受季节时间和地域空间的限制，现代生物技术使生物物质和能量转化的内容、形式及节奏都发生了变化，从而大大拓展。常规农业或传统农业生产难以达到的时空范围具体包括以下几点。

第一，加快了生物机能转化与生物性状转变的进程，如传统农业需要长期杂交才能培育出新品种，而通过基因工程技术能够使育种时限大为缩短。

第二，不断突破生长环境的限制，过去需要在气候适宜地区生长并大量占用良田，现在和将来可以在室内工厂和其他更广泛的自然条件下进行。

第三，增强了生物的功能与性状（value-added traits），如研制第三代转基因作物，可以提供包含生物燃料、生物药品、口服疫苗、特种及精细化工产品等在内的新型农业产品。

显然，在当前的信息经济时代，新食品、营养、健康医疗、生物基资源、生态与环境等五个子系统中大部分仍分别属于食品工业、医药工业、能源工业等"非农"领域，但在生物经济时代，它们将成为未来"现代农业"——新型农业体系的拓展部分。也就是说，无论是从农业历史还是从前瞻性角度，只要从农业本质特征上衡量，未来农业就是拓展的"活着的农业"。所谓农业的本质特征，就是同时满足以下三点：利用生物的生活机能；实现物质与能量的转化；人工作用以取得产品。

新型农业体系涉及的领域内容及其结构，虽因国家、地区或企业的不同而千差万别、复杂多样，但可以归纳或抽象简化为"五轮模型"；其功能除包括满足人们温饱和营养需要、为工业增值提供原材料等基本功能外，还包括增进人类健康、满足生活情趣、享受优美生态，以及与提高生活质量相关的服务等多元化功能。

第四节　积极构建新型农业体系

综上所述，新型农业体系是基于生物经济的未来农业发展的综合形态，由当今时代背景下的常规农业系统以及面向生物经济时代正在拓展的新食品、营养、健康医疗、生物基资源、环境与生态等五个子系统在内的共六大子系统组成。

六大子系统相对独立且完整。子系统之间相互关联，如新食品系统与营养系统密切关联，而且它们与健康医疗系统又有着密切的关系；生物基资源与环境以及生态的关系也非常密切，以至于经常将它们并称在一起，如资源环境、生态环境。但是，每个子系统所包含的领域或部门又具有类似的相对一致的功能。

一、常规农业系统

常规农业系统由"大农业"，加上农业前部门、农业后部门组成。其中的"大农业"也就是通常所说的"农林牧副渔"——其中的"农"即种植业。

农业前部门是指为农业提供生产资料的部门，包括种业、化肥（特别是生物肥料）、农药（特别是生物农药），以及农业生产技术咨询等"软件"。

农业后部门是指由农业主副产品加工、储藏、运输、物流、销售及有关服务所构成的部门，后者包括保险、电商、广告等。

新型农业体系与当代的常规农业体系是包含与被包含的关系，新型农业体系向下兼容。也就是说，新型农业体系及其相应的农业易相发展理论具有包容性，是对常规农业系统及传统农业发展理论的一种拓展、补充和扬弃，并非替代。

二、新食品系统

（一）概况

为区分常规农业系统中的传统食品，此称新食品。凡同类中新的品种出现，则原有的品种就成为常规或传统，如新型导弹对应常规导弹、新型航母对应传统航母。新食品是指利用现代科技特别是基因工程开发研制的食品，国际上一般称之为"新颖食品"（novel food），国内也称"新资源食品"。利用光、磁、辐射以及太空微重力环境等选育而生产出来的食品，也可以列入新食品系统。

新食品系统的内容包括转基因食品、新型功能食品、新型保健品、免疫食品、新型甜味剂等。其中的转基因食品是研发前景广阔、市场容量大，而又受谣言困扰最多的新食品，因而此后对其稍作展开分析。

功能食品（functional foods）、保健品（health foods）早已有之，通常指利用传统技术生产出的食品；而新食品系统中的功能食品和保健品是指利用现代生物技术开发的新型食品，如低聚木糖、木糖醇。为此，功能食品分为传统功能食品和新型功能食品，保健品分为传统保健品和新型保健品。

何为传统功能食品与新型功能食品？分别例如：

第一，在普通食品中添加了各种其他食品或养料，从而使之兼有更多的营养或保健功能，这样的混合食品，属于传统食品或功能食品，例如国外较少见到如中国的白米饭主食，往往是在大米中加入了其他食物或营养物等；日本乐天公司研制并已投放市场的记忆力口香糖，是在传统口香糖中添加了"银杏叶黄酮配糖体"和"银杏叶萜内酯"，使之具有维持中老年人记忆力或延缓记忆力衰退的功能。

第二，运用营养基因组学（nutrigemonics）原理开发的功能性食品，就属于新型功能食品，此类食品往往具有个性化特色。

（二）转基因食品的界定

转基因食品一般是指利用基因工程，将某些生物的基因转移到其他物种中，通过改造遗传物质，使其在性状、营养品质等方面向人类所需要的目标转变，以转变后的生物产品为直接食品或为原料加工生产的食品。

转基因食品，最早源于英文"ransgenic food"，因其含义不确切，现已很少使用；其次源于"genetically modified food"，简称"GM food"，中文意译为"转基因食品"，直译的意思是"遗传修饰食品"或"基因改造食品"，此为中外比较常见的用法。此外，也有将转基因食品改称生物技术食品或作物（biotech foods or biotech crops），遗传工程（genetically engineered，genetic engineering）或生物工程（bio-engineered）食品。前者如国际农业生物技术应用服务组织（ISAAA）、孟山都公司等；后者如在美国、加拿大出现的转基因食品常见的标识之一。利用新型基因编辑技术（如 CRISPR-Cas9）或基因沉默（gene silencing）技术研发生产的食品，是否属于"传统的"转基因食品并纳入转基因食品监管体系，尚在学术界讨论或政策界拟议之中，但在美国和加拿大等已出现不必对其进行转基因食品标识的实例。如由加拿大公司 Okanagan Specialty Fruits 研制的、能够延长苹果切开后保鲜时间的、于 2017 年秋在美国中西部和南加州上市的北极苹果（Arctic Apple），该新食品运用了基因沉默技术，屏蔽了使常规苹果切开后容易褐变的基因。

（三）转基因技术对农业绿色转型的益处

人口增长、耕地面积减少、人均水土资源下降、气候变化与环境恶化等全球性问题迫使农业必须在增加供给的基础上实现绿色可持续发展。而转基因技术因其目的性强、定向改变生物性状，至少能够给农业绿色转型带来以下益处：

第一，改善品质、营养、口感、成熟度。

第二，抗病虫害、抗除草剂，以减少农药等化学品施用量，从而有利于环境。

第三，通过便于田间管理与收贮、免耕等方式，减少生产成本，并降低温室气体排放量。

第四，直接或间接提高农作物单位面积产量，满足日益增长的人口需要，并减少对可耕地总量的需求，从而间接保护森林及生物栖息地。

第五，通过培育节水、耐旱耐盐碱等抗生物逆境作物品种，以充分利用水土资源。

（四）转基因作物及其食品的研发与监管环节

转基因作物研发环节包括：分离提取目的基因；构建基因表达载体，常用方法是将目的基因与农杆菌等载体结合；将目的基因导入受体植物细胞；目的基因的表达和检测。即便研发出新品种，还要经过田间释放试验、安全证书、品种审定等监管环节才能规模化生产与上市销售。不同国家的监管环节略有差异，但研发环节相同，本质上应是保持前沿高技术研发与产业化规制之间的适度平衡。可见，只要明确目的基因的功能，遵循操作规范，加强研发与生产过程的政策监管，便能够确保转基因食品安全——具有与传统食品实质等同的安全性。

（五）转基因食品的安全性

中外转基因食品的研发、生产与消费的实践同样证明：自转基因食品问世30多年来，没有出现因食用转基因食品发生的安全事故。以最先将转基因食品推向市场的美国为例，其主要农作物包括玉米、大豆、油菜、甜菜、棉花，转基因品种的种植面积占比较大，市场上的包装食品大部分含有转基因成分，却没有发现一件转基因食品有害的实例。迄今世界大多数食品安全管理机构和权威研究组织，如世界卫生组织（WHO）、欧盟食品安全局（EFSA）、美国食品与药品管理局（FDA）、美国科学院、英国皇家学会以及中国的食品安全管理部门，都认为经政府批准上市的转基因食品是安全的。

三、营养系统

营养系统与新食品系统紧密相连，以至有人习惯地将它们并称"食品营养"或"营养食品"，但二者的侧重点有所不同。如同新食品系统不局限于人类食用、同时包括动物饲料（如部分转基因玉米、类似转基因主产品加工后的副产品、转基因牧草）一样，营养系统的产品也包含一些动物饲料。

该子系统的内容包括：动植物营养改良品种、单细胞蛋白、植物"人造肉"、生物高效饲料、新型饲料添加剂等。其中植物营养改良品种，在人们生活从小康转向富裕之后，或在营养缺乏贫困地区，或针对先天性营养缺乏的某类人群，将发挥越来越重要的作用。例如，通过基因工程研制的富含维生素 A 和胡萝卜素的"黄金大米"（golden rice），势必将在某些地区率先获准生产。

四、健康医疗系统

健康是人类永恒的主题，生物医药与转基因食品、生物能源一起，是生物经济的三大主题。

健康医疗系统内容包括：生物医药、生物治疗、分子诊断、新型疫苗、水果疫苗、生物反应器（如利用转基因造血水稻生产人血清白蛋白，利用动植物基因工程生产药用蛋白）、动植物组织和器官克隆、抗体工厂、新型胰岛素与生长激素、中药标准化。从农业本质特征的角度理解，诸如此类属于"非农"的领域，随着生命伦理与农业伦理的进化，也可望变革性地成为新型农业体系的一部分或新型农业相关交叉领域。

其中的生物医药，除种植中草药属于所谓"药农"外，通常属于"非农"领域，但如果从农业的本质特征——利用生物的生活机能、实现物质与能量的转化、人工作用以取得产品——的角度理解，生物医药中的大部分，包括其中的中草药精细化研发与应用，将可以被纳入新型农业体系之中。植物是可持续的天然化合物来源，目前超过一半的药物是天然产品或直接由天然产品提取的化合物，其中很多是植物代谢产物。

随着人们物质生活水平的提高、生产效率的提升以及休假时间的增多，农业疗养、休闲农业、"农禅"山庄等正在兴起，日益拥有广阔市场，预计将成为具有相当规模的产业，此类健康新产业也可以归入健康医疗系统，或属于该系统与相关服务业即第三产业的交叉领域。

五、生物基资源系统

（一）概况

生物基资源系统是指生物能源、生物材料以及与生物质相关的其他产品，包括为生产这些产品而提供的原料，故又可称为生物质资源系统。

该子系统的内容包括：生物能源、生物材料（含木质素、生物塑料）、生物复合材料（biocomposite）、生物化学品、生物酶、新型生物催化剂、工业原料替代作物（包括能源作物）、生物遗传资源——生物银行（biobank）、生物多样性、新型物种、植物找矿与细菌冶金、微生物采油等。

生物能源是该系统最重要的产品门类，是生物经济的三大主题之一，堪称现代生物经济发展的初衷或称"发祥"领域之一，因而对其稍作展开论述。

（二）生物能源的优势与作用

生物能源是一个既古老又现代的庞大体系，包括从直接用作燃料的生物质本身的初级生物能源，到由生物质加工制备的次级生物能源。随着现代技术的发展，生物能源的概念也在进化，主要是指次级生物能源，即通过对生物质加工制备而获得的生物能源。具体包括以下五大类型：生物乙醇，沼气及生物制氢，生物柴油，生物丁醇，生物质发电与供热。其中的生物燃料，是可再生能源领域唯一可以转化为液体燃料的能源，按照减排百分比分为：常规生物燃料（如生物柴油）、先进生物燃料（如生物丁醇）和纤维素生物燃料。

生物能源的优势与作用包括：

第一，作为替代化石能源的可再生资源，生物能源能够减少对石油的依赖性，促进能源利用多元化及能源战略安全；

第二，减少 CO_2、SO_2 等有害气体的排放，有利于保护环境；

第三，调整农业产业结构，促进生物质循环利用，拓宽农民就业渠道，促进农民增收；

第四，生物燃料是唯一能够大规模替代石油燃料的能源，而水能、风能、太阳能、核能等新能源只适用于发电和供热。

生物能源的优势与作用决定了其在实现化石能源替代战略中的作用和不断提升的地位。开发利用生物能源，对于减少环境污染、弥补化石能源不足、实现能源消费多元化及能源安全、促进农业拓展与农民就业等都具有重要的战略意义。

（三）生物能源研发与市场化的制约因素

第一，可能出现"与粮争地"和"与畜争饲"，特别是以粮食为原料的第一代生物燃料开发，受到一些发展中国家的质疑或抵制。此所谓"可能"是指在特定地区与特定条件下也可以避免此类矛盾，如发展第二代和第三代生物燃料。

第二，技术与生产标准缺乏，并同现有能源生产和消费的模式与习惯、传统能源的生产与销售体系之间存在一定的冲突。

第三，成本价格劣势，这也是外部经济性强的绿色技术或在新兴技术产业化前期阶段普遍性存在的问题。

第四，法律与政策的先期支持及配套问题，如绿色产品采购政策。

第五，其他因素，包括石油能源的便捷性与勘探潜力、生物能源技术研发及其产业化时间等，也决定了生物能源的战略替代不可能一蹴而就。

第六，生物能源与常规农业存在互补共生的一面，也存在相互冲突的一面。除了前面提及的"与粮争地"问题，植物生产营养元素的取予平衡也是一个重要问题。随着第二代生物能源的兴起，作物秸秆等生物质不断被从土壤中大量抽走，如果耕作、施肥不当，极易造成土壤营养元素失衡，并导致环境恶化。此外还存在土地用途的改变和可能由此造成对食品价格的影响，以及因单一种植造成的生态问题。

（四）生物能源的政策基点

生物能源的未来与现有能源体系、国际能源市场以及政府对新兴绿色产业的激励政策密切相关。

在生物经济时代到来之前，包括太阳能、水电、生物能源等在内的可再生能源的消费所占比例仍然很低。即使考虑到对可再生能源的政策支持因素，生物能源也难以成为能源消费的主力军，不可能成为主流。这一判断应成为生物能源开发利用、能源政策调整、多元化能源战略实施的认识基点，即生物能源优势与作用突出、环境友好、前景乐观，但必须经过长期不懈的技术与管理创新，才有可能成为未来能源消费的重要组成部分；从现在到 2030 年期间生物能源不占主流，化石能源仍然充当主力军角色，生物能源必须与传统的化石能源及其他可再生能源一起，共同担当起多元化能源战略的历史使命。

生物能源是生物经济时代能源开发与消费的一支重要生力军。客观而冷静地认识到这一点，对于能源战略调整和政策改革，从而保障未来能源产业健康稳步发展具有基础性作用。

（五）能源农业是多元化能源战略的基础

在狩采经济时代和农业经济时代，以木柴及木炭为主的能源与农业关系密切；在工业经济时代和信息经济时代，能源主要以煤炭、石油和天然气为主；在未来生物经济时代，农业又将通过能源作物种植与加工及生物炼制而为生物能源提供基础保障，出现一种农业与能源工业相辅相成、共生共荣的新格局，并由此诞生出"能源农业"新的概念和业态。

生物能源的一、二代研发已超越自由探索阶段，未来的关键在于：提高能源作物（包括新兴的藻类）的生物质产量，降低包括原料成本在内的生产成本；加强对酶基因工程、分离萃取与纯化等技术的集成与协同攻关和技术的熟化与工程化，从而提高转化率。

针对上述制约因素，需要从研发上对植物的能源性状予以改进，从政策体系上予以协调，才能减少生物能源开发利用可能造成的负面影响，从而保证常规农业与生物能源互补共荣、协调发展。主要包括：开发非粮作物并利用非耕地；在生物能源生产环节中，减少 CO_2、硫化物等有害气体的排放和与常规农业共需资源（如水资源）的消耗；在攫取土地生物量过程中，注重对土壤环境及生物多样性的保护；完善生物能源技术及生产标准，注重生物能源生产、加工、销售系统和化石能源相应系统的衔接与转换，如 2017 年由国家发改委、国家能源局等十五部门联合推出了全面推广使用车用乙醇汽油 E10 的政策——《关于扩大生物燃料乙醇生产和推广使用车用乙醇汽油的实施方案》。

六、环境与生态系统

（一）概况

环境与生态相互影响、紧密相连，以至有人笼统地将它们并称"生态环境"——就像并称科学与技术为"科学技术"一样。其实，二者之间有明显的区别——就像科学与技术有着明显的区别一样。

环境分为自然环境与社会环境，其中自然环境包括生态环境、生物环境和地下资源环境等。"生态环境"（ecological environment）显然不等同于"生态与环境"，而是作为自然环境的一种，指的是"由生态关系组成的环境"，即由生物群落及非生物自然因素组成的各种生态系统所构成的整体。

该子系统的内容包括：抗性植物或植物抗性（plant resistance）育种、生物治理与降解、生物肥料（菌肥）、生物农药与生物防治、生物安全与入侵防治、自然遗产保护、基因污染防治、生态服务，以及现代生物伦理等。其中的生态服务，包括自然旅游、休闲型狩猎和休闲型捕鱼，与健康医疗系统有一定程度的交叉。

（二）抗性植物研发的现实意义

抗性植物或称胁迫抗性植物，源于植物抗性，或称植物逆境胁迫抗性。例如 ToTV 抗性植物，指的是一种番茄植物，其基因组内部具有赋予番茄灼烧病毒（ToTV）抗性基因的至少一个等位基因。

植物抗性是指植物适应逆境的能力。植物周围的环境经常变化，干旱、过湿、盐碱、高温、低温、霜冻、水土污染、病虫害等不利条件统称逆境或环境胁迫。抗性可分为抗旱性、抗涝性、抗冷性、抗热性、抗盐（碱）性、抗冻性、抗污染性、抗病性等。

植物抗性育种，是指通过植物抗性基因工程，培育具有特定抗性的植物新品种，使植物具有抵抗不利环境的某些性状。植物抗性基因工程包括植物抗虫基因工程、抗除草剂基因工程和抗逆基因工程。例如，我们早已耳熟能详的转基因抗虫棉、即将产业化推广的"海水稻"，就属于此类。

植物的抗性有其限度，因而还需要采用品种外的其他措施，以避开或减轻逆境的胁迫。如因地制宜调整作物种类或品种的布局；采用薄膜或其他方式（如果园生草）覆盖，以保持适宜的小环境；建设林带或林网，以改善农田小气候。

我国南北纬度广，土地类型多样，植物生长环境差异明显，耕地紧张且拥有大量的盐碱地。植物抗性育种为缓解此类环境问题或矛盾提供了扩大种植面积和提高单位面积产量的策略。经过不同环境条件下的长期演化，植物对环境产生了不同类型和不同程度的适应，例如高纬度地区生长的水稻品种的抗冷性比低纬度地区生长的强。利用此类特点，对引种时选择高抗性品种和育种时选择具有高抗性的亲本有指导意义。

第六章　生物经济与新材料

第一节　新材料概述

　　人类历史的发展是以新材料的突破为时代标志的。从石器的打制、铁器的制造到机械的应用、晶体的出现，人类不但脱离野蛮时代进入工业时代，而且迎来信息时代。历史学家将材料作为划分文明社会进化的标志，把人类历史划分为石器时代、陶器时代、青铜器时代、铁器时代等，而今可以说是进入了合成材料时代。能源、信息和材料被认为是国民经济的三大支柱，其中材料更是各行各业的基础。可以说没有先进的材料，就没有先进的工业、农业和科学技术。当今新材料研发、信息技术和生物技术构成了 21 世纪最重要、最具发展潜力的三大领域。新材料作为高新技术的基础和先导，应用范围极其广泛，几乎涉及国民经济的每个部门，渗入大众生活的各个方面，倍受科技界的推崇和世界各国的高度重视。传统的加工工业是以化石资源为原料和能源进行的，面临着化石资源的日益枯竭，世界正孕育着一场用生物可再生资源代替化石资源的资源战略大转移。一个全球性的产业革命正在朝着以碳水化合物为基础的经济时代发展，这是可持续发展的一个重要趋势。

　　材料技术既是一个独立的技术领域，又对其他技术领域起着引导、支撑的关键性作用，并与其他技术相互依存。不仅如此，材料技术还是支撑当今整个人类文明的现代工业和现代农业的共性关键技术，同时又是一个国家国防力量最重要的物质基础。随着科学技术的进步与人类生活水平的提高，人口迅速膨胀、资源加速枯竭、环境不断恶化等问题也日渐严重，这将对材料与材料科学技术提出更高的要求。

一、新材料

材料是人类进化史的里程碑、现代文明的重要支柱、发展高新技术的基础和先导。现代科技发展史表明，每一项重大的新技术产生，往往都依赖于新材料的发展。

（一）新材料的定义及其特点

所谓新材料，是指最近发展或正在发展中的最新发明，或通过新技术、新工艺改进的具有比传统材料更为优异的性能或特定功能的一类材料。世界上的传统材料已有几十万种，而新材料的数量正在快速增加。全世界人工合成的化合物数量众多，而且每年以较快的速度递增，其中有相当一部分将成为新材料。

与传统材料相比，新材料的明显特点是：高性能、多功能、智能化和低成本。具体来说，有以下几个方面：

第一，具有一些优异性能或特定功能。如超高强度、超高硬度、超塑性等力学性能，高温超导、磁致伸缩、光电转换、形状记忆等特殊物理性能。

第二，新材料的发展与材料科学理论的关系比传统材料更为密切。如形状记忆合金材料与热弹性马氏体相变理论、太阳能电池材料与光电子学理论、减振吸声材料与内耗理论等。

第三，新材料的制备和生产往往与新技术、新工艺紧密相关。如用机械合金化技术制备纳米晶材料、非晶态合金材料，用自蔓延高温合成技术制备多孔陶瓷材料等。

第四，更新换代快、式样多变。如手机电池所采用的能源材料，在比较短的时间内便经历了 Ni-Cd、Ni-H、锂离子材料的变化。多数新材料和传统材料并无明显的界限，有的就是由传统材料发展而来的，如 Al_2O_3 陶瓷作为传统的陶瓷材料可用于刀具和磨具，但当其多孔化时则成为具有吸附分离功能的新型材料。

第五，新材料大多是知识密集、技术密集、附加值高的高技术材料，而传统材料通常为资源性或劳动集约型材料。

（二）新材料种类

按结构、功能和应用划分，目前主要有以下方面。

1. 电子信息材料

电子信息材料是指获取、传输、转换、存储、显示或控制电子信息所需要的材料，如半导体材料。第一代半导体材料以硅、锗材料为主，主要用于低压、低频，中功率晶体管及光电探测器中，第二代半导体材料 W-V 族化合物，如 GaAs，因电子迁移率快、禁带宽而成为移动电话、光纤通信的主要材料，正被广泛开发；第三代半导体材料将是禁带更宽的 SiC 及金刚石，可在高温条件下应用。光电子材料因光子运动速度高、容量大、不受电磁干扰、无电阻热，今后必将得到更大发展，它包括激光材料、变频晶体、非线性光学晶体、红外探测材料、半导体光电子材料、记录材料、敏感材料及光纤。信息显示材料也为人们所关注，主要有集成电路用高纯试剂与光剂胶、彩色荧光粉、液晶显示材料、有机电致发光材料等。

2. 生物材料

生物材料包括医用生物材料、仿生材料和生物模拟。医用生物材料是指通过组织工程、生长因子、DNA 和自组装技术，生产出人类的各种器官。仿生材料是通过深入研究现有生物体和生物现象而模仿生物特性制造出的新材料。生物模拟是指工业生产中通过模拟生物的化合作用，生产出各种新材料，如通过高效催化剂完成光合作用，将二氧化碳和水变成碳水化合物生产出人类吃的粮食、蔬菜。

3. 纳米材料

纳米材料它是指在原子或分子尺度上制造出来的具有奇异功能的新型材料。今后纳米材料研发热点是纳米半导体阵列和纳米线、纳米显示材料和纳米紫外光源材料、用于高密度存储的纳米材料、纳米结构的封装材料、太阳能转换材料、高性能环境友好的纳米滤膜、自组装功能材料、电子陶瓷材料及纳米传感材料、纳米器件等。科技界普遍认为，纳米技术将推动下一代工业革命的到来，目前已成为全世界科学技术最为活跃的领域之一。随着纳米技术的不断进步，人类有可能对原子、分子按照自己的意愿和需要进行组合，制造出形形色色、千姿百态的新材料，这必将促使世界上的物质材料极大丰富。

4. 新能源材料

新能源材料包括燃料电池、聚合物锂离子电池、镍氢动力电池及再生能源、贮能节能材料。燃料电池是将化学能转变为电能的一种装置，它的电极材料是关键，今后会有很大发展。再生能源材料包括将太阳能转化为电能、热能的光伏转换材料及有效利用风能、潮汐能、海水温差、地热能与核能的相关材料。贮能材料主要指贮氢材料和高密度蓄电池，其中金属间化合物作为贮氢材料已基本成熟，并试用于汽车燃料；新发现的纳米碳管贮氢量高质轻，很有发展前景。

5. 智能材料

智能材料是指可以对外界条件进行分析、判断并发生相应变化的材料。比如随气流的变化，飞机机翼、汽车车身可相应改变外形以减少阻力，既节省能耗，又提高安全度。智能材料还能实现自检测、自恢复或自修复，以延长机械寿命和提高安全度。

6. 高性能结构材料

高性能结构材料是指高比强度、高比刚度、耐高温、耐腐蚀、抗磨损的结构材料。如碳复合材料、树脂基复合材料、金属基复合材料、铁及铁铝中间化合材料、先进陶瓷材料等。

7. 新型功能材料

新型功能材料如高温超导材料、磁性材料、金刚石薄膜、生态环境材料、新型建筑及化工材料以及功能高分子材料，包括导电高分子、铁磁高分子、光学高分子材料等。

目前新材料的研发与产业化发展水平，已成为衡量一个国家综合实力的重要标志，"谁掌握了新材料谁就掌握了未来"。世界各国都把大力研究和开发新材料作为21世纪的重大战略决策。

二、科技革命与新材料

从世界科技发展史看，重大的技术革新往往起始于材料的革新；反过来，近代新技术（如计算机、集成电路、航天工业、原子能等）的发展又促进了新材料的研制。20世纪以来，随着科学技术的迅速发展，各种适应高科技的新型材料不断涌现，为新材料的划时代突破创造了条件。至20世纪60年代，材料已成为当代高新技术发展的支柱，电子信息、交通、能源、航空航天、海洋工程、生物工程等技术领域，无不是建立在新材料开发的基础上。若没有光导纤维的出现，就没有光通信技术的发展；如果没有各种耐高温材料、复合材料、烧烛材料、涂层材料的研制成功，就很难想象今天航天飞机能够遨游太空，也不可能实现登月飞行；美国的F-117隐形飞机，其隐形技术的关键就是采用了雷达吸波涂层材料。然而高新技术的发展是永无止境的，它会对材料不断提出新的、更完美的性能要求。随着元器件向小型化、集成化、多功能化、智能化、高可靠性的方向发展，低维材料（薄膜与纤维）、多功能材料等新型材料的开发就变得日益迫切。鉴于新材料对整个新技术具有的先导和推进作用，新材料技术被冠以"科技发展的制高点"之称。因而，新材料产业在全球已经成为现代高新技术产业的重要组成部分，其产业化水平也成为一个国家发达程度的重要标志。正因为如此，目前世界各国政府都把新材料的研制、开发和产业化放在优先发展的战略地位。

三、新材料研究的发展趋势

20世纪90年代以来，支撑新材料发展的物理学理论、电子检测与控制和各种新型加工技术取得的一系列成果，为新材料研制提供了先进研究技术手段，也为新材料的快速研发创造了条件。世界范围内材料科学与工程技术发展异常迅速，也表明现代科技发展更需要综合各相关学科协同发展。目前涉及材料科学、生命科学、信息科学、认知科学、环境科学和非线性科学等不同领域的12项新兴技术，构成当代科学技术的前沿，并在相当程度上具有互动关系。

今后，材料研究发展的方向应该是：充分利用和发掘现有材料的潜力，继续开发新材料，以及研制材料的再循环（回收）工艺。在利用现有材料和开发新材料方面，随着高技术的发展，一些具有特殊功能的材料，如新型电子材料、光学材料、磁性材料、智能材料、隐身材料、能源材料、生物材料等，日益受到重视并快速发展，成为新材料研究的重点。分析 21 世纪的时代特征，根据国际科学技术发展的态势，可以大体上理出今后新材料与材料科学技术发展的趋势。

（一）高性能新型结构材料

高性能新型结构材料主要是高比强度、高比刚度、高韧性及耐磨损、耐高温、耐腐蚀的材料。高比强度、高比刚度是空间机械及运载机械最重要的性能指标，如 Al-Li 合金具有高比强度、高比刚度及优良的抗疲劳性能，是一种新型的航空结构材料。研究结果表明，飞机及航空发动机性能的改进，分别有 2/3 和 1/2 是靠材料性能提高；对飞行速度更高的卫星和飞船来说，减重更能带来极高的效益；汽车节油有 37% 靠材料的轻量化，40% 靠发动机的改进。这意味着高性能结构材料的研究与开发仍然是材料学科永恒的主题。

（二）电子信息功能材料

信息功能材料指信息获取、传输、转换、存储、显示或控制所需的材料，种类繁多，涉及面广。信息材料是信息技术的关键，是材料学科最活跃的领域，其中半导体材料将继续得到发展，如以硅为基础的第一代半导体材料、以 GaAs 为代表的第二代半导体材料、以 Sic 及金刚石为代表的第三代半导体材料；光纤及光电子材料更加活跃，激光材料、变频晶体、红外探测材料、半导体光电子材料、显示材料、记录材料、敏感材料及光导纤维日新月异；纳米技术的出现成为信息产业新的生长点，为信息功能器件实现小型化、多功能化与智能化提供了条件。

（三）能源功能材料

人类对能源的需求量将大幅度增加，而化石能源日益枯竭，且环境污染难以解决，故作为新能源基础的能源材料无疑将成为材料学科的重点研究领域。主要表现在以下几方面。

第一，可再生能源将得到加速开发，特别是太阳能，故开发高效、价廉、长寿命的光伏转换材料是当务之急，此外，风能、潮汐能、海水温差与地热能在 21 世纪都将会得到不同程度的利用，这些都存在材料问题。

第二，要求耐高温、抗辐射的核能材料将会有新的进展，以满足铀资源的有效利用和可控热核聚变反应堆的开发。

第三，贮能材料受到高度重视，贮能材料主要指贮氢材料和高能量密度蓄电池。

第四，节能材料研究仍是永恒的主题，如低铁损的非晶态磁性合金、高临界温度的超导材料等。

（四）生物功能材料

21 世纪是生命科学大发展时代，生物功能材料也将会有很大发展。首先是医用生物材料，目前人的许多组织和骨骼都可制造；其次是仿生材料，如仿造珍珠壳的碳酸盐结构可得到高强度和韧性的新型陶瓷；再有，工业生产中的生物模拟也有良好的发展前景，如采用细菌冶金以实现处理低品位铜、铀矿石、尾矿，并大幅度降低污染，这是 21 世纪解决金属矿日趋枯竭问题的有效途径之一。

（五）生态环境材料

在地球环境、资源、能源不断恶化的情况下，为确保人类社会文明可持续发展，关键是要大力研究和应用生态环境材料（或称绿色材料，green material）。生态环境材料是指在生产、使用、报废及回收处理再利用过程中，能节约资源和能源，保护生态环境和劳动者本身，易回收且再生循环利用率高的材料或材料制品。如陶瓷膜及高分子膜绿色净化材料、太阳能绿色能源材料、可降解高分子材料、石棉替代材料、S-Ca 系易切削钢代替有害 Pb 系易切削钢、低碳马氏体钢及非调质钢代替调质钢、生物植酸盐处理取代磷化处理等。

（六）智能材料

智能材料是一种自身兼有对环境的可感知、判断、得出结论并发出指令功能的新材料，这是将信息科学融合于材料性能和功能的一种材料新构思。如形状记忆材料、压电材料、智能混凝土等。用智能材料制成的智能系统，可使材料实现自检测、自恢复或自修复，以延长产品寿命，如在结构材料中预埋一种断裂时产生声波的物质来检知裂纹，或利用一种物质在裂纹区应力作用下所产生的相变来自我抑制、修复裂纹，或利用材料中所含某种成分的自动析出来填充裂纹。智能系统还可使飞行器、潜艇、车体的外形随外界条件而改变，以减少阻力，既节省能耗又提高安全度。

（七）纳米材料

纳米材料是利用物质在小到原子或分子尺度以后，由于尺寸效应、表面效应或量子效应所出现的奇异现象而发展出来的新材料。纳米材料和纳米技术涉及信息、能源、空间技术、海洋技术、生物医药及国家安全等各个领域，纳米科学技术的发展可能引发下一代产业革命，将成为 21 世纪初最为活跃的领域而受到普遍重视。

（八）材料设计

21 世纪将逐步实现按需设计材料的设想。通过对材料的组成、结构、生产工艺与材料基本性能关系的深入研究，以及对材料在使用条件下性能变化规律的了解，可以实现按需要设计，进而摆脱长期以来以经验为主研发材料的局面。应强调基础研究的重要性和各学科交叉，强调从事材料研究、开发、生产与设计人员合作的重要性，要有大容量计算机，要建立正确的物理模型、完整精确的数据库和科学的专家系统。

（九）材料制备与表征

材料的制备技术是新材料发展的重要基础与关键，随着新技术和新装备的不断涌现，推动了材料先进制备技术的发展。从发展趋势来看，材料表面改性和薄层材料制备技术、材料在不同尺度（毫米、微米、纳米、分子、原子）上的复合新技术、材料成分与组织的精密控制新技术、高纯材料制备技术以及材料的智能合成与制备新技术等，都是亟待发展的共性关键技术，其中包括关键新装备的研制。材料的表征和评价技术则是材料研究发展的基础，是检验材料设计结果、保证材料制备质量及在实际使用环境中具有满意功能的关键。

展望各种类型材料的发展前景，功能材料已成为材料研究、开发与应用的重点，它与结构材料一样重要，今后将互相促进、共同发展。金属材料在 21 世纪仍占据十分重要的位置，且性能将不断提高，生产工艺将不断改进，但某些金属资源接近枯竭，需要寻找代用品；功能陶瓷材料将继续得到发展，应用前景极其广阔；结构陶瓷的性能有待进一步改善，增强增韧是其主要目标；有机高分子材料以其优异性能、丰富资源而会得到更大发展，特别是功能高分子将是 21 世纪研究的重点，以丰富或升级现有功能材料，但所有高分子材料的稳定性问题都尚待解决。先进的复合材料能综合各种不同材料的优良性能，应用潜力巨大，前景极其广阔，但其成本、连接与回收问题将成为发展的主要障碍。碳素材料以其资源丰富、有多种同素异构体而成为多用途的材料，在 21 世纪将会有更大发展，如石墨固体润滑剂、石墨电极、碳纤维增强材料、活性炭吸附材料、金刚石、玻璃态碳阻氚材料、富勒烯（C_{60}）、纳米碳管等。

总之，21 世纪是以高科技为基础的新经济时代，而在高科技的发展中，新材料是支柱、动力和先导，可以说新材料是新经济的"基础之基础"。在继续发展高性能新型结构材料的同时，应重视研究与开发具有各种优异物理、化学、生物等性能的功能材料，其中信息材料、能源材料及生物功能材料是最活跃的领域。

第二节　生物技术与新材料的融合

一、生物医学材料

当代医学正在向重建和再生被损坏的人体组织和器官、恢复和增进其功能个性化和微创治疗等方向发展。传统的无生命的医用金属、高分子材料、生物陶瓷等常规材料已不能满足临床应用要求，其时代正在过去，生物医用材料科学与产业面临着新的挑战。自动化生产技术、计算机辅助设计及制造技术，正在大量用于生物医用材料和制品的制造。除此之外，自装配和微加工技术也在扩大应用。近年来提出的软纳米技术，即在自然组织形成条件下，模拟自然组织或其表面纳米结构形成的技术，将为生物材料制造开拓新的领域；计算机控制快速成型技术，为实现仿真个性化植入体的设计和制造提供了可能，目前正在向装配活体细胞、制造个性化活体器件方向发展。

（一）生物医学材料研究及产业化

1. 生物医学材料

生物医学材料是一类可对机体组织进行修复、替代与再生，具有特殊功能作用的材料，生物医学材料的研究与开发具有重大的社会效益和巨大的经济效益。

随着社会文明进步和经济发展，人民生活水平日益提高，人类对自身的医疗康复事业格外重视。与此同时，社会人口老龄化，交通工具大量涌现，生活节奏加快，疾病、自然灾害、工伤事故的频繁发生和局部战争等，导致人类意外伤害概率剧增。生物材料用于人体的疾病治疗，使大量曾经可能残疾或死亡的病人得以康复。没有生物材料的制备，病（缺）损组织的修复和功能重建就成为"无米之炊"，因而生物医学材料具有巨大的社会效益。目前，每年发生创伤的人数不在少数，在我国约数百万，其中相当一部分骨创伤者需要进行不同程度的早期救治或晚期修复。由于创伤以及肿瘤等病造成的骨缺损、难以愈合部位的骨折和骨不连的病例均不少见，临床上对生物材料的需求非常巨大。近些年来，生物材料和制品市场一直保持快速增长，预计未来 10 ～ 15 年内将达到药物市场规模，成为 21 世纪世界经济的一个支柱性产业。正是在这种背景之下，生物医学材料被许多国家列入高科技发展计划，成为各国科学家们竞相研发的热点，力图在未来竞争中抢占这一国际高技术产业的至高点。

生物医学材料的研究是介于生物学、医学、材料学和化学之间的交叉性边缘学科，研究内容几乎覆盖材料科学与生命科学的整个领域，具有知识、技术密集和多学科交叉的特点。基于生物材料的边缘交叉性及研究内容专业化的现实性，一方面，生物材料的研究需要不同学科背景的人共同参与，发挥各自的优势来协同攻关，从而解决临床应用过程中的复杂问题，丰富生物材料研究的思路和方法；另一方面，生物材料的研究也为相关学科的发展提供了新的机遇和发展空间，有利于深入研究所涉及的新的基础问题，从而促进学科间的交叉、渗透和发展。

相比于其他行业，生物材料的研究具有投入大、周期长的鲜明特征。一种新型的生物材料从开始研制到最终转化为产品要经历很多环节，其中包括：实验室研究阶段、中试生产阶段、临床试验阶段、规模化生产阶段、监督每个环节的严格复杂的药政审批程序阶段及市场商品化阶段。在生物材料的研究到产业化的漫长历程中，不同阶段其所面临的任务和困难也不尽相同，需要有针对性地进行有效的组织管理。随着生物材料产业化进程从科研阶段推进到工程化阶段，其核心主体将从科研院所转移到企业。而在企业运作阶段，生物材料产品的市场培育和市场开发难度非常大，面临的挑战也很多，具有其自身的特殊性，其组织管理模式及重点也应作相应的调整。

2. 生物医学材料的分类

临床医学对生物医学材料有以下基本的要求：无毒性，不致癌，不致畸，不引起人体细胞的突变和组织细胞的反应；与人体组织相容性好，不引起中毒、溶血凝血、发热和过敏等现象；化学性质稳定，抗体液、血液及酶的作用；具有与天然组织相适应的物理机械特性；针对不同的使用目的具有特定的功能。

（1）生物医学金属材料（biomedical metallic materials）

医用金属材料是指作为生物医学材料的金属或合金，具有很高的机械强度和抗疲劳特性，是临床应用最广泛的承力植入材料，主要有钴合金（Co-Cr-Ni）、钛合金（Ti-6A1-4V）和不锈钢的人工关节和人工骨等。镍钛形状记忆合金具有形状记忆的智能特性，能够用于矫形外科、心血管外科等。

（2）生物医学高分子材料（biomedical polymer）

生物医学高分子材料有天然的和合成的两种，发展最快的是合成高分子医用材料。通过分子设计，可以获得很多具有良好物理机械性和生物相容性的生物材料。其中软性材料常用作人体软组织如血管、食道和指关节等的代用品；合成的硬材料可以用作人工硬脑膜、人工心脏瓣膜的球形阀等；液态的合成材料如室温硫化硅橡胶可以用作注入式组织修补材料。

（3）生物医学无机非金属材料或生物陶瓷（biomedical ceramics）

生物陶瓷化学性质稳定，具有良好的生物相容性。生物陶瓷主要包括两类：一是惰性生物陶瓷（如氧化铝、医用碳素材料等），这类材料具有较高的强度，耐磨性能良好，分子中的键力较强；二是生物活性陶瓷（如羟基磷灰石和生物活性玻璃等），这类材料具有能在生理环境中逐步降解和吸收，或与生物机体形成稳定的化学键结合的特性，因而具有极为广阔的发展前景。

（4）生物医学复合材料（biomedical composites）

生物医学复合材料是由两种或两种以上不同材料复合而成的生物医学材料，主要用于修复或替换人体组织、器官或增进其功能，以及人工器官的制造。其中钛合金和聚乙烯组织的假体常用作关节材料；碳 - 钛合成材料是临床应用良好的人工股骨头；高分子材料与生物高分子（如酶、抗原、抗体和激素等）结合可以作为生物传感器。

（5）生物医学衍生材料（biomedical derived materials）

生物医学衍生材料是经过特殊处理的天然生物组织形成的生物医学材料，是无生物活力的材料，但是由于具有类似天然组织的构型和功能，在人体组织的修复和替换中具有重要作用，主要用作皮肤掩膜、血液透析膜、人工心脏瓣膜等。

3. 生物医学材料产业前景

近 20 年来生物医学材料市场一直快速增长，随着科学技术特别是医学科学的进展，虽然传统的生物材料时代正在过去，但是表面改性技术的发展，可克服传统材料异体反应等问题，与此同时，信息和机电技术（如植入式智能假肢）也赋予了传统生物材料新的活力；组织工程和再生医学的发展虽将最终革新医用植入材料和器械，但尚处于发展过程中，且组织工程的发展离不开可生物降解支架材料；药物和生物活性物质控释系统的发展也需要载体材料；用于重大疾病诊断，特别是早期诊断的临床诊断材料和器械，如基因芯片等，亦是生物材料发展的重要领域。因此，对生物材料的需求将贯穿于 21 世纪。与生物技术的紧密结合，可使传统材料技术更新和产品换代，是发展新一代生物材料的主要方向。随着社会经济的发展，人口老龄化以及新技术的注入，生物医用材料产业将持续增长。

（二）生物医学材料的特殊功能

由于材料科学与技术的发展，以及细胞生物学和分子生物学的进展，深化了材料和植入体与机体间相互作用的认识，加之医学进展和需求的驱动，当代生物医用材料的发展已进入一个崭新的阶段。生物技术赋予材料生物结构和生物功能，可充分调动人体自我康复的能力，重建或再生被损坏的组织或器官，或恢复和增进其功能，实现病变或缺损组织或器官的永久康复。

1. 生物相容性

区别于其他高技术材料，生物医用材料不仅要求材料具有良好的理化性能，更要求具有良好的生物相容性，即材料于体内不会引起毒副作用，且能和机体永久协调。生物医用材料植入体内，首先发生的是材料表面对蛋白的吸附，其吸附行为决定于材料，特别是材料表面的组成和结构。一种组织的形成，要求材料能特异性地吸附与该组织相关的特征蛋白，继之特异性地黏附细胞，并进一步分化形成特定的组织。但是，传统材料表面对蛋白的吸附是不可控制的非特异性吸附，包括对体内正常蛋白及蜕变蛋白的吸附，其结果可导致异体反应。大量不同的细胞，如单核细胞、白细胞、血小板被黏附到材料表面，这些细胞可能受材料作用而分泌细胞素，进一步引起炎症反应。与此同时单核细胞将分化为巨噬细胞，通常由于材料体积远大于巨噬细胞，巨噬细胞不能吞噬材料，最终围绕植入体形成纤维包囊，导致异体反应、并发症，最终植入失败。控制材料和组织界面的反应，避免异体反应，是发展新一代生物材料，特别是传统材料改进的主要途径。

2. 替代损坏组织

理想的生物医用材料不仅具有良好的生物相容性，还应能替代被损坏组织的功能。显然，替代被损坏组织功能的最佳途径是构成类同的组织。因此，应用生物学原理，赋予材料生物结构和生物功能，充分调动机体自我康复和完善能力，重建有生命活力的组织和器官，已成为当代生物医用材料发展的方向和前沿。其研究集中于两个方面，即设计和制备仿生的三维结构，使其可容纳细胞、细胞产物和细胞外基质，并利用生物技术或通过材料设计赋予其诱导组织或器官的重建或再生的生物功能；设计和制备可靶向控释药物、蛋白、细胞和基因等的载体，使药物或基因等可被输送到指定部位控制释放，以恢复或增进其生理功能，治疗重大疾病或促进组织再生。支架、载体、药物和生物活性物质、细胞及其结合，是实现组织重建或再生的关键因素，生物材料科学家的主要任务则是发展优良的支架材料和控释载体，其基础是在分子水平上对材料和机体间相互作用认识的深化。

（三）新一代生物医学材料研发方向

从临床应用角度，生物医用材料产业的发展，仍将大量集中于心脑血管系统修复材料和器械、矫形外科植入材料和器械、皮肤和组织黏合剂、用于疾病早期诊断的基因芯片、分子影像显影剂等临床诊断材料和器械。从材料与产品角度，新一代生物医用材料的研究开发主要集中于以下几个方面。

1. 表面改性生物医用材料

大量研究证明，表面化学组成虽然影响蛋白吸附、细胞的相互作用和与机体的反应，但是不同组成的常规材料引起的生物学反应基本类似，因此不是决定材料生物学性能的唯一因素。赋予表面对蛋白和细胞特异性识别和选择性吸附功能，是生物材料表面改性的重点。研究开发的热点，包括设计和构建生理环境中可保持稳定或不被污染的洁净表面，以发展抗凝血的心血管系统植入器械、介入导管等器械，如表面抗凝血改性的人工心瓣膜、血管支架、血管内导管等；可特异性识别和吸附蛋白和细胞的生物活性表面，以发展生物活性涂层，包括钙-磷薄涂层的矫形外科植入器械等；可阻碍植入体表面纤维包囊形成并促进血管化的具有多孔表面结构的植入体；表面偶联生物分子或蛋白的可促进或诱导硬、软组织形成的植入体等。

2. 组织工程化制品

组织工程化制品，如组织工程化皮肤、骨、软骨、肌腱、肝等，是以可降解生物材料为支架，体外培养细胞形成的一类活体植入器械。植入体内活体细胞可分泌细胞素，细胞外基质诱导组织再生，并随着支架材料降解，实现病变或缺损组织或器官的早日和永久康复，是当代生物材料发展的重要方向和前沿，具有巨大的经济效益。组织工程制品发展的两个关键：一是适当的支架材料的设计和制备，这也是目前组织工程发展的"瓶颈"；二是模拟体内环境的体外细胞培养，以确保材料植入体内后细胞的成活。目前，一些软骨、皮肤等组织工程制品在美国已通过 FDA 市场准入认可，组织工程化骨、血管、心瓣膜、肝等可望获得突破性进展。我国上海、成都等地在组织工程化人体组织制品研究开发上已有相当优势。组织工程的一个新的进展是体内组织工程，即利用组织诱导性生物材料直接植入体内诱导有生命组织的再生。

3. 可生物降解高分子及其控释载体和支架材料

可生物降解高分子及其控释载体和支架材料主要指可为机体吸收或代谢排除的合成或天然高分子材料和制品，特别是生理环境响应高分子。例如水凝胶由于具有类似自然组织的高水合状态，可通过合成工艺条件的控制改变其性质，形成包括合成及天然高分子的网状物，且其降解性易通过控制水解活性基团的长度和化学性质而控制，已成为新一代生物医用材料和制品研究开发的热点。水凝胶主要用于药物和生物活性物质控释载体和组织工程支架，正在研究开发的产品包括以光聚合水凝胶为包囊的人造细胞，例如包裹胰岛细胞、平滑肌细胞、成骨细胞、软骨细胞等人造细胞。其特点是不仅可保持细胞活性，且可释出分泌的细胞素。以水凝胶形成的软骨支架为例，其包裹的软骨细胞分泌软骨基质的速率已与其自身的降解速率相匹配。另外以水凝胶为载体的生长因子和基因控释系统亦正在研发中。

4. 组织诱导性生物医用材料和植入体

组织诱导性生物材料是指具有恰当的组成和结构，可直接诱导特定组织形成的材料，实质上是一类模拟天然组织形成过程的材料。其植入体内后，可通过材料对体内生长因子的富集或控制释放外加的生长因子，诱导长入其多孔结构中的间充质细胞，直接分化成为特定组织细胞，进而形成特定的组织，同时随着材料的逐步降解最后为新生组织所替代。组织诱导性生物材料可直接再生有生命的机体组织，实现病变或缺失组织的永久修复，是当代生物医用材料发展的一个新的方向。通过材料自身优化设计赋予其诱导组织再生的生物功能，是我国原创性研究成果，其产品骨诱导人工骨已于 2003 年通过市场准入认可上市。对于骨生长因子与胶原的复合材料，美国 FDA 也于 21 世纪初颁发了市场准入认可，非骨组织诱导性材料正在研究开发之中。

5. 自组装生物材料

材料组成和结构愈接近于自然组织，愈易于为机体所接受。自组装是指利用蛋白、酯类等分子自识别特性，模拟天然组织装配出的一种有序结构。自组装的纳米尺度囊、泡、管正应用于药物和生物活性物控释；自组装组织工程支架正在探索之中。具有三维形态的自组装肽，可为体内环境所识别，并可结合信号分子而具有生物功能。通过自组装的有机分子模板装配骨结构获得显著进展。

6. 无细胞的生物组织衍生材料

无细胞的生物组织衍生材料是经处理过的、不含细胞和细胞碎屑的生物材料。这一材料由保持体内构型和组成的细胞外基质构成，因此具有自然组织的力学和生物学性能，同时保存有自然组织中的细胞素、生长因子，如血管内皮生长因子、成纤维细胞生长因子等，因此十分利于组织修复和组织工程应用。

7. 微制造技术修饰的生物医用材料

应用微制造技术发展的生物医用材料，主要用于药物控释和临床诊断。例如利用光刻技术发展的疾病早期诊断的基因芯片，用于药物控释和筛选的芯片等。微制造技术还可用于构建含有复杂血管系统的高分子支架。

（四）中国生物医学材料存在的问题及应对策略

目前大量用于医疗器械（植入器械、体外循环系统等）的生物医学材料包括医用高分子材料，金属材料，陶瓷材料等。利用现有的生物医学材料，已开发应用的医用植入体、人工器官主要包括：心脏和心血管系统（起搏器、心脏瓣膜、人造血管、导管和分流管等），矫形外科（人工关节、骨板、骨螺钉等内固定器械、骨缺损填充或修复体、脊柱和脊柱融合器械、功能化模拟神经肌肉和人工关节软骨等），整形外科（颅、颌面、耳、鼻等修复体和人工乳房等），软组织修复（人工尿道、人工膀胱和肠、体内、外分流管、人工气管、缝线和组织黏合修补材料等），牙科（牙种植体、牙槽骨替换、增高和充填剂等），感觉神经系统（人工晶体、接触镜、神经导管、中耳修复体、经皮导线、重建听力和视力修复体等），以及药物和生物活性物质控释载体等。国内生物医用材料产业和整个医疗器械产业一样得到高速发展，一些生物相容性产品如生物黏合剂、磷酸钙生物陶瓷和涂层制品、可吸收缝合线、生物蛋白胶、医用透明质酸钠、吸收性明胶海绵、血液透析器、医用导管、血管支架、人工晶体、人工心瓣膜、人工关节等陆续投放市场。但由于中国现代生物医学材料产业体系尚未完全形成，高技术材料和制品市场基本上已被进口品充斥，昂贵的进口品不仅增加了人民和政府医疗费用的负担，更使普通老百姓难于得到应有的治疗。满足公平的全民医疗保健需求，已是建立和谐社会对生物医用材料产业发展的首要要求。

鉴于传统生物材料的时代正在过去，跟踪国际发展方向和前沿，调整产业结构，提高技术集成和创新能力，跨越式地发展我国生物医用材料产业，是保持我国生物医用材料产业活力和国内外竞争力，进一步培育国民经济新的增长点的必需。我国生物医用材料产业近期发展的重点，应以当代生物材料科学和产业发展方向为导向，生产面向临床需求的大量产品，提升产品技术水平和质量，基本实现产品自给，满足全民基本医疗保健对生物医用材料和制品的需求。与此同时，通过建立具有工程化技术研究开发和创新能力的、与产业结合的产业化示范基地，以及国际互认的检验评价和产品标准研究中心，突破一批关键或核心技术，研发出一批具有自主知识产权的重大专利产品，实施以大型企业和产业化集群带动中、小型企业的战略，提升我国生物医用材料体制和技术集成创新与市场竞争能力，为跨越式地形成我国高技术生物医用材料产业奠定基础，并进一步赶超国际先进水平。

二、替代矿物质产业化的生物基材料

自 19 世纪下半叶以来，化学工业所取得的进步和成就在很大程度上是由于将矿物原料作为合成的基础。从煤中制备的合成染料代替了天然染料，这种对光稳定的着色剂第一次进入广大人民群众生活。现在，以油气为代表的矿物原料是化学工业最重要的原料，在油气多种用途中，用于化工原料的部分仅次于能源和运输而居第 3 位。而在化学工业中，用作原料的油气资源主要是转换成聚合物。过去几十年中，通用塑料取得巨大成就，提供了可靠的原材料基础和各种可应用的性能，通过融熔可制造大量物品（如薄膜和模塑品），加工方法不仅价廉且对环境污染很小。

现在温室气体 CO_2 几乎完全是由矿物原料生成的，这已经成为全球气候变化难以预测和不可逆转的原因。传统塑料垃圾埋于地下，因为降解很慢，在很长的时间内会占据土地资源。因此人们设想，如果能在可再生资源基础上实现循环应用，将是十分具有吸引力的。现在人们研究和开发的可生物降解材料多是以天然产物为基础，有的是通过微生物合成的聚酯，有的是从可再生资源制取单体再聚合成材料，如聚乳酸（PLA）。

（一）几种用生物方法生产的化工原料

1. 乙烯

乙醇脱水可以生产乙烯，进而生产各种乙烯的衍生物如聚乙烯、环氧乙烷、乙二醇等。2004 年下半年，乙烯及其衍生物的市场价格高，已有民营企业建设以乙醇为原料生产乙烯及环氧乙烷的装置，但以乙醇为原料生产乙烯的成本仍明显高于以石油为原料生产乙烯的成本，更大大高于中东地区大规模建设的以天然气凝析液及乙烷为原料生产乙烯的成本。用粮食乙醇生产乙烯及其衍生物的决策带有较大的盲目性，必须十分慎重。但随着生物工程技术的进步，乙醇原料来源的扩大，国际市场原油供应的短缺及油价继续攀高，乙醇生产乙烯及其衍生物也可能成为一种经济的选择。应对乙醇生产乙烯的技术进行改进，使原料乙醇的消耗降低到接近理论消耗值的水平，使该工艺路线成为未来采用农林生物质生产石化产品的可供选择的技术路线。

2. 聚乳酸

聚乳酸（PLA）是由淀粉（来源主要有玉米、木薯、土豆等农作物）经过生物发酵反应生成乳酸单体，再经过聚合反应得到的聚乳酸树脂，是生物产业领域里一项能够形成行业力量的高技术产品。我国科技界已完成了产业化的前期准备工作，独创了"一步法"聚合工艺，拥有了该领域世界领先、完全自主的知识产权，以及万吨级生产基地的工作。以含有淀粉类的谷物如玉米粉、土豆、甜菜、甘蔗下脚料等为原料，经水解生产葡萄糖、麦芽糖等糖类，经特殊酵母菌发酵得到乳酸，再经过直接聚合或乳酸脱水环化制成丙交酯，丙交酯开环聚合得到聚乳酸、丙交酯和其他单体如乙交酯（GA）、乙酸内酯（E-CL）、乙二醇等共聚得到改性聚乳酸。聚乳酸有良好的生物相容性和可生物降解性，能被酸、碱、生物酶等降解。聚乳酸还具有优异的物化性能、力学性能及阻隔性能，被看作 21 世纪最具发展潜力的新型生态环保材料。聚乳酸是由生物发酵生产的乳酸经人工化学合成而得的聚合物，但仍保持着良好的生物相容性和生物可降解性，具有与聚酯相似的防渗透性，同时具有与聚苯乙烯相似的光泽度、清晰度和加工性，并提供了比聚烯烃更低温度的可热合性，可采用熔融加工技术包括纺纱技术进行加工。因此，聚乳酸可以被加工成各种包装用材料，农业、建筑业用的塑料型材料、薄膜、医用材料，以及化工、纺织业用的无纺布、聚酯纤维等。而 PLA 的生产耗能只相当于传统石油化工产品的 20% ～ 50%，产生的二氧化碳气体则只为相应的 50%。2019 年，全球聚乳酸市场规模已达 6.608 亿美元。

我国中科院成都有机所、南开大学高分子所，已经掌握超高分子量聚乳酸的实验室技术。针对聚乳酸的特性及应用前景，应考虑开发低成本乳酸生产技术，以及进一步提高聚乳酸性能的聚合技术和成套的聚乳酸工业化生产技术。

3. 1，3- 丙二醇及 1，4- 丁二醇

由葡萄糖或甘油发酵生产的 1，3- 丙二醇替代乙二醇和 PTA 缩聚，可以得到聚对苯二甲酸丙二醇（PTT）。PTT 纤维的刚性优于 PET 纤维，柔性优于 PBT（聚对苯二甲酸丁二醇）纤维，回弹性优于聚酰胺纤维，伸长 20% 后的 PTT 纤维可以恢复原长，PTT 纤维手感、蓬松性及其他物理性能优于 PET 纤维。PTT 纤维还具有较好的抗污性、染色性，在常压沸水中可用无载体分散性染料连续染色印花，可减少染料废水处理。杜邦、英荷壳牌、旭化成、东丽、SK 化学、韩国合纤、晓星等公司都在开发 PTT 纤维，并已形成一定的生产能力。生产 PTT 纤维关键是单体 1，3- 丙二醇的生产。1，3- 丙二醇可以通过化学合成法得到，但由于生产成本高，限制了 PTT 纤维的发展与推广。

4. 聚 β- 羟基丁酸酯、聚 β- 羟基丁酸和聚 β- 羟基戊酸共聚物

聚 β- 羟基丁酸酯（PHB）是一种可生物降解的热塑性聚酯材料，可用于医药、食品、农业及消费包装，可进行挤出、注射和模压成型。聚 β- 羟基丁酸和聚 β- 羟基戊酸的共聚物（PHA）也是一种可生物降解热塑料材料，可进行拉丝、模压、热注塑加工成型。PHA 可由淀粉发酵制得，也可用甲醇通过微生物发酵制得。由于 PHB 生产成本高，限制了其推广应用和大规模生产。要通过技术开发，努力降低生产成本，包括利用基因工程技术，培养高产菌种、优化生产工艺、开发 PHB 生产专用设备、研究工程放大技术等。同时，要组织开展 PHB 加工应用技术的开发。

PHA 以葡萄糖、丙酸为原料，用基因工程构建的大肠杆菌发酵得到。

但目前生物法 PHA 成本高，应围绕降低成本，在培育和优选菌种、优化生产工艺等方面搞好研究开发，使生物法 PHA 有商业化的前景。

（二）生物质精细化学品

在热化学反应中，生物质被气化或液化后，不需进行组分分离，就可以直接作为燃料使用。在生物和化学组合的生物质转换中，组分分离是基础。用微生物发酵的方法，有利于高选择性地制造出高附加值的多种化学品，这是制造包括精细化学品的生物质资源化学品中不可缺少的方法。以植物资源为原料制备的精细化学品种类繁多，其制备过程的环境友好性和产品的可生物降解性，都为循环经济和可持续发展提供了实际可行性，因此，生物质精细化学品面临着良好的历史发展机遇。最具代表的、在世界范围内可规模生产的、应用受到广泛关注的生物质精细化学品，有单糖类、二糖类等糖基生物质精细化学品，淀粉类精细化学品，纤维素、半纤维素精细化学品，木质素精细化学品和油脂类精细化学品等。以生物质资源为原料的精细化学品已经过 20 余年的培育和发展（有些产品发展历史还要长），正逐步形成产业群和产业链，并不断拓宽应用领域。因此，生物质精细化学品展现出光辉的发展前景。

1. 单糖精细化学品

（1）山梨醇酯非离子表面活性剂

山梨醇是含有 6 个羟基的多元醇，由葡萄糖加氢制得。将山梨醇在酸性条件下加热，能从分子中脱掉一分子水，成为失水山梨醇。将山梨醇和失水山梨醇用脂肪酸酯化，即得山梨醇酯或失水山梨醇酯表面活性剂 span。span 与环氧乙烷加成制得 tween。失水山梨醇低毒、无刺激，利于消化，广泛用于食品、饮料及医药乳化及增溶，也可用于合成纤维和化妆品的生产，是亲油性乳化剂、增溶剂、柔软剂及纤维润滑剂。由山梨醇可合成单酯、双酯和三酯，皆为商品，其亲水亲油平衡值（HLB）从 2～15 的产品皆有用途。而 tween 是著名的亲水性非离子乳化剂。

（2）烷基糖苷（alkyl polvglucosides，简称 APG）类表面活性剂

烷基糖苷是由葡萄糖的半缩醛羟基和脂肪醇轻基在强酸催化作用下失

去一分子水而得到的产物。由于该产物并非一个单纯化合物，而是由烷基单苷、二苷、三苷及低聚糖苷组成的复杂混合物，一般称之为烷基多苷。APG具有优良的生态学和毒理学性质，以及出众的物理化学性质和配伍性能，尤其是它的低毒性、与皮肤的相容性及生物降解性优于非生物质表面活性剂，因此它特别适用于与人体皮肤接触的洗涤用品和个人保护用品。此外，在食品工业、制药工业、纤维工业和农用化学品等方面，APG可用作功能性助剂。APG除有上述用途外，还可用于制备固体分散体，或作为塑料添加剂，利用糖基上剩余的3个羟基可进一步合成各种酯和其他衍生物（如酯等）。

2. 二糖类精细化学品

蔗糖酯（sucrose ester）是一种二糖类精细化学品，是由蔗糖和脂肪酸酯在碱性催化剂条件下，通过酯交换得到的由蔗糖单酯、多酯组成的复杂混合物。SE具有非常优良的生态学和毒理学性质，以及出众的物理化学性质和配伍性能。它的毒性低，与皮肤的相容性、生物降解性较好，特别适用于与人体皮肤接触的洗涤用品和个人保护用品，在农用洗涤剂、餐具洗涤剂、肥皂、香皂、浴液、化妆品、口腔卫生清洗剂、食品工业、纤维、织物用助剂、农用化学品助剂、酶制剂及加酶洗涤剂、果蔬保鲜剂等方面，具有广阔的应用前景。

3. 多糖类精细化学品

淀粉是多糖家族中产量最大的一种。由淀粉为原料制备的各种助剂，广泛应用于造纸、纺织、食品、饲料、医药、日化、石油等行业。我国有丰富的淀粉原料，推动淀粉深加工，开拓变性淀粉的应用领域，显然是一项重要的工作。尽管2019年我国变性淀粉产量已达175.78万吨，但目前我国对于高性能淀粉类精细化学品作为性能相同而价格昂贵的天然物质或石油精细化学品替代品的生产和应用，远不能满足市场需求。

以高性能淀粉类精细化学品作污水处理剂为例，目前各类污水处理中使用的絮凝剂主要分为无机、有机和微生物三大类，其中有机高分子絮凝剂与无机高分子絮凝剂相比，具有用量少、pH适用范围广、受盐类以及环境条件影响小、污泥量少、处理效果好等优良性能，越来越引起人们的广泛关注。有机高分子絮凝剂又可分为天然和合成两大类，天然有机高分子絮凝剂由于原料来源广泛、价格低廉、无毒、易于生物降解等特点，显示了良好的应用前景。各类淀粉基絮凝剂还可以有针对性地作为重金属离子的有效絮凝剂，以消除重金属在生产和应用中对环境不可修复的污染。微生物絮凝剂是一类由微生物产生的，可使液体中不易降解的固体悬浮颗粒凝聚、沉淀的特殊高分子代谢产物。微生物絮凝剂具有高效、廉价、无毒、无二次污染等特点，对可持续发展有现实意义。

（三）聚乳酸的应用

聚乳酸是以有机酸（乳酸）为原料（如玉米）生产的新型聚酯材料，具有良好的生物可降解性，被材料学界定为新世纪最有发展前途的新型材料，现已应用到了涵盖食品包装、无纺产品、工业和农业用纺织产品、民用生活产品等从工业到民用各个消费品市场。除作为包装材料外，PLA 还可成为这些药物包裹材料、组织工程材料中的研究热点之一。PLA 可制成无毒并可进行细胞附着生长的组织工程支架材料，其支架内部可形成供细胞生长和运输营养的多孔结构，还可为支持和指导细胞生长提供合适的机械强度和几何形状。其缺点是缺乏与细胞选择性作用的能力。PLA 在生物医用材料中的应用非常广泛，可用于医用缝合线、药物控释载体、骨科内固定材料、组织工程支架等。专家预测在不久的将来，聚乳酸将全面取代聚乙烯、聚丙烯、聚苯乙烯等材料，应用前景广阔。

1. 在农业领域的应用

聚乳酸可以加工农用地膜，取代目前普遍使用的聚乙烯农用地膜。这种产品最大的优点是，使用一段时间后无须人工清理，它会与土壤中的微生物以及光照等共同作用，自动分解成为二氧化碳和水，有效解决了聚乙烯农用地膜对环境造成的污染。

2. 在包装行业的应用

聚乳酸是环保包装材料的一颗新星。由于其基本原料乳酸是人体固有的生理物质之一，因此对人体无害。作为一种重要原料，聚乳酸可像聚氯乙烯、聚丙烯、聚苯乙烯等热塑性塑料那样加工成各种下游产品，如薄膜、包装袋、包装盒、食品容器、一次性快餐盒、饮料用瓶等。

3. 在纺织行业的应用

聚乳酸切片经纺丝可以制成长丝、短丝、单丝、扁平丝，并可进一步加工成机织物、针织物、非织造物等产品。聚乳酸纤维的主要特性是生物可降解、弱酸性、抗菌、手感柔软、质地轻、耐热性好（比聚酯高20%～30%）、光泽与真丝相仿。聚乳酸的这些性能成为合成纤维和天然纤维之间的天然桥梁，由该类纤维织成的织物具有较好的悬垂性和手感，纯纺或与毛、棉的混纺织物可保形、防皱，适于做外套、女装、礼服、内衣、T恤等。

4. 在医药行业的应用

主要用途有药物控释载体、骨材料、手术缝合线和眼科材料等。

药品控释载体。聚乳酸及其共聚物根据药物的性质、释放要求及给药途径，可以制成特定的药物剂型，使药物通过扩散等方式，在一定时间内、以某一种速率释放到环境中。

骨材料。聚乳酸的性质满足了作为人体内使用的高分子材料必须无毒、合适的生物降解性和良好的生物兼容性，以及对某些具体的细胞有一定相互作用的能力的要求。通过大量的临床试验表明，聚乳酸作为人体内的固定材料，植入后炎症发生率低、强度高、术后基本不出现感染情况。目前国内外正在加快研究和应用步伐，有望在更多器官和组织的修复、培养中使用。

手术缝合线。聚乳酸及其共聚物作为外科手术缝合线，在伤口愈合后能自动降解并吸收，术后无须拆除缝合线。聚乳酸缝合线一经问世，就广泛应用于各种手术，国内各大医院都在使用。

眼科材料。随着工作和学习压力的逐渐增加，眼科疾病发病率逐渐升高，尤其是视网膜脱落已成为常见的眼科疾病之一。通常手术治疗采用在眼巩膜表面植入填充物来解决，传统填充材料为硅橡胶和硅胶海绵，但这两种物质不能降解，容易引起异物反应。利用聚乳酸作为填充材料，可有效地解决上述问题。

（四）聚羟基脂肪酸酯的应用（PHA）

PHA 是这 20 多年来迅速发展起来的生物高分子材料，已经成为近年生物材料领域最为活跃的研究热点，它是由很多微生物合成的一种细胞内聚酯，其结构多元化带来了性能多样化。由于 PHA 兼具良好的生物相容性、生物可降解性和塑料的热加工性能，因此可作为生物医用材料和可降解包装材料。对 PHA 研究获得的信息证明，生物合成新材料的能力几乎是无限的，今后将有更多的 PHA 被合成出来，并带动生物材料特别是生物医学材料的发展。由于 PHA 还具有非线性光学活性、压电性、气体阻隔性等许多高附加值性能，使其除了在医用生物材料领域之外，还可在包装材料、黏合材料、喷涂材料、衣料、器具类材料、电子产品、耐用消费品、化学介质和溶剂等领域得到广泛应用。

三、生物质塑料

（一）从一则新闻引发的话题

1. 除了能吃，玉米还有什么用途？

《北京青年报》有一则新闻报道，提出这样一个问题——"除了能吃，玉米还有什么用途？"

在 20 世纪 80 年代，有少数科学家曾大胆设想，未来玉米将不再仅仅作为粮食和动物饲料而存在，但对具体答案也是一片茫然。今天，这个问题的答案变得很简单——除了充当人类和动物的食物外，玉米可以制成衣服、被子、窗帘，可以做成各种瓶子、盘子等容器和餐具，还可以做成光碟甚至是办公室墙板……总之，原来化纤和塑料能干的事，现在玉米也都能胜任，甚至做得更好。玉米经过加工处理后得到的高分子材料聚乳酸（PLA），可以充任纤维、塑料等多种"角色"，而且"玉米被子"摸上去和棉被、鸭绒被一样蓬松柔软。

在北京举行的"绿色材料与绿色奥运"国际研讨及展览会上，参观者亲眼见识了这些由玉米变身而来的"绿色制品"，来自美国、欧洲、日本和国内的 30 多家知名企业，向人们展示了神奇的"绿色塑料"和"绿色建材"，让人大开眼界。这些"绿色材料"曾为 2008 年北京奥运会提供"绿色服务"。

"淀粉梳子"和普通塑料梳子摸起来手感差不多，更有韧性，试着梳了两下，还不带静电。另一家名为 Naturework 的公司在 2008 年的展览会展示的所有日常用品全部由玉米"变身而来"——"玉米被子"摸上去和棉被、鸭绒被一样蓬松柔软；"玉米衣服"则比普通衣服更有光泽，手感更柔和，据称也更透气、更吸汗；"玉米光碟"和普通光碟一样看上去光可鉴人……

2. 玉米是怎样变成"塑料"和"纤维"的？

玉米变成"塑料"和"纤维"的神奇过程是这样的：首先，玉米等植物中的糖分被提炼出来，经过发酵蒸馏萃取制造出塑料和纤维的基础材料——碳，再被加工成聚乳酸。经过这个复杂的化学处理过程，原来的天然食物变成了高分子材料，性能发生了质的变化。最后，聚乳酸或者被制成包装袋、泡沫塑料、餐具，或者被制成各种纤维，并被织成布，缝制成各种衣服、被子、窗帘等。

为什么要用玉米等植物制造这些物品呢？最为诱人的原因在于其优异的环保和节能功效。和出身石油的普通化纤不同，由玉米制成的聚乳酸不使用石油等化工原料，称得上是"纯天然"。埋在土壤里能在很短时间内降解，变成可供植物吸收利用的肥料，而肥料被植物吸收后，经过光合作用又可变成聚乳酸的起始原料淀粉。在这种循环往复的过程中，废气排放被大大降低了，而白色污染因为"玉米塑料"和"玉米纤维"可降解的特性，几乎被杜绝。

相比于传统塑料，"玉米纤维"能少用 50% 的石油原料并减少 40% 的温室气体排放，且仅需一个多月就能在土壤中降解成肥料。用石油加工成的传统塑料产品"顽固不化"，要在自然界存在几十年甚至几个世纪之久。"玉米塑料"和"玉米纤维"从根本上解决了让人头疼的"白色污染"问题。

正是因为上述这些特点，出身玉米等植物的"绿色塑料"和"绿色纤维"——聚乳酸，已被国内外众多专家推荐为"21世纪的环境循环材料"，是一种极具发展潜质的生态性材料。专家表示，这种从玉米中提取的聚合物在价格和性能上，可直接与基于石油的塑料和聚酯纤维竞争。

在我国，生产聚乳酸的原料丰富，玉米等农作物可以说是取之不尽的可再生资源。我国每年有上亿吨的作物秸秆，相当一部分被就地焚烧，污染大气；每年有数量众多的农田因覆盖石油基塑料地膜而导致土壤肥力衰退。中国科学院院士石元春认为，以作物秸秆等农林废弃物和环境污染物为原料，使之无害化和资源化，作为农业生产的一部分，对发展农村经济，增加农民收入，促进农业的工业化、中小城镇建设、富余劳动力转移，以及缩小城乡差别等都有重大战略意义。

英荷皇家壳牌石油公司估计，21世纪前50年，生物质材料将提供世界化学品和燃料的30%，世界市场份额达到1500亿美元。《今日美国》更预言："玉米等农田作物有可能逐渐取代石油成为获得从燃料到塑料的所有物质的来源，'黑金'也许会被'绿金'所取代。"由玉米等植物制得的高分子材料聚乳酸正日益受到人们青睐。国外一些商业嗅觉敏锐的公司，已发展出一系列生产工艺，开始利用聚乳酸，大规模生产从T恤、袜子，到玩具、奶瓶、餐具，乃至汽车零部件等各种产品。今天，由玉米等植物制成的聚乳酸，可制成塑料和纤维制品，在服装、土木、建筑物、农林业、水产业、造纸业、卫生医疗和家庭用品等行业得到广泛应用。

生物质塑料和传统意义上的塑料一样，可以制成各种包装材料、农用薄膜、家具器皿、家电玩具、建筑材料等。可以说，传统塑料所能加工成的产品几乎都可以用生物质塑料来制成。但更重要的是，生物质塑料的原料来源是可以再生的农作物，其成品废弃物可以在掩埋堆肥条件下完全降解，生成水和二氧化碳；而传统塑料的原料主要是不可再生的石油资源，其制品也不可降解。因此，大力发展生物质塑料产业具有重要意义。

（二）石油基塑料的困境与生物质塑料的应运而生

1. 生态材料

20世纪90年代，为解决由石油基塑料造成的"白色污染"问题，国际材料界提出了生态材料（Ecomaterials）的概念。广义上的生态材料，并不是仅仅指新开发的新型材料，也不是排他的新材料体系，而是经过改造，可以达到节约资源、与环境协调共存要求的任何一种材料，也包括材料使用过程生命周期各个阶段可以减轻材料环境负荷的设计、技术和工艺过程。

2. 生物质塑料

生物质塑料是利用玉米粉、土豆粉、木薯粉等生物淀粉类农业产品，与聚乙烯、聚丙烯、聚苯乙烯、偶联剂、添加剂等化工基产品混合，通过电子、化工、生物工程和机械加工等多学科交叉工艺，生产的生物质塑料合成树脂。该种合成树脂生物质含量可以达到30%～70%，具有化工塑料树脂的全部功能，可制造成薄膜类、发泡填充类和硬片类等上百种生物质塑料环保制品，这些生物质塑料制品通过环境微生物的作用可以降解。近年来，关于生物质塑料的概念越来越多地强调完全生物降解，即不含任何难以降解的有机石化原料成分。

生物质塑料产品，主要包括全淀粉塑料、大豆蛋白塑料、聚乳酸及聚羟基脂肪酸等。前两种产品虽然价格便宜但可加工性差，发展空间有限。聚乳酸则由于加工性好，具有良好的机械性能及物理性能，应用会越来越广，可加工成从工业到民用的各种塑料制品。所有富含淀粉的农作物都能生成聚乳酸，玉米因为价低量大，成为聚乳酸的基础原料。

3. 生物降解塑料

以天然素材为原料合成新型材料已经成为现今材料科学一个新的发展方向。这种新型材料不仅具有优良的性能，更为重要的是其废弃物可以靠微生物降解，最终生成二氧化碳和水，参加到自然界的生态大循环中去，对环境的污染可以降至零。同时生物界奇妙的遗传技术也会将材料的特性一代代地传递下去。因此，材料学界赋予这种新型材料一个崭新的名字——新型生物降解材料。生物降解塑料是指在有氧或缺氧的条件下，能被微生物降解为二氧化碳或甲烷、水、所含元素的矿化无机盐以及新的生物质的一类塑料。而这些微生物在自然界中或在堆肥的垃圾处理系统中大量存在，生物质材料无论是在自然界或堆肥垃圾处理系统中，都很容易完全降解。

淀粉与可生物降解塑料混炼生物质材料使用较普遍，采用脂肪族聚酯或者脂肪族聚酯混合淀粉制造。脂肪族聚酯主要包括以可再生资源为原料生产的聚乳酸、由微生物合成的聚羟基脂肪酸酯等，还有以石油为原料合成的聚己内酯（PCL）、聚丁二酸丁二醇酯（PBS）及其共聚体，因此类材料性能尚不能完全与石油基塑料媲美，但价格相对便宜。二氧化碳共聚物是二氧化碳与环氧化物聚合产生的可降解塑料。我国已有生产厂家，如内蒙古的蒙西公司，开始批量生产二氧化碳共聚物产品，原料依托的是附近的二氧化碳气田。它的应用主要集中在包装和医用材料上，但成本还是很高。由微生物直接合成生产的热可塑性高分子材料主要是 β- 羟基丁酸酯类聚合物，主要为美国 Metboxi 公司和中国的宁波天安公司，但产品的结晶性太强，机械物性不好，容易被热降解，难以进行加工，且成本较高，只能用于生物医学工程和组织工程等高价值产品。

最典型的以可发酵糖为原料生物合成前体再化学聚合生成可生物降解塑料就是聚乳酸。聚乳酸的研究始于 20 世纪 60 年代，人们发现高分子量的聚乳酸能在人体内降解，由于聚乳酸的基本原料乳酸是人体固有的生理物质之一，对人体无毒无害，引发了这类材料作为生物相容性医用高分子的热潮。聚乳酸的性能和用途前面已经介绍过，此处不再赘述。

（三）发展生物质塑料的现实意义

1. 不可再生自然资源成本越来越高

国际原油价格屡创新高，带动了国内石油、乙烯等石化基本原料价格上扬，塑料制成品成本随之提升。原材料涨价使塑料加工企业的成本压力大增，尤其是部分中小企业已经面临生死存亡的关头。一些塑料企业出现有单不敢接的情况，部分小作坊甚至已停产。大中型塑料企业也在缩小生产规模，或者采用其他原料替代塑料。尽管生产成本上升，但是由于担心客户流失，塑料加工企业却不敢轻易提高成品价格。进口塑料原料的经销企业也有自己的难处，目前加工企业的采购量低，加上再生塑料的冲击，经销企业的销售量降低了接近 1/3，并且利润也受到很大影响，有的企业甚至透露，每卖 1 吨就亏 1000 ～ 2000 元。塑料制品销售商的日子也不好过，整体而言，制品的价格还是上涨了，涨幅达 20%。有销售商表示，"本来利润就薄，现在进货价又上涨，生意越来越难做了"。

2. 发展生物质塑料产品的现实意义

发展生物质材料产业，是从根本上解决"白色污染"和应对全球石油资源短缺的策略。生物基塑料的最大意义在于可以实现可持续发展。生物质塑料产品的原料玉米等植物可以年年种，生生不息。目前全球石油紧缺，而玉米产量却过剩。2020 年中国玉米库存量就有 1.13 亿吨。如果用这些库存玉米为原料，可以制造大量塑料，能大幅减少石化企业塑料产量，使用过剩的材料来代替紧缺的资源，显然非常"划算"。

生物质塑料在中国的应用，其意义还体现在环保方面。一方面，这种塑料的原料玉米等植物，在生长过程中通过植物的光合作用，会消耗二氧化碳。另一方面，生物质塑料的整个生产过程都是生物催化，或者结合化学聚合，是一种能量消耗少、污染物排放少的绿色生产工艺。更重要的是，这种塑料废弃后，可以通过环境微生物的作用完全降解，也可以通过堆肥作为肥料或者燃料再利用。也就是说，生物质塑料不但可以克服传统塑料生产过程中所带来的二氧化碳排放困扰，而且可以摆脱废弃后"白色污染"的弊病。有业者估计，如果有 100 个年产 10 万吨"玉米塑料"的厂家，中国将彻底告别"白色污染"。发展生物质塑料所带来的经济效益也是较为可观的。

（四）生物质塑料应用情况及前景

生物质塑料由生物淀粉类农业产品制成，它具有耐磨、透气等优点，可全面取代化工塑料，被视作继金属材料、无机材料、高分子材料之后的"第四类新材料"。聚乳酸（PLA）是其中最大的一种，俗称"玉米塑料"。

"玉米塑料"在医药医疗领域大有用武之地。用其制成的骨钉、手术缝合线已应用于临床，由于具有在体内完全降解的特性，可免除施行拔除和拆线等程序。"玉米塑料"被用于制成人造骨骼和人造皮肤的组织工程支架，随着支架材料的降解，生成人造骨骼和人造皮肤。利用"玉米塑料"

无毒、无害、可降解的特性，还能制成缓释胶囊，可以在人体内逐步消化降解，药物在一定时间内持续释放。

"玉米塑料"作为包装材料的应用也非常广泛。全球最大的零售商沃尔玛计划将所有产品包装改换成聚乳酸（PLA）塑料制品。据悉，通过改用玉米为原料，沃尔玛每年将减少大量汽油的使用，大幅减少温室气体排放。此外，美国和加拿大的多个商店已改用"玉米塑料"粮食容器，销量增长迅速。

在其他应用方面，还包括以下例子：丰田公司用白薯淀粉基塑料制成汽车配件，富士通公司用玉米淀粉基塑料替代计算机的塑料外壳，荷兰甚至计划使用"玉米塑料"来制造棺材。

（五）生物质塑料生产中存在的问题以及解决途径

尽管生物质塑料在国内已经实现产业化，但价格较高仍是制约其大范围应用的最主要瓶颈。因此，降低生产成本成为该产业近期的重要目标，有三个途径可以达到此目标：降低生物质原料的成本、提高生产技术和扩大生产规模。

生产生物质塑料的原料主要是玉米淀粉。中国玉米生产集中在东北和黄淮地区，而南方地区畜牧业和玉米加工业发展较快，玉米需求量大，北粮南运促使运输成本较高。

与原料成本相比，生物质塑料的加工转化成本更高。实现技术上的突破，是降低产品整体成本的关键。据报道，在生物质生物利用过程中，国际公认的3个需要解决的重大技术问题是：克服木质纤维素分子对生物转化的抗性，将大分子多糖降解为可发酵糖；通过微生物代谢工程和基因工程研究，由可发酵糖进行生物转化；简捷、高效的下游过程技术产物分离。中国在以上方面具有独到的技术优势，将有望率先降低聚乳酸前体乳酸的生产成本，使生态塑料聚乳酸树脂具备与石油基塑料竞争的经济性。

通过扩大生产规模，也可以使生物质塑料的成本下降。但是，由于这一产业涉及面广，需要投入的资金量大，不少企业在发展初期完全靠市场机制难以形成必需的资本力量。

在中国石油资源短缺、环境污染压力增大的状况下，推动生物质塑料的应用将成为中国新材料发展的一个重要方向。随着产业规模和市场影响的扩大，生物质塑料全面替代石油基塑料也将有望成为现实。

第三节　积极发展生物质材料

发展我国的生物质材料产业，市场有需求、技术有突破、资源有保障。随着我国经济的飞速发展，能源与环境两个问题日益突出，已成为社会、经济发展的"瓶颈"。生物质材料技术日渐成熟，面临突破能源、环保两大"瓶颈"的迫切需要，特别是即将在我国举办的 2022 年北京冬奥会、为生物质材料提供了巨大商机。我们一定要在世界材料领域的竞争中抢得先机，取得领先地位。这将大大促进生物塑料产业化的进程，并对我国生态塑料产业规模的扩大有重要的指导意义。在我国石油资源短缺、能源严重依赖进口的情况下，许多专家提出，推动生态塑料的应用应成为我国新材料发展的一个重要方向，对我国可持续发展中的能源战略具有重要意义。

一、存在问题

由于缺乏国家政策扶持、资金投入及大型企业的参与，我国的生物塑料产业一直处于徘徊不前的状态。目前，生物塑料发展中的主要问题是如何市场化。尽管生物塑料已在我国实现产业化，但价格较高仍旧是制约生物塑料大范围应用的最主要障碍。业内人士分析，近年塑料原料价格普遍暴涨后，目前普通塑料的价格已经与生物塑料接近，这为生物塑料的市场化打开了一扇门。如果生物塑料业能够在性能改进上多作努力，再加上国家产业政策的扶持，今后十几年内，生态塑料的大范围应用、生物塑料产业的快速发展就有可能实现。

二、发展生物质材料的目标和策略

国内外生物质材料的研发和生产已经形成了一定规模，但作为一个新兴的材料产业，生物质材料与传统的以石油为原料的塑料产业仍然存在规模和生产成本方面的差距。尽管如此，国内外大小型企业都进行了不懈的努力，开发成功了许多种生物质材料，也有了国际上认可的环境友好评价标准。

在我国石油资源短缺、能源严重依赖进口、"白色污染"严重的背景下，推动生物质材料的应用，乃至催生一个新的生物质材料产业，已成为我国新材料发展的一个重大方向。根据生物质材料技术水平、市场需求、原料资源现状，我们提出发展生物质材料产业的策略：成熟技术与创新技术相结合，实现渐趋成熟技术的产业化，突破性能、成本两个难关。近些年以服务绿色奥运为目标，发展以玉米淀粉为原料的生物质材料，包括全淀粉塑料、以聚乳酸为代表的脂肪族聚酯、淀粉及其混炼材料，具体产品为一次性缓冲包装材料、酒店用品及日用杂品的淀粉与可生物降解高分子树脂混炼塑料。中期目标是以甜高粱、甘蔗为代表的茎秆产糖植物、薯类淀粉等非粮食类生物质为原料制备的生物合成生物质材料的产业化，尤其是实现能与石油基塑料竞争的可生物降解农用地膜的商业化生产。长期目标是发展以资源丰富和成本更低的秸秆类木质纤维素为原料制备的生物质材料产业，满足消费市场需求；完成二氧化碳共聚物催化剂活性研究及其下游产品的开发工作，争取实现有经济效益地生产二氧化碳共聚物。

三、第三代生物材料的兴起与对策

（一）第三代生物材料

在 20 世纪 90 年代后期，开始研究能在分子水平上刺激细胞产生特殊的应答反应的第三代生物材料。第三代生物材料将生物活性与可降解材料结合起来，在可降解材料上进行分子修饰，引起细胞整合素的相互作用，诱导细胞的增殖、分化，以及细胞外基质的合成与组装，从而启动机体的再生系统（即再生医学）。基于细胞系分子水平的第三代生物材料，将在产生最小损伤的前提下，为原位组织再生和修复提供科学基础。第三代生物材料发展有可能在机体衰老之前，通过生物方法激活某些基因，从而起到保持健康、延缓衰老的作用。目前第三代生物材料研究正在兴起，例如组织工程支架材料、原位组织再生材料、可降解材料等，结合神经生长因子可增强神经的定向生长。

（二）发展目标

从国内外发展状况和中国国情出发，中国生物材料的近、中期战略目标应集中在两方面：一方面跟踪国际前沿研究，使我国的某些生物材料研究（例如带有活性的可降解材料、组织工程支架材料、纳米生物材料）处于国际先进水平，开发出具有独立自主产权的一批新产品，进入临床使用。在这方面国家应加大投资力度，"973"和"63"计划应继续给予倾斜，使大专院校和研究机构能进行持续研究，取得关键技术的突破。另一方面是提高现有量大面广的生物材料产品质量和降低价格，大幅度提高国内市场占有率，并进入县、乡、社区医院，提高广大农村的诊断和治疗水平。在这方面应发挥企业的积极性。

（三）发展关键项目

1. 带有生物活性的材料和带活性的可降解材料

对于生物材料治疗产品，带有药物或基因、生长因子、细胞后将会使这些产品的治疗功效得到很大提高。例如美国强生公司的带药冠脉支架，可使裸支架造成的再狭窄率大大降低，带来了几十亿美元的效益。通过带上特定的药物，可提高材料与靶细胞的识别和结合能力，提高局部的治疗功效和降低副作用。通过带上基因、蛋白质、生长因子、细胞等生物活性物质，使材料具有活性，提高材料与靶细胞黏附能力，提高基因的转染和表达能力，有利于使人体组织和器官的修复和再生。

2. 生物材料表面改性

生物材料植入体内后，最先直接与蛋白、细胞和组织接触的是材料表面，因此材料表面的生物相容性非常重要。通过开展材料表面处理、修饰技术，使表面结构具有有序性、特定分子间的可识别性和运动性，构建制备新型生物材料。例如，在医用高分子材料表面引入新的官能团研究，材料表面的自组装仿细胞膜结构研究，使材料和体液成分的无规则吸附变为选择性吸附研究等。

3.组织工程支架材料

研究可控降解并具有三维空间的支架材料，使细胞及生长因子能很好地生长和增殖，形成组织工程医疗产品。例如骨和软骨支架材料，带有骨生长因子或基因的支架材料，血管组织工程材料，微囊化血红蛋白的组织工程血液，微囊化胰岛的组织工程，在带有活性物质或微囊化神经膜细胞的神经修复导管等。

4.纳米生物材料

现代纳米技术与生物、医学和材料科学相结合，发挥纳米材料的特有功能。

制备纳米生物材料。主要发展方向有：药物和基因纳米载体材料，介入诊断和治疗纳米材料，仿生纳米复合修复材料等。

以上重点发展方向和技术的突破还和材料生物相容性基础研究、可降解生物材料，以及质量控制和检测技术的发展息息相关。

（四）发展思路

针对生物材料多学科交叉的特点，其研究开发要理论和应用并重，同时开展重大基础理论和重大应用研究。基础理论研究力争在生物材料与分子细胞、组织之间的识别和相容机理方面获得突破，包括生物材料和生物功能的设计和构建原理；材料与机体之间的相互作用机制；生物导向性及生物活性物质的控释机理；生物降解/吸收的调控机理；材料的先进制备方法和质量控制体系等。应用研究的重点应放在有较好的研究基础，或占据国际领先地位，或已经取得重大突破，或即将进入实用化过程的技术方面，例如组织工程支架材料、纳米生物医用材料、生物降解材料、表面改性技术、基因治疗用非病毒载体以及促使机体自愈的生物材料等。

第七章　生物经济与环境保护

第一节　生物质开发对生态环境的改善

生态环境问题是由传统经济增长方式引发的。传统的经济模型只关注经济，没有考虑资源、环境与经济之间的相互作用和影响。

一、生态环境问题与环境革命

（一）传统的经济系统结构

在传统经济系统结构模型中，如果忽略政府、国外部门以及居民之间、企业之间的经济活动，该经济系统就只有居民和企业两个部门、商品和要素两个基本市场。

传统的经济系统主要追求的目标是经济增长，即一国一定时期内人均国民生产总值实际水平的提高，也指每个人或实际消费水平的增加。在传统的经济增长模型中，人们只看到资本、劳动力以及土地等生产要素对经济增长的贡献，环境则被完全忽略不计。即便是在现代经济发展概念中，环境的资产性质仍然难以体现。

现代经济发展观念认为经济发展不仅包括个人或社会福利的改善，还包括教育、健康、总的生活质量等的改善，以及国家的自重与自爱意识的增强。经济发展观虽然摒弃了传统经济增长观念只注重物质产出增加的弊端，意识到了经济目标与社会目标的统一，但却忽视了环境对经济发展的作用。也正因为如此，经济发展过程中的环境问题日益突出。

（二）经济增长、经济发展中的生态环境问题

自工业革命以来，人们沉溺于对经济增长的追求。经济增长战略主宰着半个世纪的社会经济发展。伴随着科技进步，人们不断地增加资源开发利用的广度和深度，通过资源的大量消耗支撑 GDP 或人均 GDP 的快速增长。这段时期人们确实从经济增长战略中得到了许多史无前例的好处：GDP 的快速增长提高了整个世界的经济水平，每个国家的经济以及综合国力都得到了加强；人均 GDP 的增长，使许多国家消除了贫困，大大提高了人们的收入和消费水平，消费方式也向更舒适、更高层次发展。

然而，人类经济增长与发展的过程，本质上是一个在人类参与下，将自然环境中资源加工制造成可用于消费的产品的物质资源的形态转化过程。因此，消耗自然资源与环境是实现经济发展的必要条件。同时，在工业生产过程中还会产生废弃物，对自然环境产生影响。人类面对的现实是，无论是资源还是环境对污染和破坏的承受能力，都是有限度的。过度消费资源和破坏环境，不仅使社会经济无法持续进行，而且会破坏人类生存的基本条件。

从世界范围看，经济的快速发展带来了一系列的环境问题，主要表现在以下几方面。

1. 酸雨污染

20 世纪 50 年代以后，随着工业生产的发展和人口的激增，人类使用化石燃料越来越多。这些燃料中都含有一定量的硫，如煤一般含硫 0.5%～5%，汽油一般含硫 0.25%。这些硫在燃烧过程中 90% 都被氧化成二氧化硫而排放到大气中。据估计，现今全世界每年向大气中排放的二氧化硫达上亿吨，其中燃煤排放占比最大，燃油其次，还有少部分是由有色金属冶炼和硫酸制造排放的。人类排放的二氧化硫在空气中会缓慢地转化成三氧化硫。三氧化硫与大气中的水汽接触生成硫酸，硫酸随雨雪降落，就形成酸雨。

酸雨对生态环境的危害很大，可以毁坏森林，使湖泊酸化。酸雨还会腐蚀建筑物、雕塑，例如北京的故宫、英国的圣保罗大教堂、雅典的卫城、印度的泰姬陵等都在酸雨的侵蚀下受到危害。

2. 温室效应和气候变暖

二氧化碳有一个特性，就是对于来自太阳的短波辐射开绿灯，允许它们通过大气层到达地球表面。短波辐射到达地面后，会使地面温度升高，地面温度升高后，就要以长波辐射的形式向外散发热量。而二氧化碳会吸收来自地面的长波辐射，不让其通过，同时把热量以长波辐射的形式又反射给地面，这样就使热量滞留于地球表面，这种现象类似于玻璃温室的作用，所以称为温室效应。能产生温室效应的气体还有甲烷、氧化亚氮等。人类大量燃烧矿物燃料，如煤、石油、天然气等，向大气排放的二氧化碳越来越多，使温室效应不断加剧，从而使全球气候变暖。2019 年人类由于燃烧矿物燃料向大气排放的二氧化碳高达 342 亿吨，中国是排放二氧化碳的第一大国。

3. 臭氧层破坏

在离地球表面 10 ～ 50 千米的大气平流层，集中了地球上 90% 的臭氧气体，在离地面 25 千米处臭氧浓度最大，形成了厚度约为 3 毫米的臭氧集中层，被称为臭氧层。臭氧层能吸收太阳的紫外线，以保护地球上的生命免遭过量紫外线的伤害，并将能量贮存在上层大气中，起到调节气候的作用。但臭氧层是一个很脆弱的大气层，一些气体进入臭氧层会和臭氧发生化学作用，臭氧层就会遭到破坏。臭氧层被破坏，将使地面受到紫外线辐射的强度增加，给地球上的生命带来很大的危害。现在科学家已经找到了破坏臭氧层的罪魁祸首，那就是氟氯烃类化合物，主要是一些制冷剂、灭火剂、清洗剂等商品中含有的成分。氟氯烃进入高空之后，在紫外线的照射下被激化，分解出氯原子，氯原子对臭氧分子有很强的破坏作用，会把臭氧分子变成普通的氧分子。

研究表明，紫外线辐射能破坏生物蛋白质和基因物质脱氧核糖核酸，造成细胞死亡；使人类皮肤癌发病率增高；伤害眼睛，导致白内障而使眼睛失明；抑制植物如大豆、瓜类、蔬菜等的生长，并可穿透 10 米深的水层，杀死浮游生物和微生物，从而危及水中生物的食物链和自由氧的来源，影响生态平衡和水体的自净能力。

4. 土地沙漠化

2016 年世界日，杭州市在政府官网公布信息显示，全球陆地面积占

60%，其中沙漠和沙漠化面积占 29%，每年有 600 万公顷的土地变成沙漠，经济损失每年 423 亿美元。全球共有干旱、半干旱土地 50 亿公顷，其中 33 亿公顷遭到荒漠化威胁，致使每年有 600 万公顷的农田、900 万公顷的牧区失去生产力。人类文明的摇篮底格里斯河、幼发拉底河流域，由沃土变成了荒漠。

土地沙漠化是世界性的环境问题，沙漠化已经影响到了 100 多个国家和地区。地球上的沙漠面积在以一种惊人的速度增长。据联合国环境规划署的统计，现在每年有 600 万公顷的土地变为沙漠，世界各地都是沙进人退，土地不断被蚕食。

5. 过度砍伐导致森林面积锐减

由于人类对森林的过度采伐，现在世界上的森林资源在迅速减少。据联合国粮农组织统计，全世界每年都有大量森林消失。

过度砍伐是为了国际贸易、获得薪柴、扩大种植等目的。现在全世界森林锐减的地区都是在发展中国家，由于贫困所迫，一些国家不得已用宝贵的森林资源换取外汇，如印度尼西亚、菲律宾、泰国等东南亚国家，出口木材是他们外汇收入的一大来源。一些发展中国家的农村地区长期以木柴作为生活燃料，为了得到薪柴，他们年复一年地砍伐森林。还有一些地区为了获得粮食而毁林开荒。

过度砍伐造成的直接后果是森林蓄积量大幅度下降，其间接后果是加剧土壤侵蚀，引起水土流失，引起土地退化；不但改变了流域上游的生态环境，引起气候变化、生物物种减少与生态服务功能降低，同时加剧了河流的泥沙量，使得河流河床抬高，增加洪水隐患。

6. 物种灭绝与生物多样性锐减

《生物多样性公约》指出，生物多样性"是指所有来源的形形色色的生物体，这些来源包括陆地、海洋和其他水生生态系统及其所构成的生态综合体；它包括物种内部、物种之间和生态系统的多样性"。在漫长的生物进化过程中会产生一些新的物种，同时，随着生态环境条件的变化，也会使一些物种消失。近百年来，由于人口的急剧增加、人类对资源的不合理开发，加之环境污染等原因，地球上的各种生物及其生态系统受到了极大的冲击，生物多样性也受到了很大的损害。

有关学者估计，世界上每年有大量生物物种灭绝，平均每天灭绝的物种达上百个。21世纪初，全世界野生生物的损失占其总数的比例较高。在中国，由于人口增长和经济发展的压力，导致对生物资源的不合理利用和破坏，使生物多样性所遭受的损失也非常严重，大约已有200个物种灭绝；估计约有5000种植物在近年内处于濒危状态。

7. 水环境污染与水资源危机

人类活动使近海区的氮和磷含量增加了50%～200%，海洋污染导致赤潮频繁发生，破坏了红树林、珊瑚礁、海草等，使近海鱼虾锐减，渔业损失惨重。随着经济发展和人口激增，人类对水的需求量越来越大，现在全世界对水消耗的增长率超过了人口增长率。

8. 水土流失

由于过度砍伐森林、土地利用方式不当，使全世界的水土流失异常严重。据联合国环境署的不完全统计数字，全世界每年流失土壤达250亿吨。

水土流失对生态环境造成的直接影响是使土地质量退化和农业产出率下降，间接影响是：造成下游水利、灌溉系统功能破坏；下游地区农业、水产和渔业损失；航行和水力发电的减少；自然灾害增加。例如喜马拉雅山南麓的尼泊尔，是世界上水土流失最严重的国家之一，一到雨季，大量的表土就被洪水冲刷到印度和孟加拉国，使得尼泊尔耕地越来越贫瘠，人民越来越贫困。土壤被带入江河、湖泊，又会造成水库、湖泊的泥土淤积，从而抬高河床，减少水库、湖泊的容量，加剧洪涝灾害。

9. 湿地损失

由于农业围垦、城市开发等，天然湿地面积日益减少，随着工业发展，大量污水涌入湿地，造成动植物的大量死亡。加强湿地保护刻不容缓。

湿地作为"地球之肾"，具有重要的生态环境功能，能够起到防止风暴，控制洪水、水流与环境吸收的直接作用，还是人们进行运动与消遣活动的场所和从事渔业、农业的场所，更是野生动物的栖息场所和保持生物多样性的自然环境。

10.城市垃圾成灾

与日俱增的垃圾，包括工业垃圾和生活垃圾，已经成为让世界各国都感到棘手的难题。尤其是发达国家高消费的生活方式，更使得垃圾泛滥成灾。

美国是世界上最大的垃圾生产国，每年大约要扔掉大量废汽车轮胎、家具、家电等。中国的城市垃圾量，也在以惊人的速度增长。

城市垃圾与日俱增无疑会给城市环境带来巨大影响，一方面处理垃圾需耗费较大成本，另一方面不经过无害化处理的垃圾又会直接破坏生态环境，尤其是大量使用、随意丢弃的一次性塑料制品垃圾，如果不经无害化处理，就会造成严重的白色污染。世界上的垃圾无害化处理一般有三种方式：其一是焚烧，用来发电。目前发达国家多采用这一方法。其二是卫生填埋。其三是堆肥。中国的垃圾大部分都没有经过无害化处理，直接将垃圾堆放或运往郊区填埋。

（三）人类环境意识的觉醒：环境革命

20世纪60年代末以来，人类不断反思和调整经济发展与资源环境的关系，其间曾经历了两次重要的环境意识的革命。

第一次环境革命发生在20世纪60年代末70年代初，人类首次认识环境质量与经济增长的矛盾，意识到有限的资源环境容量最终有可能导致经济"增长的极限"，于是提出了环境保护的理念。尽管这一时期，人类常常陷于经济发展与环境保护的难以求全的窘境之中。

第二次环境革命发生在20世纪80年代末90年代初，人类关注的焦点转向如何协调经济增长和环境改善的关系，这种环境意识的进步最终促使可持续发展观的提出与落实。此次环境革命的核心是：强调自然资源阈值的存在，不允许自然资源恶化，以及确立环境在经济系统中的中心地位。

人类经济活动无一例外地发生在地球及其大气圈系统之内，且是其中一部分。这个系统即为人们所指的"自然环境"或"生态环境"，可更简略地称为"环境"。这个系统本身也有一个环境，即是宇宙的其余部分。

人类经济活动，包括生产和消费，两者均需要源于环境的各种服务。

一方面，人类的生产活动需要环境提供资源开采与能量转化的基础，以及生产废弃物回收之场所。当然，人类的生产活动并非都是消耗性的，一些生产活动的产出被增加到人工的、可再生的资本存量之中，进而在生产活动中与劳动力一起发挥作用。另一方面，环境还可以直接为人类的生活消费活动提供友好服务，通过提供舒适性服务流（例如优美的休闲场所）进入人们的消费过程中。同样，环境也为人们的消费提供了排放废弃物、残留物的场所。环境还是人类生命活动支撑系统和经济活动的空间场所与支持系统。

相反，人类经济活动同样会对自然环境产生影响。一方面，如果人类经济活动超过环境生态系统所能承受的阈值，就会破坏环境系统，从而使生态环境系统失去自身平衡能力。另一方面，人类经济活动的结果也可能改善环境质量，并在一定程度上用资本替代环境服务。随着人类经济活动过程中技术装备资本和人力资本的积累，人们不仅可以改善环境供给质量，甚至能够人造局部环境，从而实现资本对环境服务的替代。例如，人造沙滩风景以及人造地球空间站等。当然，这种替代只是服务功能上的局部替代，而不是环境运行规模上的替代。

由此可见，作为一种特殊资产，环境提供的各种服务始终贯穿于经济活动的方方面面，环境是维系和支撑人类经济系统正常运行的必要条件和核心内容。自然环境在人类经济系统中处于非常重要的中心地位。

从经济学角度看，自然环境是一种多功能的资产，为人类提供着多种服务。自然环境所提供的具体服务功能有以下四个方面：

第一，作为人类的生命支持系统与人类经济活动的区位空间，是人类生命活动和经济活动的基本保障条件。

环境是人类生存和发展不可缺少的自然条件，为人类的生存提供了基本的生物学上的生命保障条件，从而保证了人类生命活动的正常进行。例如，清洁的空气、适宜的温度与合适的水分。

同时，环境为经济系统提供了经济活动的区位空间（地理空间），环境中的土地资源保证了人类经济活动。例如农业生产、工业经济活动和第三产业活动所需的空间支撑。

第二，作为资源基础和能量转化的初始环节，为人类经济活动提供原材料和能量。一方面，环境通过可再生资源，主要是动植物生物群落，为人类经济活动提供直接的加工原材料，例如木材等。这些原材料通过生产活动转化为消费品，最终进入消费领域。另一方面，环境通过可再生资源和不可再生资源，尤其是不可再生资源为人类经济活动提供能源。人类经济活动和消费中的能量无一例外均来源于环境，能量的获得与转化无非是通过对可再生资源（主要是生物质资源）与不可再生资源的开发利用，其中不可再生资源中的化石燃料（例如煤炭、石油、天然气）是最主要的开发、利用对象，是目前人类经济活动所依赖的主要能源。

第三，作为友好服务基础，环境为消费者直接提供公共消费品。环境提供的舒适性服务，例如新鲜的空气、宜人的风景、自然的游憩功能等，为消费者提供了休闲场所和其他娱乐资源。这些环境友好服务可以直接从环境中流向消费者个人，具有公共物品的性质。这些公共消费品可分成两类方式被使用，一类是物质形态上可测量的、可用实物单位测量的，如氧气（每分钟吸入量），另一类是物质形态上不可测量，仅能定性评价的，如风景的舒适性。

第四，废弃物的容纳场所。在人类生产和消费活动中，不可避免地会产生一些没有效用的废弃物，这些废弃物通常都被排放到自然环境中。例如燃烧矿物质燃料产生的碳氧化物和二氧化硫，以及汽车尾气中的一氧化碳和氮氧化物等。即使在这些废弃物排放前，人们进行了各种物理和化学处理，但仍不可避免地需要向环境中排放，只是排放数量和浓度有所减缓。

人类在生产和消费活动中排放的废弃物可以被不同的环境介质接受，如大气、土地、水等。一些废弃物会部分分解、积聚或转移到其他地区。因此，排放与周围环境中的污染物是不同的概念。排放是生产和消费活动中排出的废弃物，而污染是在特定的时间、特定的环境介质中存在的废弃物，排放在自然环境中通过扩散过程变为污染物。

在特定的时间和环境中，环境中的污染物将影响环境的质量，这一关系是污染物质能影响环境系统的特点所引起的，包括为经济系统提供公共消费品和原材料的质量，如污染物会影响空气质量，破坏自然景观，使土壤退化以至改变生态系统。

二、现代生物质开发利用对环境的改善与保护作用

环境问题产生的根本原因，是人类经济活动对环境过度索取和不加限制的废弃物排放与污染。现代生物质产业的发展与全面推进，不仅可以减少对环境的资源索取，而且可以大量减少对环境的废弃物排放与污染。因此，人类对生物质的开发利用，尤其是生物质现代开发利用方式，不仅对经济 - 环境大系统中经济系统正常运行具有十分重要的战略意义，而且对经济 - 环境大系统中环境本身具有重要的促进和改善作用。

一方面，通过开发生物质资源，可以"变废为宝""化腐朽为神奇"，获得的生物能源可以替代化石能源，在一定程度上缓解经济增长与能源稀缺的矛盾，为人类经济活动摆脱化石能源的依赖探索出一条新途径。更重要的是，生物质的开发利用开拓了农业发展的新空间，有力促进农村经济的发展，为增加农民收入、促进农业的工业化、中小城镇建设、富余劳动力转移以及缩小工农和城乡差别等提供了一个新途径。

另一方面，生物质资源的开发利用增加了能源供给与转化的途径，降低了经济活动对不可再生资源（主要是化石能源）的开采压力；改善了环境质量，提高了环境对消费者的友好服务水平；减少了经济活动对环境的废弃物排放和污染程度，降低了经济活动对环境的压力，最终有利于环境自身生态功能的改善和环境质量的提高。

现代生物质开发对环境的改善与保护作用，具体体现在以下几方面。

（一）增加了原材料供给，降低了自然环境系统的原材料供给压力

生物质的开发利用，尤其是现代生物能的开发利用，可以直接生产众多生物基产品，例如，可以获得诸如生物质材料、生物质肥料、生物质饲料等生物基产品。一方面，生物基产品的开发和使用，例如生物质材料、生物质饲料，可以用这些再回收、加工的生物质产品直接替代源于环境的原材料，减少了经济活动对环境中原材料的需求，从而为环境系统的原材

料供给能力提供了条件。另一方面，生物基产品的开发与使用，例如生物质肥料，可以增加对土地环境系统的有机质投入，提高环境的生产能力，从而有利于环境自身生态功能的改善和环境质量的提高。

（二）增加了资源供给与能量转化途径，延缓了不可再生资源的过度消耗

现代生物质开发充分利用可再生或循环的有机物质，包括农作物、林木和其他植物及其残体、畜禽粪便、有机废弃物，以及利用边际性土地和水面种植能源植物为原料，通过工业性加工转化，将生物质体内蕴藏的生物质能转化为生物燃料和生物能源。例如，气化供热、生物质发电以及生物质制取燃料乙醇、生物柴油、生物油及其他液体燃料。广泛分布的、可再生或循环的生物质成为日益稀缺的不可再生资源，尤其是矿产资源的替代品。生物质能的开发利用，为人类经济找到了一条大规模、商品化生产可再生和清洁能源的新途径。生物燃料与生物能源的开发利用，降低了经济活动对环境的资源开采与能量转化的过度需求，减缓了环境资产的过度消耗与折旧，从而保障了自然环境系统的资源供给与能量转化服务功能正常运行。

在广大农村地区，利用农作物秸秆、动物粪便开发利用沼气，不仅可以直接改善农村环境，减少秸秆直接燃烧对大气的污染以及动物粪便对环境的污染，还可以通过沼气供热、发电解决农村地区的燃料与能源需求，减少农村居民因生活需要而对森林资源的过度砍伐。

生物发电可以用废弃生物质原料直接替代煤这种稀缺矿产资源，从而减少对不可再生的一次能源的消耗。

生物质的深度开发则可以获取生物能源，例如燃料乙醇和生物柴油等生物能源产品可以在相当规模上替代二次能源，例如柴油、汽油等，从而减轻对不可再生的一次能源石油的开采压力。

（三）减少对环境的废弃物排放和环境污染，减轻环境承载压力，有利于环境问题的解决和环境生态功能的恢复与提高

第一，减少二氧化碳等温室气体排放，有利于温室效应和气候变暖等环境问题的解决。生物质开发利用的一个重要出发点，就是减少温室气体

二氧化碳释放量。目前，我国二氧化碳的排放总量居世界第一位。生物质开发利用将大幅度减少二氧化碳、硫化物和氮化物的排放量。

一方面，由于生物质是一种有机原料，生物质能转化过程中排放的二氧化碳量等于生长过程中吸收的量，燃烧过程中的硫化物和氮化物较少。生物质能总体利用过程中，相对于化石燃料二氧化碳减排是显著的，采用高效合理的利用方式，二氧化碳减排率能达到 90% 左右。从整个生命周期来说，生物质能对全球碳贡献基本上为零；生物质能利用对碳贡献来自所有收集、运输和预处理过程中化石燃料利用造成的二氧化碳排放。

另一方面，生物质能对化石能源的替代能够减少二氧化硫、二氧化氮等污染物质的排放。通过研究发现，提供相同能量，煤的硫、氮氧化物排放量分别是秸秆的 7 倍和 1.15 倍；用 1 万吨秸秆替代煤炭能量，烟尘排放将减少 100 吨。

第二，大量减少生产废弃物和生活垃圾的环境排放量，有利于农村水环境污染、城市垃圾成灾等环境问题的解决。生物质开发利用的另一个重要出发点，就是废弃生物质的再加工、再利用，通过生物质开发利用，可以大量回收、加工、利用经济活动所产生的各种废弃生物质（例如，农业经济活动所产生的农作物秸秆及农业加工剩余物、薪材及林业加工剩余物，工业经济活动所产生的有机废渣、废水，以及城市生活垃圾、能源植物等），生产生物基产品、生物燃料以及生物能源，从而减少有机废气物质在环境中堆积与直接排放，减少工业有机废水、废渣直接排放造成的水环境与土壤环境污染；也解决了因城市生活垃圾直接堆放与填埋造成的土壤环境破坏；更是从根本上解决了农村中广泛存在的农业、林业废弃生物质造成的水、土环境污染与环境破坏。

（四）边际土地的开发利用，增加了环境系统的自身生态功能，提高了环境的友好服务功能

环境问题与环境危机的产生多数与环境生态遭到破坏有关，而环境生态系统的破坏往往与环境中植物群落遭到破坏有关。自然环境中的水土流失、土壤沙化、生物多样性丧失等环境问题，都与人类对土壤环境过度垦殖有关。在一些不宜垦为农田的边际土地上，种植高抗逆性能源植物，不仅满足了生物质能开发利用对生物质的需要，而且改善了环境生态系统的植物群落条件，保持了水土，防治了土壤沙化，也有利于保护生物多样性，最终改变环境系统本身，使之能为人类提供更好的环境友好服务。

生物质开发对生物多样性的影响主要体现在，能源植物尤其是木本油料植物代替农作物会带来环境系统中植物群落的改变，即多年生的木本作物替代一年生农作物，从而导致生态系统由农田系统演化为森林系统，进而促进对生物多样性的保护。

第二节　生物经济对可持续发展的作用

自 20 世纪 80 年代以来，人类通过对长期以来传统经济增长战略所引起的人口、资源、环境问题的反思，提出了一种全新的发展理念与发展模式，即可持续发展，并正在成为全球的社会经济发展战略。发展战略的转变，意味着经济增长和资源配置机制的转换。

一、可持续发展及其基本要求

（一）可持续发展的提出是对传统经济学的突破与发展

可持续发展理论的产生与发展经历了一个认识不断深化的过程，从思想的产生、理论体系的形成到作为一种发展战略被人们普遍接受，大致经历了四个非常重要的里程碑：

第一个里程碑是 1972 年在斯德哥尔摩召开的人类环境大会。这次大会提出了人类面临由于资源利用不当而造成的广泛的生态破坏和多方面的环境污染，强调了经济与环境必须协调发展。这是人类首次在世界范围内正视经济发展和资源环境之间的相互关系。尽管这次会议并未提出明确的可持续发展思想，但却使人们认识到环境资源对经济发展具有十分重要的作用。可持续发展思想就是在环境和发展关系讨论之中产生出来的。

第二个里程碑是 1980 年国际自然与自然资源保护同盟（IUCN）和世界野生生物基金会（WWF）发表的《世界自然资源保护大纲》。该大纲呼吁"必须确定自然的、社会的、生态的、经济的以及利用自然资源过程中的基本关系，确保全球可持续发展"，从而最早在国际文件中提出了"可持续发展"这一命题。

第三个里程碑是 1987 年以布伦特兰夫妇为首发表的世界环境与发展委员会（WCED）的《我们共同的未来》研究报告。这一研究报告在客观分析全人类社会经济发展成功经验与失败教训的基础上，对可持续发展作出了明确定义，并制定了 2000 年乃至 21 世纪全球可持续发展战略以及对策。在这一报告中，可持续发展被定义为"既满足当代人的需要，又不对后代人满足其需要的能力构成危害的发展"。首先，可持续发展要求满足全体人民，尤其是世界上贫困人民的基本需要，确保每个人都能较好生活；其次，可持续发展要求技术状况和社会组织对环境满足当前和将来需要的能力加以限制，至少，经济的发展不应当危害支持地球生命的自然系统，即大气、水、土壤和生物。这一可持续发展思想得到了人们广泛地接受和认可，引发了全球对可持续发展问题的热烈讨论，并极大地促进了可持续发展理论体系的形成和成熟。

第四个里程碑是 1992 年在巴西里约热内卢召开的联合国"环境与发展"国家首脑大会。此次会议通过了《里约宣言》《21 世纪议程》及《生物多样性公约》等纲领性文件，并形成了对可持续发展的共识，认识到环境与经济发展密不可分。大会通过的《21 世纪议程》是一个广泛的行动计划，为全球实施可持续发展提供了行动蓝图，并要求每个国家都要在政策制定、战略选择上加以实施。这次联合国"环境与发展"大会的召开，作为一个重要的里程碑，标志着可持续发展从思想和理论走向实践，已成为人类共同追求的实际目标。

从经济增长到经济发展，再到可持续发展，是人类认识上的两大飞跃。如果说从经济增长到经济发展，使人们的认识从单一的经济领域扩展到社会领域，认识到经济目标与社会目标的统一，那么，可持续发展的提出，则使人们认识到资源环境在社会经济发展中的作用和地位，认识到环境系统与经济系统之间的动态平衡，经济、社会与环境目标的统一，是对传统经济学的突破与发展。

（二）可持续发展的概念及其基本要求

自从人们认识到可持续发展问题以后，对于可持续发展的基本概念进行了长期而广泛的讨论。由于可持续发展涉及社会经济发展的方方面面，因而对可持续发展的理解，也随着角度的不同而有所不同，其中有一定代表性的概念有以下几种：

1. 着重从自然属性定义可持续发展，即所谓的生态持续性

可持续发展这一概念旨在说明自然资源及其开发利用程度间的生态平衡，以满足社会经济发展所带来的对生态环境不断增长的需求。

2. 着重从社会属性定义可持续发展

"发展"的内涵，包括提高人类健康水平、改善人类生活质量和获得必须资源的途径，并创建一个保障人们平等、自由、人权的环境。

3. 着重从经济属性定义可持续发展

认为可持续发展鼓励经济增长，而不是以生态环境保护为名制约经济增长，因为经济发展是国家实力和社会财富的基础。但经济的可持续发展，要求不仅注重经济增长的数量，更注重经济增长的质量，实现经济发展与生态环境要素的协调统一，而不是以牺牲生态环境为代价。

4. 着重从科技属性定义可持续发展

实施可持续发展，除了政策和管理因素之外，科技进步起着重大作用。没有科学技术的支撑，无法谈及人类的可持续发展。因此，有的学者从技术选择的角度扩展了可持续发展的定义，认为可持续发展就是转向更清洁、更有效的技术，尽可能接近"零排放"或"密闭式"工艺方法，尽可能减少能源和其他自然资源消耗。还有的学者提出，可持续发展是建立起极少产生废料和污染物的工艺或技术系统。他们认为，污染并不是工业活动不可避免的结果，而是技术差、效率低的表现。他们主张发达国家与发展中国家之间进行技术合作，以缩小技术差距，提高发展中国家的经济生产力。同时，应在全球范围内开发更有效地使用矿物能源的技术，提供安全而又

经济的可再生能源技术，来限制使全球气候变暖的二氧化碳的排放，并通过恰当的技术选择，停止某些化学品的生产和使用，以保护臭氧层，逐步解决全球环境问题。

尽管以上可持续发展的概念具有代表性，但都是从一个方面所作的定义，还不能得到国际社会的普遍承认。挪威前首相布伦特兰夫人主持的世界环境与发展委员会，在对世界经济、社会、资源和环境进行系统调查和研究的基础上，作出了长篇专题报告——《我们共同的未来》。该报告将可持续发展定义为：可持续发展是指既能满足当代人的需要，又不损害后代人满足需要能力的发展。第15届联合国环境署理事会，通过了《关于可持续发展的声明》，该声明指出：可持续发展，系指满足当前需要而又不消弱子孙后代满足需要能力的发展，而且绝不包括侵犯国家主权。环境署理事会认为，要达到可持续发展，涉及国内合作和国际的均等，包括按照发展中国家的国家发展计划的轻重缓急及发展目的，向发展中国家提供援助。

"满足当前需要，而又不削弱子孙后代满足需要能力的发展"，这是Bnmtland委员会定义、为国际社会普遍接受的可持续发展概念。其中心思想或基本要求是，健康的经济发展应建立在生态可持续能力、社会公正和人民积极参与自身发展决策的基础上。它所追求的目标是，既要使人类的各种需要得到满足，个人得到充分发展，又要保护资源和生态环境，不对后代人的生存和发展构成威胁。可持续发展就是人口、经济、社会、资源和环境的协调发展，既要达到发展经济的目的，又要保护人类赖以生存的自然资源和环境，使我们的子孙后代能够永续发展和安居乐业。

二、中国可持续发展面临的资源、能源及环境问题

中国有效地实施可持续发展战略以来，在经济、社会全面发展和人民生活水平不断提高的同时，人口过快增长的势头得到了控制，自然资源保护与管理得到加强，生态保护与生态建设步伐加快，部分城市和地区环境质量有所改善，综合国力显著增强。可以说，我国对全球可持续发展作出

了巨大贡献。

但是，应该清醒地认识到，中国的经济增长仍然是粗放型的，这种增长方式对环境的压力特别大，破坏性也相当严重。伴随着经济的高速发展，中国的环境退化速度没有得到全面有效地遏制，资源正在被过度过速利用，社会经济可持续发展的资源基础遭到破坏，中国经济社会正陷入可持续发展能力偏低的困境，面临诸多挑战。

随着工业化、城市化和现代化的全面推进，今后 20 年，中国要保持经济的可持续发展，首先必须要解决资源缺口、能源危机及日益恶化的生态环境等问题。

（一）资源缺口与能源危机

自然资源是人类生存和社会经济发展的物质基础，是自然 - 社会 - 经济复杂大系统能否可持续发展的三大长期约束因素之一。对于中国而言，资源问题更是影响社会经济可持续发展的"瓶颈"问题。随着中国迈向全面建设小康社会，资源供给与需求的矛盾日益凸显，资源供给的短缺是摆在中国经济、社会面前必须解决的难题。

1. 土地资源供给日益紧张

第一，土地资源正受到严重的水土流失和土地沙漠化的威胁。中国是全世界水土流失最严重的国家之一，在全球每年流失的土壤中，中国占比较高，不过近些年随着国家治理力度加大，情况有所缓解。

第二，耕地资源供给数量不断减少，供给质量不断下降，使得本来就十分紧张的耕地资源供给愈发严重。中国是一个农业大国，耕地资源是农业发展和人们生存的基础，在中国有着极其重要的地位。但中国耕地资源的现状却处于一种不可持续的状态中，一方面，随着工业化和城市化进程的加剧，中国耕地资源的绝对数量正在以十分惊人的速度递减，人均耕地面积从改革开放时的 0.1 公顷下降至 2018 年的 0.086 公顷，远低于世界平均水平。另一方面，现有耕地资源质量正在不断退化，由于水土流失以及掠夺式的土地利用方式，造成我国有限的耕地资源正面临土壤板结、土地沙化、土地生产力下降的威胁。

2. 森林资源破坏严重

作为人类生态系统的主要屏障，森林具有许多重要的生态功能，这些功能对于维护良好的环境是必不可少的。有关研究表明，一个国家森林覆盖率达到30%以上，才能有效地起到维护环境的良好作用。

3. 不可再生资源供给不足，尤其是能源资源危机日趋严重

众所周知，自然资源主要包括可再生（可更新性，例如土地资源、生物资源）资源和不可再生（可耗竭）资源。不可再生资源又包括可回收的可耗竭性资源（如金属等矿产资源）和不可回收的可耗竭性资源（主要是煤、石油、天然气等能源资源）。

中国经济社会可持续发展所面临的资源危机，不仅是指可再生、可更新资源供给不足的危机，更为严重的危机是不可再生（可耗竭性）资源的日益枯竭，尤其是能源资源的日益稀缺。中国面临的能源危机主要表现在以下几方面：

一是中国能源资源的可持续性供给面临巨大压力。从能源资源储量上看，中国是一个人口多、石油少、富矿少的国家。

二是能源消费持续快速增长，经济社会发展对能源资源的依赖度与日俱增。

中国经济社会发展对能源需求迅猛增长的一个重要原因是，经济发展对石油等能源资源的依赖度日益提高。与世界各国相比，无论是单位 GDP 能耗还是单位产品能源都偏高，其中 8 个高耗能行业的单位产品能耗大幅高于世界平均水平，而这 8 个行业的能源消费量占整个工业部门能源消费总量的绝大部分。

三是国家能源安全尤其是石油安全问题越来越严重。中国石油供应的一大半将依赖国际资源，对中国外贸平衡构成长期的不利影响。此外，中国进口石油主要来自中东和非洲。由于这些地区与中国距离远，且进口石油主要靠海运，今后国际石油市场供求变化、油价波动和战争、恐怖事件及其他政治动荡，都将冲击中国的石油供应，中国的石油安全无法得到保证。并且，中国参与国际市场上的石油进口竞争，也导致与其他有关国家发生矛盾的概率增大。因此，寻求新的替代燃料已经迫在眉睫。

（二）环境资本过度折旧，生态系统功能严重破坏，生态环境危机与日俱增

环境不仅孕育着各种自然资源，为人类提供必要的物质基础，还以其复杂的生态功能承载着人类的生存与发展。人类社会本身就是生物圈环境的组成部分，人类活动必须与环境承载能力相协调，环境成为人类生存与发展的重要限制条件。因此，生态环境是自然 - 社会 - 经济复杂大系统能否可持续发展的又一重要的长期约束因素。

当前以及今后 20 年，中国经济社会可持续发展所面临的巨大环境压力主要表现在以下两方面：

一是环境资本，尤其是关键性环境资本的过度折旧。由于过度和不合理开发利用，造成环境资产的快速贬值和折旧，使得生态可持续性难以为继。一方面，正如前文所分析的那样，一些重要的经济社会发展不可或缺的可再生资源与可耗竭性资源，例如土地资源、森林资源、矿产资源和能源资源，出现持续供给危机。另一方面，经济社会发展所依赖的一些共享性环境资本，例如河流、空气等，由于环境污染而遭到破坏。例如我国一些河流受到污染，河流污染物中有的超标数十倍甚至数百倍，一些河流的城市河段终年发黑发臭，甚至鱼虾绝迹，完全丧失了水体生态功能。

二是环境问题的层出不穷，环境生态系统遭到严重破坏。中国经济社会的快速发展是以高昂的环境成本为代价的，一方面，由于人口的巨大压力和经济社会快速发展的需要，过度开发利用环境中的自然资源，直接造成环境的资源供给基础功能快速下降，环境的结构和状态遭到破坏，环境自身生产能力受到严重破坏；另一方面，大量环境资本的快速消耗、折旧，造成大量的环境问题出现，例如环境污染问题、生物多样性消失问题、水土流失问题等。而这些环境问题的出现，反过来作用于生态环境系统，使得环境系统的自我净化能力、污染消纳能力和资源再生产能力都遭到极大破坏，进而使得环境生态系统的生态功能遭到破坏。例如自然资源的大量不合理开发，植被的大量破坏，不仅使我国的森林、牧草和各种野生动植物资源遭受了重大损失，使植被涵养水源、保持土壤、防风固沙、调节气候、净化空气等生态功能大大削弱，而且

使我国的水土流失、土地沙化、干旱、洪水、泥石流、滑坡等自然灾害
也进一步加剧。

就总体而言，我国的社会经济发展目前虽然没有超出生态环境系统的
承载力极限，但部分地区已经严重超载。

三、发展现代生物质经济是实现经济社会可持续发展的有效途径

前文分析指出，可持续发展观的核心是突出"发展"和"可持续性"。
可持续发展观的"发展"是一个不被来自生物圈环境中的污染问题、环境
问题所影响的发展，是一个不被贫困问题与社会动乱问题所困扰的发展。
可持续发展观所追求的"可持续性"，是包括"生态可持续性""经济可持
续性"和"社会可持续性"的耦合。然而，世界各国在实施可持续发展战
略过程中，都面临着全球生态环境危机和能源危机带来的各种压力和挑战。
中国也不例外，正如前文所分析的那样，中国在全面建设小康社会的进程
中，人口拥挤与社会公平问题、资源缺口与能源危机、生态环境危机等，
对经济社会的可持续发展造成的矛盾与冲突日益凸显。面对种种危机与冲
突，中国经济社会可持续发展能力的提升，必须依靠资源开发利用模式与
经济增长方式的转变，着力解决以一次能源为主的能源开发利用模式与生
态环境的矛盾，摆脱过去一味依靠高能源消耗、高环境污染的粗放型经济
增长方式。

生物质的开发利用为解决以上问题提供了可能。大力开发生物质，发
展生物质经济，不仅可以解决能源危机与生态环境问题，而且可以解决人
口拥挤与社会公平问题，促进农村经济社会的振兴与发展，为"三农"问
题的解决提供一条全新的途径。

基于本章第一节已经详细分析了生物质开发对环境的促进与改善作用，
本节重点分析生物质开发对我国资源的可持续发展，尤其是对能源资源的
影响，以及生物质开发对社会经济可持续发展，尤其是对农村社会经济可
持续发展的作用。

（一）生物质开发与农村经济社会可持续发展

进入 21 世纪以来，中国经济社会可持续发展最突出的制约因素是社会公平问题。中国的社会公平问题集中体现为城乡居民发展机会与发展能力的不平等，以及城乡居民受教育程度、就业机会、公共支出、社会保障和居民收入与生活富裕程度上的不平等。要解决中国社会经济发展过程中的人口拥挤、贫困与社会公平问题，关键在于提高农村社会经济的可持续发展能力。"三农"问题解决好了，中国经济社会可持续发展的制约因素才会从根本上解决。

大力开发生物质资源，发展生物质产业，不仅可以解决工业化和城市化进程中的资源缺口与能源危机、环境污染与生态失衡问题，可大幅度降低工业发展和城市发展的环境成本和经济成本，实现城市经济社会的可持续发展，而且可以打破传统农业生产，构建新型产业体系，解决农村地区劳动力过剩与就业难问题、贫困问题以及城乡差距、工农差距等社会不公平问题。

1. 生物质开发带来农业和农村经济运行模式的变革，促进农村产业体系的重构

在传统农业社会中，农业主要是从事稻、麦、棉、猪、牛、羊等初级农产品的生产，满足人类生活的基本需要；在工业化社会中，农业在提供初级农产品的同时，主要为食品加工业、烟草加工业、饲料加工业、造纸业、木材加工业、林产化学加工业等提供原料。传统农业主要是利用了生物体的经济活动需要的部分，其余部分以废物的形式弃置于环境之中，不仅浪费了大量资源，而且造成严重的环境污染；进入生物质经济时代，随着大规模的生物质开发利用，生物质产业将成为联结工业和农业的新兴产业，将彻底改变农业和农村经济的运行模式，重构农业及农村产业体系。

基于生物质开发利用的新型农村产业体系，除了包括原有的农、林、畜牧养殖、水产养殖以外，还将建立起以农村"三物"（农作物秸秆等农业剩余物、畜禽养殖排泄物、能源作物）等生物质资源生产加工利用企业为主体的一条新的环状产业链，拓展传统农业的产业链条，使得农村产业体系发生变革。不再使用传统的农业思维和模式运作，也不再使用传统的工

业思维和工作模式运作，而要用一种将生物质（原料）生产和转化加工融为一体的新型思维和工作模式运作。

2.生物质产业的发展，为农村劳动力就业与致富、缩小城乡差距提供全新思路，为实现农村经济社会可持续发展探索出一条有效实现途径

生物质产业的大力发展，为彻底解决"三农"问题提供了切实可行的道路。随着农村第一产业的拓展，第二产业体系的建立，以及农村第三产业的兴起，农民迎来前所未有的发展机遇。随着生物质资源的开发，我国农业将从单纯的生物质的生产，走向从生物质原料生产到生物质综合开发利用的一体化、多元化的生产格局；由单纯的食物生产，向生物质能源、生物质材料、林产化工、医药、农业废弃物资源化等众多领域扩展。这种基于生物质开发利用的新型农村产业体系，将为农村环境的改善和保护、农民的增收、过剩劳力问题的解决提供出路，并为农村城镇建设提供一条全新的途径。此外，这一体系对于农村能源建设、小城镇建设、社会主义新农村建设均具有重要作用。新型农村产业体系的构成，还有利于遏制生态环境的恶化，从根本上改善农村环境卫生和居住区生活条件，进而从根本上解决农村经济社会可持续发展能力低的问题，促进农村社会经济可持续发展。

（二）生物质能开发与我国能源资源可持续发展

随着化石能源的渐趋枯竭以及全球环境问题的日趋严重，人类社会经济可持续发展陷入资源环境危机的困境中。如何使人类经济社会发展摆脱对可耗竭性化石能源的过度依赖？如何解决因过度利用化石能源而带来的严重环境污染和资源枯竭，以及因自然环境承载力过重、生物多样性被破坏而导致的生态失衡等一系列问题？重新打造经济社会可持续发展的动力，成为世界各国迫切需要解决的战略问题。越来越多的国家开始重新审视人类资源开发利用的模式与经济增长的方式，越来越多的国家将目光锁定在改变资源开发利用结构，尤其是改变传统的以一次化石能源为主的能源开发模式，以及转变经济增长方式上。

从能源的加工转换过程来看，能源系统可以分为一次能源和二次能

源，其中一次能源是指从自然界取得后未经加工的能源，其初始来源主要有：太阳光、地球固有的物质和太阳系行星运行的能量。根据再生性，一次能源又可进一步划分为可再生能源和不可再生能源。二次能源是指经过加工与转换一次能源而得到的能源。从能源使用的相对阶段以及能源利用过程中的技术水平来划分，能源系统可以分为常规能源和新能源，常规能源是指早已被人们广泛利用的能源或传统能源；新能源一般是指在新技术基础上加以开发利用的能源。以生物质能源为例，在一次和二次能源划分中，生物质能是可再生的一次能源；在常规能源和新能源的划分中，生物质根据其利用方式，可以分为传统生物质能源和现代生物质能源。

从世界能源发展战略来看，人类必须寻求一条可持续发展的能源道路，因此开发利用新能源与可再生能源就成为世界能源可持续发展战略的重要组成部分。

各国纷纷把可再生能源，尤其是生物质能源，作为战略替代能源加以重点开发利用，从国家层面上实施生物质能开发战略，并采取具体对策行动。我国政府同样十分重视生物质开发利用工作，党和国家领导人多次强调和倡导发展生物质经济。

1.中国开发利用生物质能、改善能源结构、促进能源可持续发展的可行性

中国是世界上最大的可再生资源基地之一，生物质能资源品种多、数量大、分布广。除城市中大量存在的工业有机废水、工业有机废渣和城市垃圾外，在我国农村地区的农业区、林区、山地、水面还蕴藏着大量的可再生生物资源，如草本能源作物、木本含油作物、农作物秸秆、农作物地根和藤茎、乔灌木及其树枝和落叶、山区及丘陵地带含有大量淀粉和糖分的野生植物、广大水面和水域生长的"水生能源植物、藻类"以及农产品加工和林木加工的大量废弃物等，如此丰富的生物资源，都是可用于发展生物质能源的原料。

根据我国生物质资源特点和技术潜在优势，可以把燃料乙醇、生物柴油、生物塑料，以及沼气发电和固化成型燃烧作为主产品。

2. 我国生物质能开发利用的实践

我国生物质能开发利用虽是刚刚起步，但发展势头较好，各地正在积极探索利用生物质发电、生产生物燃料和生物能源的实践活动。

我国自行培育、具高抗逆性和可全国种植的甜高粱，每公顷能产燃料乙醇 6 吨，比甘蔗高 30%，比玉米高 3 倍，在新疆、内蒙古等地已有可喜进展。广西新品种"能源甘蔗"，乙醇产量高于普通糖料甘蔗数倍。贵州山区广泛种植多年生草本植物"芭蕉芋"，这一植物大量用于生产燃料乙醇等。

3. 生物质能开发对我国能源可持续发展的促进作用

虽然我国的生物质能源产业刚刚起步，无论是生物质发电量还是生物质制取的生物柴油、燃料乙醇、生物油类的产量规模，相对于整个能源产业的产量规模而言都还比较小，尚不能大规模替代化石能源；但就战略而言，生物质能的开发利用提高了我国能源产业的可持续发展能力，为我国能源产业的可持续发展找到了一条切实可行的有效途径。

第一，增加能源供给，缓解能源供求矛盾，减轻我国能源可持续发展的巨大压力。随着生物质产业的迅猛发展，我国广泛存在的生物质的潜能必将得以充分发挥，在大规模发展能源农业和生物质基合成油化工业的基础上，新型的"地面油田""绿色油田"将在一定程度上弥补石油能源供给的不足，在一定程度上缓解能源供求矛盾，减轻我国能源可持续发展的巨大压力。

第二，优化我国能源布局，改善能源结构。在全口径的统计中，2019年煤炭在我国能源消费构成中占 55%，比例过高；传统生物质能在我国能源消费构成中占 57.7%，在全部可再生能源消费构成中占 70.7%，比例过大。因此，降低煤炭消费和传统生物质能的比例是优化能源结构的重要任务。而现代生物质能资源丰富，分布面广，通过不断提高转化加工技术，转变传统利用方式，可满足发电、供气、供热、制取液体燃料等多种需要，是降低传统生物质能消费、替代煤炭、弥补油气供应不足、优化能源结构的一种重要选择。

从能源布局角度看，我国煤炭、石油、天然气和水电等一次能源在全国范围内分布非常不均匀，能源生产加工地点远离消费中心，因此能源的开发、运输和利用的难度势必较大。而现代生物质能的原料来源广泛，在全国范围内分布相对均匀，可以就地加工、就地使用，因此可以大幅度降低运输成本。此外，在生物质能利用形成一定的产业规模后，我国可以有计划、有选择地靠近消费区域种植能源植物或作物，使生物质能的原料来源更灵活而有保证，使能源的利用变被动为主动。

能源布局的优化和能源结构的改善，能够改变社会经济发展对石油等不可再生能源的过度依赖，形成多元化、多地区、广泛性的能源生产与供给结构，为全面建设小康社会奠定坚实的能源资源基础。

第三，降低石油对外依存度，维护国家能源安全。作为战略替代能源，生物质能的开发利用，对于维护国家能源安全具有十分重要的现实意义和战略意义。如果立足于国内广泛存在的生物质，加大对现代生物质能研究与开发的投入力度，开发具有自主知识产权的生物质能转化技术，就能大规模发展我国的生物质产业。在此基础上，就能在国际石油市场上拥有主动权和参与定价权，不但可以调控进口石油依存度，还可以使国内的地下化石能源转变为战略性储备资源，从而维护我国的能源安全。

因此，人类对生物质的开发利用，尤其是生物质的现代开发利用方式，不仅对经济-环境大系统中经济系统正常运行具有十分重要的战略意义，而且对经济-环境大系统中环境本身具有重要的促进和改善作用。

一方面，通过开发生物质资源可以"变废为宝""化腐朽为神奇"，获得的生物能源可以替代化石能源，这在一定程度上可以缓解经济增长与能源稀缺的矛盾，为人类经济活动摆脱化石能源的依赖探索出一条新途径。更重要的是，生物质的开发利用开拓了农业发展的新空间，有力地促进了农村经济的发展，为增加农民收入，促进农业的工业化、中小城镇建设、富余劳动力转移以及缩小工农和城乡差别提供了一个新途径。

另一方面，现代生物质开发不仅促进了能源资源的可持续发展，而且促进了其他资源与生态环境的可持续发展。通过生物质开发，增加了原材料供给，降低了自然环境系统的原材料供给的压力，增加了资源供给与能量转化途径，延缓了不可再生资源的过度消耗，减少对环境的废弃物排放和环境污染，减轻了环境承载压力，增加了环境系统自身生态功能，维持和提高了生物多样性，提高了环境的友好服务功能。有利于环境问题的解决和环境生态功能的恢复与提高。

总之，现代生物质产业的发展，改变了我国能源开发利用的单一模式，不仅促进了能源资源的可持续发展，而且促进了其他资源与生态环境的可持续发展。大力开发生物质资源，发展生物质产业，不仅可以解决工业化和城市化进程中的资源缺口与能源危机、环境污染与生态失衡问题，大幅度降低工业发展和城市发展的环境成本和经济成本，实现城市经济社会的可持续发展，而且可以打破传统农业生产模式，构建新型产业体系，解决农村地区劳动力过剩与就业难问题、贫困问题以及城乡差距、工农差距等社会不公平问题。

第八章　生物产业集群

第一节　产业集群和创新网络

一、产业集群

产业集群是现代经济发展中的一个重要现象。虽然产业集群早在 19 世纪末英国经济学家马歇尔所处的时代就已经存在，然而在资本主义国家的近代发展历程中，随着追求规模经济和利润最大化的大公司、巨型公司以及跨国公司不断出现，中小企业的发展长期以来一直被忽视。直到 20 世纪 70 年代末，在发达国家经济普遍衰退时，某些中小企业集聚的地区如意大利东北部和中部地区、美国硅谷地区以及欧洲其他国家却表现出惊人的增长势头，由此学术界开始追踪产业集群理论的起源。

（一）产业集群的定义

我们认为产业集群是某一产业领域产业链上的企业与相关服务支持体系以专业化分工机制，在一定区域内集中，形成从原材料、中间产品、最终产品甚至到营销、售后服务的上、中、下游结构完整，外围支持服务体系健全，具有专业化分工特征的产业组织。集群内企业之间通过专业化分工提高企业乃至区域整体生产效率，降低生产成本，实现收益递增；同时，比垂直一体化的企业组织结构具有更大的弹性，有利于产业集群内部企业之间通过分工网络降低交易费用，实现信息共享、互动学习、创新技术扩散，提高自身的竞争能力，成为内部成长能力极强的产业组织，从而加速了区域创新网络的实现，提高了区域经济竞争力，推动了区域经济的可持续发展。

产业集群已经成为引人瞩目的区域发展趋势，无论在发达国家还是在发展中国家，产业集群往往都是区域经济增长的核心，对经济发展有巨大的贡献。

（二）产业集群的特征

1. 地理集聚性

产业集群是由产业链上相关联的企业与相关支持服务体系在一定地域上集聚而形成的，表现为中小企业在大城市的近郊区或中小城市（镇）集聚成群，空间上接近，经济活动高度密集。这种地理接近的直接后果是有利于知识获取、市场形成、信息共享。

2. 社会根植性

根植性是社会学的概念，它的含义是经济行为深深嵌入社会关系之中。在产业集群内，根植性的存在有利于孕育区域资本，增强区域的凝聚力和归属感，企业之间容易形成一种相互依存的产业关联和共同的产业文化，并且形成能对交易者的行为进行约束的制度。在制度的约束下，人们相互信任和合作：既有企业间的信任与合作，也有个人间的信任与合作；既有正式的合作，也有非正式的合作；既有技术上的合作，也有资金上的合作（如相互赊账、延迟付款等）。彼此之间建立了密切的合作关系，限制了机会主义倾向，降低了企业之间因不完全契约或为了维护契约所带来的交易成本。同时，还降低了企业之间讨价还价所带来的交易成本，从而使企业更愿意嵌入到区域的社会、文化和政治等关系中，并吸引外来企业根植于本地，保证区域经济的持续发展。

3. 学习性和创新性

成熟的产业集群具有良好的知识转移机制，能加快技术知识传播。集群化使企业学习新技术变得更容易和低成本。中小企业集群竞争优势的取得，一个很重要的原因在于以企业间密切交流、信任和合作为基础的高效的知识转移速度和效率。集群知识转移主体、集群知识转移意境、集群知识转移内容、集群知识转移媒介为集群企业营造了良好的知识转移机制和转移通道，通过企业之间的专业分工和协作，将知识转移至相关企业，再经由其成员企业的模仿而提高整个中小企业集聚区的竞争力。

产业集群具备良好的技术学习与扩散机制，集群内部学习是集群中企业技术学习的主导途径，集群中的强势企业瞄准集群外部高新知识进行外向型学习，而弱势企业则从这些知识在集群内部的后续扩散中学习，从而形成"外部引进—内部扩散"的良性知识流动，推动集群整体技术能力的提高，集群持续动态增长。

4. 生产专业化

从生产经营方式来看，产业集群具有专业化的特征。产业集群内部主要包括生产企业以及相关的服务支持体系，包括技术研发机构、金融机构、中介机构以及政府公共部门等。产业集群内企业通过生产过程的垂直化分离，分别从事产业链某个环节的生产活动。这种专业化的分工随着集群的发展不断细化，从而不断提高产业群的生产率。通过沿着产业链的纵向专业化分工，以及横向经济协作，实现了集群内企业与相关机构聚集在集群区域内，实现分工与专业化生产，体现出较强的专业化分工性质，具有较高的生产力，并密切配合形成集体效率。

二、创新网络

产业集群发展的高级阶段是形成集群创新网络，这已经被研究所公认。创新网络作为当代技术创新的一种具有不同尺度上的含义，在本章中，集群创新网络研究的重点是指其技术创新网络。

（一）创新网络的含义

网络概念多用于社会科学领域，现已成为一种"跨学科的比喻"。对创新网络的界定基本上完整地反映了创新网络的功能和作用。同时，创新网络可以发生在不同的尺度上，在国家尺度上一般被称为国家创新系统；在区域尺度上就被称为区域创新网络；而在微观尺度上则被称为企业创新网络。在本书中我们关注生物技术产业集群，因而我们将重点研究集群区域创新网络。

（二）产业集群技术创新网络

1. 产业集群技术创新网络的含义

随着技术进步速度的加快以及竞争的加剧等外部环境的变化，外部的联系对企业的技术创新越来越重要，这些联系形成企业的技术创新网络。技术创新网络可以视为不同的创新参与者（企业、机构和创新导向服务供应者）的协同群体，它们共同参加新产品的研究、开发、生产和销售过程，共同参与创新的开发与扩散，通过交互作用建立科学、技术、市场之间的直接和间接、互惠和灵活的关系，参与者之间的这种联系可以通过正式合约或非正式安排形成，而且网络形成的整体创新能力大于个体创新能力之和，即网络具有协同特征。

技术创新过程受许多因素影响，企业不可能完全孤立地进行创新。为了追求创新，他们不得不与其他的组织产生联系来获得发展以及交换各种知识、信息和其他资源。这些组织可能是其他的企业（如供应商、客户、竞争者），也可能是大学、研究机构、金融机构、政府部门等。通过企业的创新活动，企业与这些形形色色的组织之间建立了各种联系。这种形形色色的联系组成一个个网络，影响着技术创新。每一个影响技术创新的联系称之为一个链接，技术创新网络就是针对具体的研究对象而言，是相互有关联的链接组成的网络。

产业集群技术创新网络可以定义为：集群内各行为主体（企业、大学、科研院所、地方政府等组织及其个人）在利用各种基础设施和外部资源的基础上，通过长期正式或非正式的合作与交流所形成的相对稳定的网络系统，网络各个结点（企业、大学、研究机构、政府、中介机构等）在协同作用中结网而创新。

2. 产业集群技术创新网络的结构

产业集群技术创新网络可以分为核心网络、辅助网络和外围支撑网络三个子网络，而机构与机构、机构与个人、个人与个人之的正式与非正式交流则成为网络之间联系的桥梁。核心网络反映的是核心层次要素的联结，辅助网络反映的是辅助层次要素的联结，外围网络反映的是外围层次要素的联结。

通常来说，核心网络主要包括产业集群内的供应商、主导产业企业、相关产业企业和客户四类因素，并由这四类因素构成产业集群中技术创新网络的核心主体，它们之间通过产业价值链、竞争合作或其内部联结模式实现互动；辅助网络主要包括集群技术基础设施（如道路、港口、通信等）、大学和实验室等研究开发机构、金融机构、各种中介服务机构等。辅助网络主要为核心网络提供资源和基础设施、知识流、技术流、人力资源流、信息流等生产要素的支持；外围支撑网络由集群区域所在地的政府和区域外源（技术、资金、人才等）构成。这些因素往往是集群自身不可控的，属于集群的外围因素。外围网络主要通过不断完善辅助网络，或通过其他间接的合作方式，影响核心网络的行为和相互联结方式。

3. 产业集群技术创新网络的特征

（1）整体性

集群技术创新网络是诸要素的有机集合，不是简单相加和偶然堆积，而是各要素通过非线性相互作用构成的有机整体，存在的方式、目标、功能都表现出统一的整体性。集群区域各要素之间通过相互作用，形成网络关系。在其运行过程中，要素与网络之间、要素与环境之间以及各要素之间进行着知识、信息、资金与人才的交换，存在着有机的相互联系和相互作用，使网络呈现出单个组成要素所不具备的功能。

（2）动态性

集群技术创新网络是不断发展变化的。创新网络具有发生、形成和发展的过程，它的整体演化过程一般经历三个不同的时期，即初始期、成长期和完善期，每一时期都表现出鲜明的历史特点，整个过程又是一个由低级向高级、不成熟向成熟的过渡过程。产业集群技术创新网络是逐渐发展形成的，不是一蹴而就的，它具有自己的规律性，这种规律性为把握未来提供了重要的科学依据。另外，产业集群技术创新网络的运行过程也是动态的，是知识在网络要素之间流动、形成产业集聚和空间集聚的过程，如果要素之间知识流动不通畅，不能形成产业集聚和空间集聚，网络系统的功能就得不到有效的发挥。

（3）耗散性

产业集群技术创新网络在其自身发展变化中，通过集群内外的技术创新信息、能量和物质的交流，可以形成一个有序的过程，即技术创新的水平不断提高，区域科技经济与环境的协调发展质量不断提高。这就是集群区域技术创新网络的耗散性。

（4）自组织性

网络系统的自组织性是指网络具有能动地适应环境，并通过反馈来调控自身结构与活动，从而保持网络的稳定、平衡及其与环境一致性的自我调节能力。网络的组织化程度表现为网络整体的有机性程度，有机程度越高，其组织化程度也就越高，网络的运行就越接近于最佳状况，也就越表现出更好的整体功能。产业集群技术创新网络具有自组织性和自组织能力，其自组织行为通过创新行为主体在网络环境的刺激和约束下，不断调整要素构成和结构来实现。环境因素是促使区域创新系统自组织的外部动力，区域创新网络内部各要素之间的对立与统一是促使系统自组织的内部动力，网络的自组织正是通过网络中各行为主体充分发挥其主观能动作用而实现的。

（5）开放性

集群的形成以及竞争优势的获得，不仅有赖于区域内各行为主体之间通过频繁有序的互动，实现生产要素的交流、组织学习与知识创新及柔性制度的渗透，达到内部的有机整合，而且要求集群网络的各节点不断与区域外的网络节点发生全方位、多层次的联结，寻找新的合作伙伴，开辟新的市场，拓展区域创新空间，以获取远距离的知识和互补性资源，完成集群外部的合理联合。网络是一个开放系统，它向各种愿意与它联系的单位开放，以吸取外部有用资源并积极向外输出产品。所有的经济活动也不可能在一个独立的区域经济中集聚，网络系统中的公司、本地公司都面临着技术领先和市场共享的压力，但他们依靠彼此间的合作过程以区别于其他区域。同时，企业又要服务于全球市场，并与远距离的客商、供应商和竞争对手合作，特别是技术企业更是面向国际化。作为独立的商业单元，企业迫于竞争压力，既要完成外部技术生产的标准，又必须经常接近于本地经济的社会和技术结构，并与区外的供应商和客商合作。

第二节　生物产业集群基础分析

产业集群的形成有多种路径和原因，目前尚无定论。但可以肯定的是产业集群的形成要具备一定的基础条件，而生物技术产业集区的基础条件又有其自身特点。

一、产业集群的基础条件

集群的基础条件包括经济与社会条件，其中经济条件包括供给与需求两方面。

（一）供给条件

1. 技术可分解性

产业集群产生的第一个必要条件是集群内部企业之间的劳动分工高度化，存在大量工序型企业和中间产品交易市场。例如，浙江温州苍南县金乡镇是一个专门生产铝制标牌和徽章的专业镇。铝制品的生产，可分解成溶铝、轧铝、写字、刻模、晒板、打锤、钻孔、镀黄、点漆、穿别针、打号码等 10 多道工序。该产业集群的点漆、打锤、镀黄等工序各有上百家企业。

2. 产品差异化

产业集群产生的第二个必要条件是最终产品实现产品差异化的潜力比较大。所谓产品差异化，包括水平方向和垂直方向的产品差异化。水平方向的产品差异化是指产品在品种、规格、款式、造型、色彩、所用原材料、等级、品牌等方面的不同；垂直方向的差异化是指同种产品内在质量的不同。集群产品差异化的潜力主要体现在水平方向上，即产品差异化主要发生在产品外观形态方面，而不是在产品的实质功能和效率方面。这种产品差异化在很大程度上依靠产品的精心设计获得。高设计强度是集群产品的一个典型特征。意大利萨梭罗地区的瓷砖集群为了刺激消费需求，聘请著名设计师来设计瓷砖。因为在消费者对瓷砖的评价中，美感占 25%，造型技术占 24%，价格占 21%，品牌占 16%，设计师占 14%。产品的外观设计是瓷砖差异化的主要来源。众多的生产同类产品的企业在地理上接近，如果没有足够的产品差异化空间，这些企业彼此之间将陷入恶性价格竞争。

3. 低运输成本

产业集群产生的第三个必要条件是最终产品的低运输成本。低运输成本才能保证最终产品的可贸易性。从供给与需求相配比的要求看，产业集群采取集中生产方式，开拓占领市场只能通过贸易途径，包括国内贸易和国际贸易。如果运输成本太高，集中生产是不经济的。在讨论温州集群经济模式时，把它总结为小商品大市场。不起眼的小商品，如纽扣、徽章，之所以能够创造大市场，关键原因是小商品的运输成本非常低。从理论上讲，运输成本越低，这种商品就越具备贸易性，集群式集中生产所辐射的市场半径就越远。

4. 产业竞争环境的动态多变与速度经济性

如果竞争环境相对稳定，企业可以通过控制产品开发和生产组织的时间来换取企业在空间扩张上的灵活性，即企业对产品生产的组织在空间上可以分散进行，传统的寡头垄断行业大都属于这种情形。相反，如果企业所处的竞争环境动态多变，对产品的速度经济性要求非常高，由于协调、沟通以及信息反馈的因素，企业的生产组织必须在地理空间上相互接近，产业集群就是速度经济的象征。大量生产同类产品的中小企业聚集在一起，无论是价格竞争还是非价格竞争，都会异常激烈。一个新产品、新款式的推出，会即刻遭到同行的模仿和跟进。在集群这种竞争环境下，跑得比对手更快才能赢得市场，速度成为企业的首要竞争战略。

5. 技术创新的网络性与知识的缄默性

创新网络的目标是利用不同组织的资源和差异化的技术能力。产业集群以中小企业为主体，因为资源的限制，单个中小企业难以实现创新功能的内部化，产业集群这种产业组织形式可以把众多中小企业联合起来实现创新功能的集体内部化。集群内部劳动分工本身就是一个近距离创新网络，同类企业的聚集，有利于远距离的创新机构与集群形成技术联盟，或开展产学研合作。例如，南海金沙镇有一个专业生产小五金的中小产业集群，过去这些小企业自身缺乏模具开发能力，在镇政府的组织下和华中科技大学合作成立模具开发中心，并办起了华南五金电子商务网站。

（二）需求条件

市场需求可以给集群带来机会与创新的压力，促使企业更早察觉和理解市场上新的需求并作出积极的响应，使企业能够提前获得其他竞争者无可比拟的竞争优势。荷兰之所以能够成为世界闻名的花卉产业集群，得益于该国传统上对花卉的巨大需求偏好；中国山东苍山的大蒜集群也与当地人爱吃大蒜是分不开的；美国加州硅谷产业集群与美国一直注重对高科技的投入、军工企业对 IT 产业需求强烈直接关联；意大利的皮鞋、箱包、陶瓷等传统产业集群，与该国一直有家庭经营传统，注重手工艺，对传统工艺产品需求旺盛密切相关。需求因素一般作为一个触发因素，刺激某一产业在一个特殊地域诞生，如果再加上其他合适的条件，如宏观政策、人才等，产业集群就能够异乎寻常地成长起来。

（三）社会条件

产业集群是一个社会经济概念。丰富的社会资本与文化资本使产业集群内部的经济关系具有较强的根植性。运行良好的集群往往存在共同的文化传统、行为规则与价值观，这种社会文化环境氛围促使集群的内部形成一种相互信赖关系，大大减少了交易费用，使企业家之间的协调与沟通容易进行，企业之间的分工生产得以实现。产业集群还拥有共同的历史或某种传统。例如，我国目前产业集群发展最快的省份是浙江，而浙江产业集群的快速发展归功于浙江悠久的历史与源远流长的文化，以及浙江人前仆后继的创业精神。

机遇等偶然因素在产业集群的形成过程中也发挥着一定作用，许多产业集群的最初产生都是由一些偶然因素诱发的。东莞 IT 产业集群的诞生是因为东莞市政府抓住了 20 世纪 90 年代初中国台湾地区 IT 产业成本压力增大，需要实施产业转移的机遇；而河北清河羊绒产业基地的形成则是因为清河县羊绒行业的创始人戴子禄到内蒙古采购时，偶然发现了从羊绒厂里当垃圾的边角废料"毛球"中可以提取出羊绒，于是引发了清河县梳绒手工作坊的兴起。

二、生物技术产业集群的基础条件

生物技术产业集群总体上符合集群产生的基础条件，此外还有自身的一些特殊条件，某些条件与一般意义上的集群条件还存在本质差异。通过对国内外典型集群的分析，结合前人的研究以及我们的理论分析，我们认为如下因素对生物技术产业集群的形成是关键性的。

（一）强大的科学基础

如前所述，现代生物技术是一种基于科学的商业。前沿科学（包括基础研究、应用研究和试验发展各环节）、学术企业家及研究活动的临界质量为建立生物技术集群创造可能性。英国有世界级的科学基础，而在生物科学的许多领域内的力量特别强，因此才形成了围绕伦敦地区的生物技术产业集群。美国旧金山"基因谷"、波士顿"基因城"、印度班加罗尔等的情况同样如此。

（二）创业文化

生物技术研发面临极高的失败率和巨大的风险，生物技术产业的发展归功于大学等科研机构在创业和商业方面的努力，而创业精神、创业文化，特别是容忍失败、崇尚英雄的文化在这一过程中是极其关键的，这种文化对集群的产生也是必不可少的。

（三）日益加强的企业基础

集群的产生需要茁壮成长的新办企业和比较成熟的公司，它们既是集群的形成基础，又可以作为后来者创业的榜样而促进集群发展壮大。当然，其中一个关键的挑战是，如何将科学基础和科学成果转移到新办生物技术企业中，并支持这些企业发展。这可能需要创业文化的支持，同时也需要资金、基础设施以及强大的政策支持。

（四）吸引关键人才的能力

如我们在生物技术企业关键成功要素分析中所述，生物技术企业对人才的需求具有特殊性，既需要大量的高水平研发人才，同时也需要具有特殊管理才能的管理人才。生物技术公司必须能够从国内外、从大学、从大公司吸引到优秀的管理和科学人才。而通过提供智力和商业宣传，以及为合伙人和职业发展提供一系列就业机会，集群可以帮助吸引人才。生活质量、自然风景区等都会对个人作出在何处工作的决定起作用，分享股权等激励措施对吸引优秀人才也举足轻重。

（五）资金的易得性

生物技术公司往往要长期依靠金融界的支持，这点我们在前文中已经反复提及。集群的融资条件是生物技术产业集群产生的重要基础，生物技术公司和投资者在集群内相互为邻是有价值的，是企业获得资金的重要保证。

（六）房产和基础设施

生物技术产业的主体——小型的专家型生物技术公司很多都是"壳公司"，尤其在创业早期更是如此。公司很少拥有实物资产，当然在创业初期不会有房产，更不要想会有足够的资金去建设基础设施。想一想基因泰克创建之初需要租用大学的实验室和设备就可以明了这种特点。生物技术公司需要根据租赁安排获得专用房产，这种安排要十分灵活，能满足它们变化着的需要。如果需要的地方得不到实验室房产，或者没有提供充分满足公司需要的项目和条件，那么产生生物技术集群的难度就会比较大。

（七）商业支持服务和大公司

很多小型生物技术企业（专家型公司）自身的企业能力都存在不足和缺失，与专利代理人、律师、招聘和财产顾问等商业专门服务接近给集群内的公司带来重大实惠。与相关产业（制药、食品和化学）的大公司接近也是一个重要的推动力，大公司可以提供管理知识、资金、合伙机会和客户等多方面服务，以推动生物技术集群发展。

（八）有效的网络

一些地区的生物技术协会为公司、研究人员及其他机构或个人聚会及交流观点和信息提供机会，并为促进本地区生物技术发展开展多种多样的活动。尽管这些生物技术协会还很年轻，但它们对公司和集群成长的支持很值得赞许，并且不容忽视。

（九）支持性政策环境

政府政策创造不出集群，集群必须靠商业推动。但是中央、地区和地方政府可以创造促进集群形成和成长的条件。中央政府有责任创造支持创新的宏观经济条件和保证法规的必要和适宜。在促进研发和商业伙伴关系形成以支持生物技术产业集群发展以及改善集群发展的环境中，地区经济发展机构能够起到主导作用。

三、国外典型生物技术产业集群的经验

明确生物技术产业集群的基础条件后，我们可以进一步了解世界各国在生物技术产业集群发展方面的经验，从而得到有益的启示。在这里，我们主要以美国的情况为例。

美国的生物技术集群主要集中在旧金山、波士顿、马里兰、圣迭戈、西雅图和北卡罗来纳。西雅图集群是后起之秀，1990年以来，新建公司数量迅速增长，在公司数量方面一直在美国前5个生物技术中心之列。波士顿集群是美国知名和成熟的集群之一，仅次于旧金山的基因谷生物技术集群，它具有成熟、成功集群的一切关键要素。

上述两个集群都是在优秀研究中心周围形成的。西雅图有华盛顿大学、华盛顿州立大学和哈钦森癌症研究中心，波士顿有麻省理工学院、

怀特希德生物医学研究所、哈佛大学、波士顿大学。世界级的研究人员成为其他科学家和相关创业活动的榜样。一个突出的例子是胡德，因为有机会专建一个新的生物信息学与基因组学研究中心，他被吸引到西雅图。在麻省理工学院，兰格教授在创建一代成功的生物技术公司中的作用，对波士顿已经强大的创业气候产生了巨大的正面作用，并使麻省理工学院更加荣耀。

美国风险资本业是世界上最发达的，它为美国生物技术产业的成功作出了重大贡献。而所谓的"敢干"精神对美国经济的成功作出了很大贡献。这种精神对集群多方面的成功是个关键。在美国，创业者们一般利用失败作为从错误中接受教训的手段。麻省理工学院创业家中心向该院工程师灌输创业精神。该院的"5万美元创业竞争"资助学生中的创业者，他们报送现实的而不是幻想的新风险企业商业计划，这些计划表现出很大的商业潜力。这项计划支持成立的公司超过了35个，总价值超过5亿美元。

国家的资金支持对美国生物技术集群的发展起到了重要作用，而美国的大学及其他公共资助的研究机构充分利用了美国对基础研究的资助。在西雅图和波士顿，技术转移工作有效地进行，而且确实成功。尤其是研究人员根据安排获准一年内有多日从事咨询和商业活动，从而对保持与外界接触起到了促进作用。

美国联邦政府和州政府的支持同样起到了重要作用。在人员、系、技术转移办公室和大学之间分配知识财产所有权、收入和股份是值得赞许的。联邦政府对生物技术产业的支持一般集中在基础研究资助和适当培训的劳动力提供方面。

另外，在美国各州有各自支持生物技术产业增长和发展的经济发展举措。这些举措包括税收刺激以及影响集群发展的专项计划和举措。

总体来看，以美国为代表的生物技术产业集群在发展过程中形成了如下典型经验。

第一，世界一流的研究机构是前提。

第二，风险投资网络是关键。

第三，新创企业是首要。专家型的生物技术企业往往代表研究成功的新方向，不断为产业集群注入新的活力。与大医药企业相比，新创生物技术企业在创造性、敏捷性和成长性方面具有突出的优势，与研究机构风格相近、趣味相投。生物医药商业化产品的最新发现，主要依赖于创造力、集中力和知识更新速度。相比之下，规模对创新能起的作用相对有限，规模是创造力起作用的结果，而不是创造力起作用的原因。

第四，龙头企业是支柱。在当前美国主要的生物技术产业集群中，都至少有一个商业化相当成功的龙头企业。硅谷有基因泰克和奇龙。圣地亚哥的龙头企业是 IDEC 医药，其与基因泰克公司合作创造了世界上第一个单克隆抗体药物 Rituxan。在把著名研究机构周围的一群新创企业转变成为一个真正的地区性生物技术产业集群方面，一个龙头企业起着关键的带头作用。

第五，巨额的联邦基础研究资助。美国 NIH 拥有的庞大联邦研究网络，支持从衰老到心脏疾病、癌症和精神疾病等各个方面的研究，保证生物技术领域研究的开放性和多样性。NIH 的经费同时资助多个研究项目，通过竞争性研究津贴的形式分发到主要大学的科学家手中。NIH 的这些资金，通过学术研究机构的渠道，使新化合物、试验性药品和研发工具源源不断地被开发出来，并授权给全国生物科技公司使用。这是生物科技集群存在于著名大学周围的原因。

第六，及时规范的立法。20 世纪 80 年代初，美国就通过了"贝赫-多尔法案"，允许研究机构将用联邦资助基金开发的产品或技术申请专利并享有收益，这对美国生物技术产业发展产生了极为深远的积极影响。这个法案的核心就是将联邦资金资助的研究成果归属权，从原来出资的联邦政府机构转移到包括公立和私立大学在内的研究机构手上。原因是生物技术商业化几乎不可能离开最了解相应技术的高技术企业家。"贝赫-多尔法案"从根本上改变了过去高技术企业家和知识产权分离的局面，大大增加了研究机构在形成知识产权、推动技术转移和商业化方面的积极性。在风险投资的帮助下，从非营利性研究机构中出来的高科技创业者将各种技术直接推向市场，研究机构直接站在产业竞争的前沿地带，产学研之间从此水乳交融。

第七，实力超群的资本市场。金融服务业是美国在世界上最具竞争优势的产业。资本市场是风险投资的主要退出渠道，对需要连续亏损多年并持续不断融资的生物技术企业发展至关重要。与欧洲的金融市场相比，美国金融市场更方便企业上市，规模更庞大，成交量更大，流动性更强，更加敏捷和能够容忍风险，资本形成非常快。美国金融市场完全暴露风险但没有太多限制，上市申请只要求企业在说明书中列出所有可能的风险。美国和欧洲前10名的生物科技企业的市值差别很大。美国有很多市值过10亿美元的生物技术上市公司可供投资者选择，而欧洲仅几家。从实际情况看，美国金融市场有力地促进了新企业家融通资本，形成一系列的新产业，如从芯片到宽带通信，再到现在的生物技术产业。

第八，"竞、合"充分的产业氛围。近年来，迫于竞争压力，大多数生物技术新创企业放弃了平台技术的开发，剥离非核心资产和业务，集中转向新药物的开发，并力求在短期内能够实现新药销售。同样，大型传统医药企业由于原有的处方药专利到期，自有的生物和基因新品开发受挫，急于寻找新产品充实其市场渠道。因此，制药企业与生物技术公司纷纷形成战略联盟。目前的趋势是由生物高新技术公司作前期的研发，当产品具有一定的发展前景时，大制药公司介入。这推动形成了生物技术产业中大企业和小企业间一种优势互补的双赢格局。

第三节　生物产业集群的形成机理

我们分析了生物技术产业集群的基础条件和国外的典型经验。但对于生物技术产业集群的产生与发展依赖于哪些推动力，在集群发展的不同阶段其动力是如何演化的，集群发展又遵循何种内在规律，与一般意义上的产业集群相比生物技术产业集群又具有哪些独有的特征等问题，还没有专门的研究，本节将对这些问题进行阐述。

一、基本界定

（一）生物技术产业集群

根据 Porter 对产业集群的经典定义，我们认为生物技术产业集群是生物技术企业及相关支撑机构在空间集聚并形成强劲、持续竞争优势的现象。为节约篇幅，在不产生歧义的情况下，本节将用"生物技术集群"代替"生物技术产业集群"。

（二）集群动力机制

集群动力机制较为公认的定义是，集群动力是驱动产业集群形成和发展的一切有利因素，在集群生命周期中表现为生成动力和发展动力。早期研究集中于集群生成动力，马歇尔、韦伯、斯科特、克鲁格曼等分别从"外部经济""区位因素""交易成本""偶然事件＋外部规模经济"等不同视角对企业或机构的地理集中现象进行了解释，杨格从"规模报酬理论"、胡佛从"集聚体"的效益等角度归纳了不同的集群生成动力，Brown 把生成动力归结为自发性作用的市场力量，具有不稳定性和偶然性。个别关于生物技术集群的研究已经隐含表达了其生成动力，但不够全面和系统。

关于集群发展动力，Porter 构建了集群竞争优势和发展动力的"钻石模型"；Swann 将集群的发展动力描述成包括产业优势、新企业进入、企业孵化增长，以及气候、基础设施、文化资本等共同作用的正反馈系统；格兰诺维特从"社会网络"对集群创新过程的影响、欧洲创新环境研究小组（GREMI）从"创新环境"与"集体学习"角度探讨了高科技产业集群的演化动力等。总体来看，已有研究普遍承认发展动力比生成动力具有更高层次的属性和更稳定的作用形式，并且一般具有相对固定的协调关系和明显的作用规则。但已有的研究却罕有专门研究生物技术集群发展动力的。

总之，已有研究将产业集群的动力要素在总体上归纳为区位要素、集聚经济、社会资本以及技术创新与扩散四种，在集群生命周期的不同阶段，分别是由一种或几种要素在起作用。本研究将遵循已有的研究框架，但重点研究对生物技术集群演化具有关键作用的特定要素及演进，以丰富这类特殊集群的理论。

（三）集群发展阶段

产业集群的发展是具有生命周期的。Tichy 根据集群在不同阶段的特征将集群发展划分为诞生、成长、成熟及衰退四个阶段，这一观点得到了广泛认可。生物技术集群的形成以科学研究突破为基础，需要一定孕育期，而生物技术产业正处于加速发展阶段，因此集群还没有出现衰退期。参照Tichy 的理论，依据当前生物技术集群发展的实际特点，本研究将其生命周期划分为孕育、诞生、成长及成熟四个典型阶段。

二、生物技术产业集群的关键动力要素

像其他产业集群一样，市场需求、区域内的创新文化在生物技术集群的整个生命周期都在发挥作用。此外，通过对五个典型集群的发展历程进行深入研究，我们发现在集群生命周期的不同阶段，分别主要依赖下述动力要素的支撑。

（一）孕育阶段

科学研究是孕育生物技术集群的初始动力，现代生命科学突破、发展、汇聚和积累，为集群诞生奠定基础。这是因为：第一，现代生物技术直接建立在现代生命科学突破特别是实验研究成果的基础之上，DNA 重组、克隆、PCR 等关键技术本质上就是以前的实验研究方法；第二，生物技术企业大都起源于科学研究，是携带科研成果的优秀科学家与风险资本结合的产物，而现代生物技术及企业的出现则是形成集群的必备条件。因此，生物技术集群大都出现在学术氛围浓厚、科学研究领先的地区。例如，现代生物技术的理论基础 DNA 双螺旋结构模型是剑桥大学的沃特森和克里克发现的，现代生物技术的核心 DNA 重组技术是加利福尼亚大学旧金山分校的博耶和斯坦福大学的科恩发明的，这两地形成了伦敦生物医药集群和旧金山"生物技术湾"。波士顿"基因城"、瑞士 BioAlps、德国 BioRwer 等

也都是学术研究发达的地方，在生命科学研究中取得了骄人成就，产生了很多诺贝尔奖得主。特别是波士顿和旧金山，集群就是在由加利福尼亚大学、斯坦福大学、加州理工学院、哈佛大学、麻省理工学院、波士顿大学、Mass 综合医院、Beth Israel Deaconess 医学中心、新英格兰医学中心等组成的全球领先的生命科学学术研究圈中得到孕育。

生物技术集群的孕育过程与科学研究之间的内在关系目前尚没有受到足够的关注。"增长极"理论认为政府干预与政策作用可以人为创造集群在特定区域的发生与发展，如印度的班加罗尔，中国的北京、上海等地的生物技术集群的形成就与政府干预密不可分。但需要指出，这些地方在各自国家的生命科学研究中具有突出优势，否则政策干预也难有明显成效，至多也就是利用土地、税收等方面的优惠和政府引导，促成企业的空间集聚，无法真正发挥集群优势。

（二）诞生阶段

在集群诞生阶段，一些新创生物技术企业围绕科研机构产生，为后续真正意义上的集群奠定基础，风险投资、科学研究、传统大企业介入和政府支持是这一阶段的主要动力来源。

第一，科学研究只是孕育集群的温床，并非一定会产生集群，生物技术集群的另一基石是风险投资，它为生物技术企业提供初创阶段充足的发展资金。学术研究发达且风险投资丰富的地方才可能会（或率先）形成生物技术集群。同时，在生物技术集群发展过程中，风险投资将一直扮演比其他集群更为关键的角色，这已被已有研究所证实。

第二，在孕育阶段起决定性作用的科学研究依然重要，原因有三：一是活跃的科研将产生大量科研成果，并与风险投资结合催生足够的生物技术企业，围绕科研机构形成空间集聚。二是现代生物技术是一个建立在坚实的学术研究之上的产业，除了前面所谈的生物技术企业的产生在很大程度上依赖于科学突破，同时还因为保证生物技术企业顺利发展的关键是"高水平、具有丰富实验室操作经验的研发人才"。科研机构（主要是大学）可为集群内的企业源源不断地提供研发人才，特别是能够在新发现的生命科学领域迅速批量生产博士和博士后。例如，BioAlps、伦敦等集群内都聚集了上万名科学家，其中三分之一是教授、博士，而美国的科研机构和生物技术企业培养和雇佣了全球 75% 以上的生命科学领域的博士。三是发达的学术研究氛围会吸引其他企业向集群靠拢，以享受技术外部性的好处。

第三，传统大企业的介入为新创生物技术企业提供进一步发展所必需的资金。对于创新周期长、资金胃口巨大的生物技术企业来说，初期的风险投资很快就会不足以支撑企业继续发展，这时将前期研发的阶段性成果向涉足现代生物技术的传统大型企业授权许可，以获得进一步发展所需的资金，是企业的普遍选择，并已经成为生物技术企业发展的一种通用模式，有的企业甚至会寻求被其他大企业控股。基因泰克、奇龙、生物基因公司等企业都曾将其拥有的专利向传统化学公司、制药公司许可授权，以获得发展资金。不过也有例外，安进最初是凭借顶级资本运作能力通过公开发行股票突破了资金瓶颈，而健赞则采用"纽带－核心"的渐进式发展路径，很好地规避了资金压力，但这两个案例在生物技术企业的发展过程中确属少数。需要指出，这些传统大企业不一定位于集群内部，他们可能在地理上与集群相隔甚远。

第四，政府的支持发挥着推动作用。一是随着集群的产生和发展，一些潜在的尖锐的制度性问题将逐步显现，比如基因工程介于基础研究与应用研究之间而带来"哈佛鼠"之类的特殊知识产权纠纷、新技术商业化的制度障碍等，这些只能由政府来解决，而且这类问题对于集群（乃至整个生物技术产业）发展具有难以估量的影响。各国都积极完善和制定与专利、生物安全、技术商业化有关的法律法规为生物技术发展创造良好的"软环境"。最典型的是美国，通过对《史蒂文森－怀德勒技术创新法》《贝赫－多尔专利和商标修正法》等的多次重大修改，以及出台处方药使用者付费法案、食品与药物现代化法案、孤儿药品法案等为生物技术商业化、企业和集群的发展铺平了道路。二是生物技术创新所需的孵化器和投资高昂的技术平台等，一般要由政府来建设，或是政府出面采取贷款、贷款担保和其他公共融资，以满足企业的设施和设备购买需求。美国的生物技术集群都建立了专门的生物技术孵化器以及为生物技术公司服务的综合孵化器，

BioAlps 的五个大型专业孵化器也为集群的发展发挥了明显作用。三是政府通过直接投资、向民间风险投资基金注资、利用税收优惠鼓励风险投资等方式涉足生物技术投资，使新创企业比较容易获得资金。对于风险投资相对薄弱的集群而言，政府的资金支持对科学研究和企业发展具有显著推动作用。BioRiver 的发展就明显得益于德国政府的支持，即便是风险投资发达的美国、瑞士和英国，NIH、SNSF、NHS 等各类政府资助对于集群的形成都具有锦上添花的作用。四是政府的介入还具有引导作用，可以给予企业信心，促进企业集聚，这对于集群的形成和发展也很重要。

另外，中介机构在集群诞生阶段也开始发挥积极影响，生物协会、专利机构等专业化服务机构为生物技术公司提供管理经验、政策咨询、合作机会等。例如，麻省医疗设备产业理事会（MassMedic）与美国食品与药品管理局（FDA）合作，成功简化了医疗设备的审批程序。但中介机构对生物技术集群的影响与其他类型的集群相比并无特殊之处，不再详述。

（三）成长阶段

成长阶段在生物技术集群发展过程中具有承上启下的关键作用，其最重要的动力来自龙头企业的吸附力。龙头企业一般是这样形成的：少数企业由于具有更强的融资能力、更高的管理水平以及采取了"研—产—销"一体化发展战略，在研发、生产、营销等环节均衡发展，从而在众多小型生物技术企业中脱颖而出成为专家型公司。这类公司成立初期甚至只有几个人，比如基因泰克创业之初只有 5 名员工，之后成长为一体化的大型核心企业。

龙头企业除了自身具有研发能力外，更重要的是它在生物技术创新的实现过程中发挥了不可替代的作用。新创生物技术企业大都是小型的原子企业，它们研究能力出众，但一般不具备将新产品推向市场所必需的生产设施和营销网络，因而大多数专家型公司致力于专业完成现代生物技术创新链的中、前端的某些特定环节的任务，而将商业化任务交给龙头企业。常见的形式是专家型公司将自己研发的技术产品授权许可给龙头企业使用，或寻求被龙头企业兼并控股，这已成为生物技术企业的盈利模式之一。

因此，龙头企业把集聚于科研机构周围的一群专家型公司紧密吸引在一起，造成"众星拱月"的格局，使原本的"集而不群"转变为按照明确分工协作原则紧密联系的真正的集群。一旦这种格局形成并显现成效，还会创造和吸引集群进一步发展所需的关键资源，会有更多新创生物技术企业产生或被吸引进来，产业化必需的工艺、管理人才以及配套性产业也会逐步加入，从而不断强化集群的专业化分工与外部规模经济，促进集群的成长与成熟。龙头企业的产生是生物技术集群形成的重要标志，成功的生物技术集群内都拥有大型的一体化企业：波士顿有健赞、生物基因公司及全球最大生物技术企业安进；旧金山有基因泰克、奇龙以及全球最大的生物芯片企业昂飞；BioAlps 的 Serono、Medtronic，BioRiver 的 Qiagen、Amaxa，伦敦的 Immunetics、Ontogeny 等也都是世界知名的生物技术企业。

另外，龙头企业有时甚至可以通过一己之力影响集群的发展。例如，健赞建造生产线时，故意选择与波士顿的承包商合作，回避费城附近的专业工程公司，从而提高了波士顿在生物制药生产线建设和制药设备研发方面的基础和能力，推动了波士顿"基因城"的形成过程。而原本被认为更适合健赞发展的费城，其集群发展速度就大受影响。

（四）成熟阶段

生物技术集群成熟阶段的关键动力要素是龙头企业、专家型公司、科研机构之间的良性互动及其带来的正反馈机制。

龙头企业具有强大的吸附力和对集群发展的巨大影响力，但现代生物技术创新的动力和方向却是由起源于科学研究的专家型公司所主导的。与大企业相比，专家型公司在创造性、敏捷性和成长性方面具有突出优势。有些专家型公司可以成长壮大为中等规模的公司，甚至个别专家型公司可以发展成为大型的一体化核心公司，但绝大多数专家型公司选择将其研究成果许可授权给龙头企业使用，或者干脆成为龙头企业的一部分。这样二者之间形成了完美互补：专家型公司负责创新链中前端的研发，龙头企业完成后端的商业化，这使生物技术创新形成了完整的链条。只要专家型公司能够不断涌现，集群就可以保持持续创新能力。集群内专家型公司的数量很大程度上代表了集群的发展潜力，成功的生物技术集群在新创企业数量方面都具有较高的集中度。而安进、基因泰克、健赞等产业巨头近年来纷纷削减自身的研究规模，转而与一些专家型公司建立联盟或收购携带正在研发中的创新产品的公司，就是为了获取不断推动企业进步的动力和新鲜血液。

但专家型公司的产生又依赖于集群内的科研机构和龙头企业，主要源于学术性公司、龙头企业内的杰出人士自主创业以及孵化等三条主要途径。显然，如果在风险投资、政府和中介机构等的支持下，龙头企业、专家型公司、科研机构之间的良性互动形成，那么集群稳定发展的正反馈周期就开始了：龙头企业执行生物技术创新实现的任务，专家型公司不断涌现则为龙头企业提供创新技术产品或被龙头企业兼并，保证了集群的活力，学术性公司的学术渊源则促进了产业和科学间的强联系。反过来，这些成效又加强了集群的产业和科学基础，并成为吸引新的风险投资与财政科技投入、烘托创新氛围的基础。最终这种正反馈形成了自组织特性，虽然没有正式的契约关系，但集群内的企业和相关支撑机构却可以按照合理的分工，在默认的共同规则的指导下，使集群沿着既定的成功路径向前发展。

此外，我们发现生物技术集群的发展还受其他相关产业的影响，我们认为这是由于现代生物技术与其他高新技术之间表现出明显的融合趋势。现代生物技术最早被应用于制药，因而集群普遍从生物制药起步，但由于其他相关产业存在差异，最终集群的发展方向也出现分化，逐步形成自身特色。例如，旧金山信息技术发达，因而生物芯片业成为集群的特色产业，而 BioAlps 在精密仪器、化工等方面具有明显优势，因而生物农业、生物纳米技术等成为自身特色。

三、集群动力机制及演进

综上所述，我们将生物技术集群的产生和发展归结为科学研究（α1）、风险投资（α2）、传统大企业介入（α3）、政府支持（α4）、中介机构（α5）、市场需求（α6）、创新文化（α7）、相关产业支撑（α8）、龙头企业（α9）和"龙头企业＋专家型公司＋科研机构"（α10）等十个关键动力要素的作用。

下面重点研究各动力要素之间的作用关系及其演进。

依据动力要素来源不同，我们将生物技术集群的动力分为激发动力（$α1 \sim α8$）和内源动力（$α9$ 和 $α10$）。而依据要素等级的高低和集群生命周期两个维度，我们进一步将这 10 个动力要素分为生产要素和发展要素。其中生成要素是集群孕育阶段和诞生阶段的动力要素，发展要素是集群成长阶段和成熟阶段的动力要素，创新文化与市场需求作为外部背景，我们并未将它们归类。

第一，发展过程中存在三类"演进"。生物技术集群的发展实质上是在市场需求和创新文化的推动下，科学研究、风险投资、传统大企业、政府以及中介机构等外部激发动力不断耦合升华，最终形成龙头企业、专家型公司、科研机构之间的良性互动的过程，而在这一过程中同时存在"生成动力向发展动力""基本要素向高等要素""激发动力向内源动力"的三类演进，任何一类演进缺失，集群发展都会出现停滞。

第二，科学及其与产业的互动成为集群成功的关键。与其他高技术产业集群相比，生物技术集群对于科学的倚重是罕见的，科学研究不仅提供生物技术创新最宝贵的资源——人才和技术，还直接衍生创新主体——生物技术企业。因此集群内的企业与大学、科研机构的联系远高于企业间的联系，使生物技术集群表现出一种少有的以高校、科研机构等为中心的创新集群架构。重视科学研究，促进科学研究与产业互动，是构建生物技术集群的重要前提。

第三，区位作用贯穿于整个生命周期。对生物技术集群而言，区位的重要性是由科学研究、风险投资、创新文化和相关产业四个要素引起的，其作用一直贯穿于集群产生和发展的整个生命周期。换句话说，生物技术产业的集聚更多的是为了获取集聚所产生的技术外部性、丰富且快速流动的知识和信息以及共享的高级劳动力市场等。即使到了成熟期，如果失去科学研究和风险投资这两个重要基石，"龙头企业＋专家型公司＋科研机构"这一维系集群可持续发展的正反馈循环就有可能被打破，导致集群发展出现危机。

第四，政府适当介入发挥重要作用。集群发展离不开政府作用，不过对生物技术集群而言，政府介入必须是适当的：一是介入地点适当，只有那些同时具备了科学研究、风险投资和创新文化三方面基础条件的地区，政府力量才会发生显著作用；二是介入时机适当，政府力量应该主要在已经出现企业空间集聚的势头时介入，才能发挥画龙点睛的作用；三是介入方式适当，政府关键是为集群发展创造良好的软环境，特别是制度、投资、人才、中介和信息服务等方面要素的完善，而廉价土地等方面的硬环境其实对生物技术集群意义不大。

第五，必须有龙头企业作为支撑。大型龙头企业带动和引导着集群的发展，确定了集群内企业和组织间的分工协作规则，没有龙头企业，集群将停留在生成期"集而不群"的状态，无法获得进一步发展。

第六，集群进一步发展和差异化竞争优势形成依赖于相关产业支持。生物技术集群发展到成熟阶段后，信息技术、纳米技术等相关高新技术产业的支持将为集群进一步发展创造更广阔的空间，并形成各具特色的差异化竞争优势，否则可能形成集群之间的竞争同质化。因此，生物技术集群在选择区位的时候应该优先选择相关高新技术产业基础较好的地方。现代生物技术应用广泛，涉及医药、能源、环保、农业、制造等人类生活的方方面面，利用相关高新技术产业的支撑，将是生物技术集群持续创新和发展的关键。

第四节　生物产业集群的创新网络分析

一、集群持续创新网络基本界定

（一）集群持续创新

目前对集群持续创新尚无专门的定义，我们认为它是持续创新在集群创新中的推广。持续创新是一个与时间节点密切相关的概念，它是从首次创新、二次创新、三次创新设想的依次产生、技术的确认、商业化生产的循环反馈的全面运作模式。就单个企业而言，持续创新是指在相当长的时期内，持续不断地推出、实施新的创新（包括产品、工艺、组织和市场等创新）项目，并不断实现创新经济效益的过程，是企业技术范式在经过饱和极限后不断演化的过程。而可以将集群持续创新视为集群内企业持续创新过程的多种创新类型、多个创新项目的动态集成，是众多企业的持续创新路径的不断演化，是多元的创新主体（科技企业、科研机构、大学等）不断实现由"创新产生"到"外溢"再到"持续"的过程，最终促使集群形成创新的类型、规模和范围不断扩张的一种状态。集群持续创新依赖于集群的持续创新能力，而这种能力的载体是集群在特定条件下形成的持续创新网络。

（二）集群持续创新网络

创新网络是一定区域内各行为主体之间在交互作用与协作创新过程中，彼此建立起来的各种相对稳定的、能够促进创新的、正式或非正式的关系总和。集群持续创新网络与集群创新网络具有相同的性质，但又不完全相同。根据前述对集群持续创新的分析，我们认为，集群持续创新网络是集群创新网络的一种特定状态，即当集群形成持续创新能力时，集群创新网络的成员、结构和运行机制所处的那种特殊状态。

二、生物技术产业集群持续创新网络分析

通过对典型集群进行深入研究，我们发现生物技术集群在创新网络成员、网络结构以及持续创新机制等方面都具有突出的自身特征。

（一）集群创新网络主要成员

生物技术集群持续创新网络包括一般意义上的集群创新网络的成员，却具有不尽相同的特征和作用，如企业、科研机构等；同时还有一些特殊的因素在发挥关键作用，如专家型公司等。具体来说，集群创新网络的主要成员包括以下几类。

1.科研机构——能力源泉

科研机构主要指集群内的大学和公共研究机构，是网络中最核心的成

员之一，其意义和作用远比一般的集群创新网络中的科研机构要大得多。第一，现代生物技术直接建立在现代生命科学突破，特别是实验研究成果的基础之上，以基础研究为主的大学和公共研究机构是创新所必需的新知识的主要初始来源；第二，大多数生物技术企业是携带学术研究成果的杰出科学家与风险资本结合的产物，因此科研机构还是创新主体的主要来源；第三，现代生物技术创新需要大量"高水平、具有丰富实验室操作经验的研发人才"，而科研机构可为集群内的企业源源不断地提供研发人才，特别是能够在新发现的生命科学领域迅速生产博士和博士后。从这三方面的意义上说，科研机构是生物技术集群持续创新能力的源泉。

只有科研机构密集、基础研究水平高的集群，才具备形成持续创新能力的基础。

2. 专家型公司与核心公司——创新主体

一般而言，集群创新网络的核心和主体都是企业，但生物技术产业集群持续创新网络的主体却是由两类企业（专家型公司和核心公司）的紧密合作形成的，单独任何一种类型的企业都无法独自执行现代生物技术创新的任务。

生物技术创新首先需要的是新技术和新知识，而在发现新知识和创造新技术方面，专家型公司处于主导地位。但完成一项生物技术创新，仅有新知识、新技术还不够，商业化需要的管理能力、资金、生产和营销网络等资源主要掌握在核心公司手中，因而专家型公司也无法离开核心公司而独自发展。专家型公司与核心公司共同组成了创新主体，二者缺一不可。各集群在新创生物技术企业（专家型公司）数量方面都具有很高的集中度，同时又都拥有成功的大型核心公司，如波士顿有安进、健赞和生物基因公司；旧金山有基因泰克、奇龙以及全球最大的生物芯片企业昂飞；BioAlps有 Serono、Medtronic，BioRiver 有 Qiagen、Amaxa，伦敦有 Immunetics、Ontogeny 等。

3. 风险投资机构和政府——关键推动力

专家型公司是由科学转化而来的，但科学不会自动向产业转化，风险投资是推动这种转化的关键力量。不论专家型公司是来自科学研究、杰出人士自主创业，还是核心公司孵化的结果，风险投资都是专家型公司得以出现的不可或缺的关键基石。可见，区域内必须要有丰富的风险投资来支持专家型公司的产生，否则作为新技术主要提供者的专家型公司的诞生过程就可能中断，集群创新自然无法持续下去。各集群都是金融体系完善、风险投资发达的地区。

政府也为完善集群创新的制度环境、金融环境和基础设施等发挥重要作用。首先，现代生物技术的发展带来很多全新的、尖锐的制度性问题，如前述的基因工程介于基础研究与应用研究之间而带来"哈佛鼠"之类的特殊知识产权纠纷、新技术商业化的制度障碍等，这些问题只能由政府来解决；其次，创新所需的孵化器和投资高昂的技术平台等，一般要由政府来建设，或是政府出面采取贷款、贷款担保和其他公共融资，以满足企业的设施需求和设备购买需要；再次，政府通过对基础研究直接投资、向民间风险投资基金注资、利用税收优惠鼓励风险投资等方式涉足生物技术投资，使专家型公司比较容易获得资金。对于风险投资相对薄弱的集群而言，政府的资金支持对科学研究和企业发展具有显著推动作用；最后，政府的介入具有引导作用，可以给予企业信心，这对于集群创新也很重要。

4. 创新氛围——无形资源

生物技术集群所根植的创新氛围表现出与众不同的特征，简单说来包括：崇拜冒险、尊重失败和乐于合作。

生物技术创新面临极高的风险，如果没有崇拜冒险的创业精神，很难想象会有一批又一批杰出科学家义无反顾地投入到生物技术创业大潮中来，也很难想象无数风险投资家会大胆地将巨额资金投入到现代生物技术创新。

当然，现代生物技术创新的高失败率使大多数极富冒险精神的企业家成了"失败英雄"，但宽容失败、尊重失败乃至崇拜"失败英雄"的氛围，则最大限度地保证了集群创新、创业的热情和势头。再有，生物技术集群内的合作精神是十分突出的，在网络成员间不仅广泛存在各种正式合作关系，还广泛存在各类非正式合作关系，这对于各成员把握现代生命科学发展前沿、解决各类疑难问题、获取和利用市场信息、寻找和建立正式合作关系等都具有重要作用。比如在旧金山和波士顿的生物技术集群内普遍存在"咖啡厅沙龙""酒吧社交"等非正式合作和沟通方式，众多科学家在闲暇时间聚在一起，信息快速流通和扩散，使很多在公司内无法解决的技术问题迎刃而解。这种创新氛围在成功的生物技术集群内普遍存在，尤以美国的生物技术集群所拥有的崇拜冒险、尊重"失败英雄"的特质最为突出，集群成员无时无刻不受到这种氛围的熏陶和感染，极大促进了集群创新的蓬勃发展。

5. 中介和专业孵化器——配套资源

中介机构对生物技术集群持续创新也具有积极影响。生物协会、专利机构等专业化服务机构为生物技术公司提供管理经验、政策咨询、合作机会等。例如，麻省医疗设备产业理事会与美国食品与药品管理局的合作，就成功简化了医疗设备的审批程序，为波士顿"基因城"的生物医疗创新铺平了道路。同时，专业的生物技术孵化器对于专家型公司的发展具有重要支持作用。例如，美国的生物技术集群都建立了专门的生物技术孵化器以及为生物技术公司服务的综合孵化器，BioAlps 的五个大型专业孵化器也对集群内企业的发展发挥了明显作用。

此外，现实的市场需求、整体的技术环境等也是集群创新网络不可或缺的成员，而这与通用的集群理论是一致，亦不再重复。

（二）网络结构

"双核"是指集群创新网络具有两个核心：一个核心是由风险投资机构与科研机构之间的联系构成的，我们称之为能力核，它提供现代生物技术创新所需的新技术、新企业及研发人才，没有这个能力核，生物技术集群也就从根本上失去了持续创新能力；另一个核心是由专家型公司与核心公司构成的，我们称之为载体核。能力核是集群创新的根本动力来源，但创新的主体还是企业，不过生物技术创新是专家型公司与核心公司合作完成的。载体核与能力核二者缺一不可，而且二者之间存在密切的互动关系，能力核的存在使载体核的存在有意义，载体核的发展又会促进能力核的进一步强化，因为不论是专家型公司还是大型的核心公司都与集群内的大学、研究院所等展开广泛合作，以尽量多地掌握和接触现代生命科学的最新研究成果，这反过来又促进了科研机构研究能力的发展。例如，安进与200多所大学就基础研究展开合作，为获得麻省理工学院的研究成果，每年要付出3000万美元的研究经费；而基因泰克、奇龙等公司与多个国家的众多著名大学之间多年来一直保持着密切关系。生物技术集群创新网络这种"双核"特征与一般的集群创新网络以企业间的合作关系为核心形成了鲜明对照，我们认为这是由生物技术创新对科学研究高度依赖，以及高投入、高风险和高度不确定性的特征所决定的。

"分层"指生物技术产业集群的创新网络明显可以分为三个层次：第一层核心网络是由能力核与载体核所组成的，是集群持续创新的基础，只要这个核心网络存在并发挥作用，集群就可以具备最基本的持续创新能力；第二层是由政府支持、专业孵化器和中介机构所组成的，附着于核心网络之外，通过与核心网络内的各成员之间的联系与合作，为集群持续创新提供有力支撑；第三层是由创新空气、技术环境、市场需求和政策法规等外部要素组成，为集群持续创新提供进一步的支撑和动力。发展集群持续创新能力，首先要构筑核心网络，在此基础上，应不断发展完善第二层和第三层，以进一步提升集群持续创新的能力和水平。

（三）集群持续创新机制

从本质上讲，生物技术产业集群的持续创新机制与现代生物技术创新的可持续性原理是一致的。也即是说，生物技术集群的持续创新能力来自风险投资、科研机构、专家型公司、核心公司之间的良性互动及其所形成的正反馈机制。

宏观看来，只要专家型公司不断涌现，就可以源源不绝地创造新技术，并通过技术的授权、转让，公司并购等途径将技术提供给核心公司使用。而核心公司在完成创新实现过程的同时，又推动了专家型公司的发展：一是通过孵化或杰出人士自主创业等途径创造新的专家型公司；二是在合作过程中帮助少数专家型公司成长为核心公司；三是这种合作创新模式的成功会为整个集群树立范本，激励科学家与风险资本广泛结合，催生更多专家型公司。当然，这是有前提的，即需要集群内发达的风险投资和科研基础，通过风险投资和科学的广泛结合不断创造专家型公司。

显然，风险投资、科研机构、专家型公司、核心公司之间的良性互动一旦形成，集群创新持续发展的正反馈周期就开始了：核心公司执行生物技术创新实现的任务，不断涌现的专家型公司则为核心公司提供新技术或被核心公司兼并，保证了集群的创新活力。专家型公司的学术渊源促进了产业和科学间的强联系。反过来，这些成效又加强了集群的产业和科学基础，并成为吸引新的风险投资、政府科技投入、中介机构、烘托创新气氛的基础。最终这种正反馈形成了自组织特性，虽然没有正式的契约关系，但集群网络内的企业和相关支撑机构却可以按照合理的分工，在默认的共同规则的指导下，使集群沿着既定的成功路径向前稳定发展，促进集群创新形成可持续发展能力。

第九章 全球生物经济概览

　　理论是苍白的，实践之树常青。理论对实践有重要的指导意义，但理论往往落后于实践，在新兴的生物经济中更是如此。我们只有通过对国内外生命科学、生物技术及其产业发展状况有深入了解和透彻分析，在此基础上才能提出对今后的政策建议。

　　世界各国、各地区对促进生物经济发展各有重点不同的政策措施，但又有着共同的规律。各国的做法侧重点有所不同，这与其市场机制的完善程度有着直接关系。市场机制比较发达的国家，比如美国，其对生物产业的扶持主要集中于"技术政策"，侧重于推动技术发展，产业化进程则依靠市场去完成。而日本等亚洲国家的政府除了技术推动外，还致力于促进产学研合作、加速产业化进程。

第一节　北美主要国家

一、美国

（一）美国生物经济发展概览

　　美国一直是现代生物技术的发源地、世界生物产业的领头羊，也是全球生物技术、产业和市场的中心。基因技术公司在美国加利福尼亚州的成立，标志着一个源于生命遗传物质 DNA 研究的新兴产业的崛起。自 20 世纪 70 年代以基因重组技术和单克隆抗体技术为标志的生物技术诞生以来，美国在艾滋病研究、基因测序、克隆和干细胞研究以及人类基因组研究等领域均占据了领先地位。进入 21 世纪后，美国又率先拉开了以蛋白质和药物基因学为研究重点的后基因组时代的帷幕。美国已有 100 多种单克隆抗体投入市场，各种生物技术产品被广泛应用于医疗、工业、农业、海洋和国防等领域。

（二）美国生物经济的地位分析

有专家分析，美国生物经济的先进程度较其他先进国家，如英国、日本要先进两代。

一是从就业、收益、上市公司数量和市值上看，美国 BT 产业大幅高于欧洲，而且这一差距正在不断扩大。二是从 BT 基础研究开发投入的角度看，美国仅联邦的资金投入在 2005 年就达到 300 亿美元，约为欧洲国家投入的 10 倍、日本的 20 倍。美国通过 NIH 资助大学和研究机构，基本承担了整个 BT 产业的基础研究，从学术基础研究环节入手为整个 BT 产业的发展奠定了庞大的基础。相比之下，欧洲大多通过从已有的传统大医药企业中分拆的方式创办 BT 企业，日本早期的 BT 企业从传统的酿酒、印染企业中诞生。三是与美国差距最小的国家，其生物经济发展程度也落后两代。当世界上其他国家刚刚开始推广和应用基因工程技术时，美国已完成了从个体基因到以生物系统为研究对象的转变。今天，美国更是已提前进入了以各种前沿科技融合为标志的第三代生物科技革命。美国的 BT 产业已经与计算机技术、生物芯片技术、组合化学合成技术、纳米技术、高通量筛选技术等迅速融合，开辟了很多全新的领域。

（三）美国生物经济先进的原因分析

美国之所以处于全球生物技术产业的领先地位，与政府实施的多项政策和措施是分不开的。美国在政策层面已经形成了扶持生物技术产业发展的多层次立体体系。

第一，成立专门的组织领导机构。美国已形成扶持生物产业发展的多层次协调管理和政策体系。美国白宫、国会均设有专门的生物技术委员会，跟踪生物技术的发展，研究制定相应的财政预算、管理法规和税收政策。

联邦政府管理协调机构有食品与药物管理局（FDA）、环境保护局（EPA）等，负责制定由白宫颁布的所有生物技术政策和法规，州政府也有相应的管理部门。美国政府还对食品药物管理局（FDA）规章进行了改革，放宽了对生物技术公司的限制，不再要求新药上市前对每批药物均进行检验，新药申报表也作了简化；放宽了对农业生物技术产品的法令限制，简化了田间试验程序；放宽了转基因植物大田试验的管理条例等。

第二，资金支持。美国生物技术产业筹集资金有多种渠道，其中包括联邦拨款或资助、州政府拨款或资助、大公司出资、成立基金会、贷款、风险投资等。其中，私人机构在生物产业方面投入了大笔经费，这是美国生物产业在全球独占鳌头的主要原因。美国有实力超群的资本市场。金融服务业是美国在世界上最具竞争优势的产业。资本市场对需要连续亏损多年并持续不断融资的 BT 企业发展至关重要。与欧洲的金融市场相比，美国金融市场更方便企业上市，更加敏捷和能够容忍风险，资本形成非常快。美国金融市场完全暴露风险但没有太多限制，上市申请只要求企业在说明书中列尽所有可能的风险。美国和欧洲前 10 名生物科技企业的市值差别很大。美国有很多市值过 10 亿美元的 BT 上市公司可供投资者选择，而欧洲仅几家。美国金融市场有力地促进了新企业家融通资本形成一系列的新产业，如从芯片到宽带通信再到现在的 BT 产业。欧洲试图建立能和美国抗衡的泛欧洲资本市场，一直未能如愿。

第三，加强人才培养。美国政府鼓励产学研紧密结合，重视基础性和技术性生物技术人才的系统培养。

第四，多种优惠政策支持生物产业发展。生物医药政策主要体现于两部法案中：其一是《生物技术未来投资和扩展法案》。针对生物医药的特殊性，通过政府修改赋税制度，弥补了过去《内税法典》中关于净运营损失（NOL）的规定对生物医药产业的不公平性的对待。其二是《州政府生物技术议案》，该议案囊括了美国所有州政府的生物技术工业发展战略。这两部法案体现了偏重生物医药产业的发展、关注中小型制药企业以及注重人力资源等特点。政府利用税收优惠（如减免高技术产品投资税、高技术公司的公司税、财产税、工商税）等税制来间接刺激投资。各州政府也为生物技术等高技术产品开发提供经费补贴。

第五，法律保护。目前，美国已出台对生物技术的研发及成果产业化的支持、保护和鼓励政策，已建立了一系列的政策法律法规体系。形成了对知识产权、技术转让、技术扩散等强有力的法律保护体系。

第六，建立中介服务的网络组织。主要分为生物技术网络组织和贸易协会型的网络组织，行使生物技术交流、人才库储备、对生物医药企业的融资、生产管理的互助服务等职能，美国州政府也十分重视通过各项措施的制定来大力支持生物产业的发展，大部分至少已实施了一项生物技术产业发展计划。

从美国的政策法律对生物产业发展的作用分析，人们往往看到的只是现在或短期，实际上美国文化传统和技术创新法律政策的历史渊源才是问题的关键，创新精神是美国发挥到极致的精神财富。欧洲和日本与美国相比相对保守，如欧洲的大企业是几十年前就存在的，前几年欧洲人很少发展创新型小企业，而美国的大企业大多是近年来从小企业发展而来的，所以美国成为两种经济形态的中心，即信息经济和生物经济的时代领跑者。这是人类社会经过 5 个经济形态以来所独有的。当美国大力发展转基因产品时，欧洲还在争论之中。以英国人的绅士风度和法国的浪漫精神为代表的传统欧洲文化，在一日千里的创新科技面前很不适应。在汽车家电行业等领域日本领先美国，在生物科技基础研究和应用技术混为一体的产业化方面日本则明显落后于美国。日本企业制度一个明显的优点在于保证员工的稳定性，从另一个侧面来看这种稳定性使多数日本人多安于在一个企业干一辈子，缺乏创业精神，所以日本的风险投资多以政府为主，日本大众很少参与其中。而日本的技术路线以引进技术再创新为主，在科技含量越来越高的生物科技面前不太适应。日本的国家研发强度世界第一，但是风险投资明显不足，因此资金大大不如美国充裕，以上均为日本的传统保守文化所致。

美国成为两种新经济形态中心的一个重要手段就是依靠其先进的政策法律制度。美国在 20 世纪 80 年代初就通过了"贝赫 - 多尔法案"，允许研究机构用联邦资助基金开发的产品或技术申请专利并享有收益，对美国生物产业发展产生了深远的积极影响。相比之下，德国在 20 世纪 90 年代中期开始醒悟，出台了一系列补贴措施和一些知识产权改革；英国起步早，但产业形成速度慢；法国由于法律禁止科学家利用自己的发明在公司拥有股份，BT 产业远远落后，近年来才有措施允许科学家将自己的发明授权给公司使用以获利。

二、加拿大

加拿大从事生物产品生产的公司数和行业从业人数，以及生物产业的销售收入都名列前茅。

2019 年 5 月，加拿大发布首个国家生物经济战略《加拿大生物经济战略——利用优势实现可持续性未来》。该战略的核心目标是希望通过促进生物质和残余物的最高价值化，实现自然资源的有效管理。战略提出了制定灵活的政策法规、建立生物质供应与管理体系、建立强大的企业与价值链、建设强大的可持续生态系统等四项行动计划。战略指出，大力发展生物经济是解决塑料挑战、减少化石燃料依赖、实现农业可持续增长、创造就业机会等社会问题的重要途径，号召加拿大各级政府、学术界和工业界积极响应战略提出的建议与行动计划，加快落实，促进生物经济蓬勃发展。

第二节　欧洲主要国家

一、基本概况

（一）总体发展水平较高

欧洲是生物技术革命的重要发源地之一，如沃森与克里克的 DNA 双螺旋结构、单克隆抗体技术以及罗斯林研究所的克隆羊等。

（二）干细胞技术领域政策较宽松

英国、俄罗斯、日本、比利时、法国、德国等国在宣布禁止克隆婴儿的同时，都有限度地支持开展用于研究和医学试验的人类克隆，同时在干细胞技术领域政策也较为宽松。

（三）在转基因产品上分歧较大

早期的民意调查显示，欧洲的公众有 7 成左右反对转基因作物，但近些年态度有所改变。欧盟批准转基因马铃薯生产。这是一个突破性进展，这是继转基因玉米批准种植后，第二种转基因作物。这表明了欧盟在转基因作物上立场的转变。2019 年欧盟再度批准 10 种转基因产品在欧盟上市，欧盟对转基因产品的态度在不断改变。英国的民众和国会对转基因作物种植采取反对的态度。虽然近来英国政府从经济利益考虑态度有所松动，但英国该产业没有任何进展，英国高级官员表示对重新引进转基因作物表示支持，认为它优点很多，这不仅对英国很重要，对世界也很重要。

（四）发展速度呈加快趋势

尽管美国人领导了生物技术产业很多年，但全球新的生物技术产业中心正在欧洲地区迅速崛起。在英国，生物技术狂潮在近些年已经"孵出"数以百计的新公司。在荷兰，Qiagen 公司正成为全球领先的纯化遗传学物质（例如，蛋白质和核酸）产品的制造商；瑞典的 Pyrosequellcing 公司已成为制造自动 DNA 测序系统的技术领先者；法国科学家即将解开肥胖的遗传学秘密；德国科学家处于心血管病研究的领先位置；而印度研究者可能很快会在糖尿病方面有一个突破性进展。据预测，下一个生物技术中心可能来自慕尼黑、里约热内卢或斯德哥尔摩。

（五）政府扶持生物产业发展

欧洲生物经济得到快速发展，这与欧洲各国政府的推动作用是分不开的。第一，欧盟成立了生物技术委员会；第二，制订了高技术计划；第三，采取税收优惠政策；第四，发展风险资本支持技术创新；第五，促进生物技术人才的培养；第六，建立和完善了科技中介服务网络。

二、各国概况

（一）英国

英国是人类基因组计划的重要参与者，承担了 1/3 的测序工作。英国生物技术产业规模在全世界名列前茅，其生物技术产业规模占全球总产值的 10% 以上。英国具有积极发展生物能源和生物医药的产业政策。英国是世界生物制药的主要中心，在复合蛋白质和 DNA 技术疗法领域与处于世界领先地位的瑞士并驾齐驱。这与他们有发达的生物经济的第三产业，特别是与生产性服务业高度发展密切相关。

2017 年 11 月 27 日，英国商业、能源和工业战略部（BEIS）发布白皮书《工业战略：建设适应未来的英国》，规划了未来数十年产业发展策略，设立了 7.25 亿英镑的"产业战略挑战基金"项目，旨在通过增强研发和创新，应对人工智能、清洁增长、未来交通和老龄化社会等四项社会挑战。在该基金的支持下，2018 年 4 月，英国成立细胞与基因治疗弹射中心，支持面向临床产品制造的良好生产规范（GMP）标准开展运营，为全球先进治疗产业提供相关基础设施，加速细胞与基因产业化发展。

2018 年 9 月，英国研究与创新管理署（UKRI）下属生物技术与生物科学研究理事会（BBSRC）发布了《英国生物科学前瞻》报告。该报告是英国发展生物科学和应对粮食安全、清洁增长和健康老龄化挑战的路线图，也为 BBSRC 未来几年的优先事项和行动计划提供了指导。在此基础上，2019 年 6 月，BBSRC 发布生物科技领域《实施计划 2019》，主要围绕《英国生物科学前瞻》报告所提出的"推进生物科学前沿发展、应对战略挑战和夯实基础"三个主题制订了详细的行动计划。

2018 年 12 月，BEIS 发布首个综合性生物经济战略——《发展生物经济，改善我们的生活、强化我们的经济：2030 年国家生物经济战略》，通过对现有生物技术、能源等细分领域的相关政策、做法、标准和立法进行全面梳理和整合，明确了未来英国生物经济发展的四个主要战略目标：建立世界级的研究、开发和创新基地，最大限度地提高现有英国生物经济部门的生产力和发展潜力，为英国经济提供实际、可测量的利益，创造合适的社会和市场环境与条件。战略围绕研发投入、人力资源、基础设施、商业环境、区域发展和保障措施等6个方面，提出了15项具体行动。

（二）德国

在20世纪80年代初，德国在基因工程研究方面已处于世界前列，拥有的生物技术专利占世界生物技术专利总数的20%，仅比美国低10个百分点。在欧洲生物技术产业的发展水平仅次于英国，位居第二，而在新药研究与开发方面居欧洲第一。德国政府近年来对《基因技术法》进行了多次修订，对德国生物技术产业的发展作出了重大贡献。

2018年9月，德国政府发布《高技术战略2025》，战略提出的12项高技术发展具体任务中，有一半（6项）与生物技术相关，包括与癌症抗争（国家10年抗癌计划）、智能诊疗（数字化卫生系统）、大幅减少环境中的塑料垃圾（生产生物塑料并完善塑料循环经济）、大规模中和工业温室气体（资助开发低碳工业流程和二氧化碳循环经济）、可循环利用型经济（建立数字化经营模式）、保护生物多样性（启动物种多样性保护研究旗舰计划）。

（三）法国

法国商业模式和生物技术产业不同于欧美的生物技术产业，因为法国公司很少开发产品。大部分公司正在开发技术平台和生产过程（工艺）。法国工业部门没有进行有关法国生物技术公司数量的调查，至今尚无官方统计的数据。

2018年2月，法国发布生物经济战略《2018—2020年行动计划》，该计划将在生物经济知识传播、生物经济政策及产品宣传、配套条件完善、可持续生物资源的生产、资金资助等5个执行领域进行行动部署，加速本国生物经济快速发展。

（四）意大利

2019 年 5 月，意大利发布最新版《意大利的生物经济：为了可持续意大利的新生物经济战略》，该报告是在 2016 年发布《意大利的生物经济：连接环境、经济与社会的独特机会》的基础上，进一步强化生物经济在社会经济中的重要地位，旨在连接意大利的主要生物经济部门，创造更长、更可持续和本地化的价值链，发挥和提高意大利在促进欧洲和地中海地区经济可持续增长方面的作用和影响。

（五）俄罗斯

2018 年 2 月，俄罗斯政府出台《2018—2020 年发展生物技术和基因工程发展措施计划》，确立了扩大国内需求、推动生物技术产品开发和出口、工业技术基础现代化等 4 个发展目标，制定了发展生物医学和生物制药、农业生物技术、工业生物技术、生物能源等 9 大领域的具体措施。

（六）芬兰

芬兰分别于 2011 年发布《可持续生物经济：芬兰的潜力、挑战和机遇》报告、2014 年出台《芬兰生物经济战略》，旨在推动芬兰在生物和清洁技术等重要领域的技术进步，创造新的就业岗位，引领芬兰走向可持续、低碳和资源高效利用的新型社会。《芬兰生物经济战略》提出 4 个方面的行动计划及措施：一是为生物经济发展创造具有竞争力的良好环境；二是通过风险融资、创新实验、跨领域合作等方式，刺激新的生物经济领域的商业行为；三是通过教育、培训和研发提升生物经济的知识储备；四是保障生物质原料的供给和可持续利用。

第三节 亚洲主要国家

一、基本概况

有人预言，如果工业界和政府能够进一步开放并积极融入全球化协作，亚洲生物技术市场在 15～20 年内可与美国匹敌。虽然 20 年后的数字难以准确预测，但亚洲确实是个亟待成长的地区。

二、各国概况

（一）日本

总体来说，日本在生物技术研发方面落后于欧美国家。日本生物技术研究在某些方面也具有一定优势，如水稻基因研究、再生医疗研究、生物探测装置研究、蛋白质和糖链研究等均处于世界领先水平。此外，日本科学家在解析各种疑难病的基因和脑科学研究方面也不断取得突破性进展。日本的医药市场居世界前列，但许多畅销的药物都是由西方国家研发的。据安永公司统计，日本的生物科技文献、专利申请量分别居全球第 4 位和全球第 2 位，生物科技市场仅次于美欧。

日本政府采取了一系列的政策措施发展生物经济。

第一，科研制度创新。日本政府改革了不利于创造精神发挥的制度。如增加基础研究经费，建立能够吸引国内外独创型人才的"卓越的研究中心（COE）制度"；又如，引进科研人员任期制，打破"铁饭碗"；在研究经费分配上引进竞争机制，促进科研人才流动等。一直以来，日本的大学和学术研究机构在成果转化方面比较落后。政府颁布了一系列政策，鼓励新商业公司的成立，并鼓励大学创办新公司。政府对大学系统进行了全面改革，旨在鼓励日本的大学技术转让。这些改革措施包括对国立大学进行重组使之成为独立公司，并且不再受教育部的监管，同时大幅度削减了 85 个研究所的基金。政府基金与风险投资为新成立公司奠定基础，政府和私人投资者的资金投入和加强专利保护、大学技术转让等政策法规的出台，已经开始营造了与西方国家相似的日本风险投资氛围。近年来，成立以大学为基础的生物技术新公司是最为成功的风险投资项目。然而，由于缺乏后期研发的竞争产品，日本生物技术领域的风险投资基金下降。除了那些广为关注的成熟产品之外，日本生物技术产业的投资相对较少。

第二，政策、立法、计划引导。日本提出以信息、生物技术等产业为主导的口号。随后，日本政府制订了几十个大型计划，包括生物技术领域有脑科学研究计划、面向 21 世纪的先导性科学研究计划、生命科学研究开发基本计划、新纪元高技术开发计划等。制定了"生物产业立国"的国家战略，主要用于巩固日本生物技术基础和培养生物技术人才，同时将放松新药审查规定，建设具有国际竞争力的生物技术企业。此外，政府致力于把日本开发的生物技术运用于实际的国家和民间研究机构，并将给予强有力的支持。修订《药品事务法》加快生物药审批，日本药品和医疗器械管理部（PMDA）开始审查其药品上市审批速度。PMDA 宣布建立能够与全球同步的药物审评系统的计划。

第三，从财政、税收方面给予支持。

第四，促进产学官的联合。与其他国家不同的是，日本企业支配着生物技术研究，大部分生物技术研究设施以公司为主导，而且政府的生物技术发展战略目标始终是商业性开发研究。日本政府推出了产学合作的产业计划、促进计划、风险企业实验室计划和面向未来的研究计划。强化产学官的联合，将大学科研人员的新理论和新技术设想与企业界的科研有机结合起来，促进了科研成果的迅速转化。

第五，加强人才培养。日本改变片面追求智力教育、忽视素质教育的倾向，提倡两者的有机结合。大幅度增加大学及研究生院专修生命科学的在学人数，吸引高素质的海内外人才。

第六，促进知识产权的保护及利用。对有望取得知识产权的项目，进行战略性研究，建立有助于知识产权取得的激励机制等。过去专利只属于有发明成果的教授个人，而现在这些专利将归大学所有。专利所有权的变化可促进大学将科研成果转化为商业产品，类似于美国的 Bayh-Dole 法案。

关键的一点是，日本特别注意进入国外市场，已经在美国设立了 200 多个生物技术研究开发机构。

为弥补政府在过往生物产业需求分析、资金投入、数据管理、国际策略上的不足，2018 年 6 月，日本正式发布《生物战略 2019——面向国际共鸣的生物社区的形成》。战略明确，日本将重点发展高性能生物材料，生物塑料，可持续农业生产系统，有机废弃物和废水处理，健康护理和数字医疗，生物医药与细胞治疗，生物制造、工业与食品生物产业，生物分析、测量和实验系统，木质建筑和智能林业管理等 9 大领域。在此版本生物战略中，日本提出建立生物和数字融合的数据基础、形成吸引全球人才和投资的国际中心、区域实证研究和网络化、完善创业和投资环境、监管公共采购和标准活动、加强研发及人才培养、知识产权和遗传资源的保护、加强国际战略、伦理法律与社会问题应对等 9 项行动举措，希望通过以上的举措，"到 2030 年将日本建成为世界最先进的生物经济社会"。

（二）韩国

2019 年 5 月 22 日，韩国发布《生物健康产业创新战略》及发展愿景。该战略提出，通过生物健康产业的发展，实现"以人为本的创新增长，研发创新型新药、医疗器械和治疗技术，攻克罕见病和疑难疾病，保障国民健康"的目标。战略提出了搭建生物健康技术研发创新生态系统、推进全球水平的认可认证规范合理化、提高生物健康产业活力、支持新兴产业进入市场等 4 项行动举措。目标是到 2030 年，创新新药和医疗器械的全球市场占有率增加 3 倍，从 2018 年的 1.8% 增加至 6%；制药和医疗器械等出口额从 2018 年的 144 亿美元增长至 500 亿美元；制药、医疗器械生产和医疗服务领域创造 30 万个新的就业岗位。

（三）印度

自 20 世纪 80 年代开始，印度就将生物技术作为国家科学技术发展的优先领域。印度在动植物 DNA 重组、生物信息技术、对微生物和动物细胞的基因控制技术等方面已确立了自己的竞争地位，尤其在人类胚胎干细胞领域，印度拥有经美国国立卫生研究院鉴定的世界上仅有的 64 所培养实验室中的 10 所实验室，使印度进入世界胚胎细胞系采集最先进的十大研究中心之列。

印度生物技术产业发展如此迅速，这与政府大力支持是分不开的，其主要体现在：第一，建立生物技术发展规划。印度生物技术部组织国内和旅居国外的印度生物技术专家，对印度生物技术发展的总体目标、基本思路及各个领域中的发展重点进行探讨，形成了生物技术十年发展规划——《印度生物技术十年展望》。第二，税收优惠政策。给予从事生物技术研发的公司 15% 的免税以吸引国内外的投资者。出口型企业享有优惠政策，其中包括：可在国内保税区内销售其总产量 25% 的产品，免税进口，商品出口收入免除全部所得税，可以得到低息出口货款，出口产品免征中央货物税，用于生产出口商品的投入（原材料、中间体、元件、消耗品、零部件、包装材料等）免征海关税和中央货物税，允许企业向国外贷款等。第三，法律保障。政府对《专利法》进行修改，即对除有关人类基因的生物技术成果不授予专利权外，对一般转基因动植物可给予专利权保护。第四，建立生物技术安全体系。为保证生物技术工作者在实验室环境下的安全性，印度颁布了生物技术安全规则和关于遗传工程生物及其制品的生产、进口、利用、研究、保存和分发的条例。第五，成立专门机构负责生物技术安全。印度已经采用了一套与美国十分相似的生物技术安全体系。印度生物技术部负责组织实施印度生物技术研究和小规模田间及实验室试验的生物技术安全规则。生物技术部所属研究院所建立了生物技术安全委员会和遗传操作审查委员会。此外，印度还建立了邦级生物技术协调委员会和区级生物技术委员会。

印度是世界十大生物技术国家之一，自 20 世纪 80 年代，印度政府就开始建设多家生物技术产业园，主要分布于班加罗尔、浦那、海德拉巴、新德里、勒克瑙等地区。如今，印度的生物技术基础设施正经历从传统集群向生物科技园等专业化工业基础设施的转变，卡纳塔克邦、安得拉邦、马哈拉施特拉邦、泰米尔纳德邦和喀拉拉邦是世界级生物科技园的有力推动者。据印度生物技术领导企业协会（ABLE）称，2012 年至 2016 年期间，全印度有 3000 多名企业家建立了 1022 家生物技术初创企业。此外印度已创建了 175000 平方英尺的生物孵化空间，6 大创新生物技术集群和 1 个区域创新中心已经非常成熟。印度的生物技术产业主要由五大部分组成：生物制药、生物服务、生物农业、生物工业和生物信息学。据预测，到 2025 财年，印度的生物技术产业将从 2015 财年的 70 亿美元增加到 1000 亿美元。五大生物技术产业中，生物制药行业占据最大的份额，占总收入的 62%，其次是生物服务，占 18%，生物农业占据了 15% 的份额，生物工业和生物信息学分别占比 4% 和 1%。

第四节　拉美主要国家

一、古巴

古巴的生物技术研究起步于 20 世纪 60 年代初，至 80 年代其生物技术产业已经具有相当的规模。90 年代初，在经济十分困难的条件下，古巴政府制定实施了耗资 10 亿美元的"生物技术投资计划"，以发展生物技术与制药产业。当前，古巴在生物领域已取得了 400 多项专利，生物产品已经出口包括英国和加拿大在内的 20 多个国家。古巴生产的乙肝疫苗被世界卫生组织列入了联合国采购名单，生物产品已成为古巴最主要的外汇来源。

古巴在国家正确的理念与规划之下，由一个科技小国一跃成为生物技术大国，其成功的经验值得发展中国家借鉴。一是建立了完善的公共医疗卫生体系。国家平均每 200 人就有一名医生，为全国 1200 万人提供公费医疗。二是积极引入风险资金。古巴政府通过产品出口以及与外资合作研发等形式引入风险资金，使各生物研究机构能够取得更大的发展。三是注重教育，培养高科技人才。古巴每年有 1 万多名大学生毕业，政府还选派留学生去其他国家学习先进技术。由于政府重视人才培养，古巴有 3 万多科研人员在 220 个研究中心里工作，据估算，每 1000 名居民中有 1.8 名科学家，相当于欧盟的水平。四是加强国际合作。由于各国政策的限制，生物产品进入其他国家市场比较困难，所以古巴政府更多地采用与国外企业合作的形式，共同开发销售产品。

二、巴西

巴西政府于 20 世纪 80 年代中期制订了国家生物技术计划，用于扶持其生物技术产业的发展。巴西生物技术研究处于成长阶段，但其农业转基因技术已相当成熟。巴西是世界上第一个完成植物病原体基因测序的国家，在热带病的免疫研究和药物开发方面成绩显著，在破译和绘制人类癌细胞基因组图谱方面的世界排名仅次于美国，在克隆技术领域也跻身于世界先进行列。巴西生物质能源研究起始于 20 世纪 70 年代石油危机期间，生物乙醇产量 2006 年已达 170 亿升，有 30 亿升出口日韩美和印度、委内瑞拉等国。在 2009 年，巴西就有一半以上的汽车使用价格便宜的乙醇燃料。巴西有利的自然环境能够在保证粮食生产的同时扩大能源作物的种植。巴西政府还通过补贴、设置配额以及价格和行政干预等手段鼓励民众使用乙醇燃料，在人口超过 1500 人的城镇中，加油站必须安装乙醇混合燃料加油泵，汽油中添加乙醇燃料的比例以法律形式确定，不执行者会被处罚。

巴西在促进其生物经济发展方面，主要采取的政策措施有：第一，制定优惠政策。包括在税收、贷款等各方面加大扶持力度。如对高科技企业减征所得税、工业产品税、技术出口关税和国内技术转让技术服务税，免征科技开发所需机械设备及仪器进口税等。同时，对高技术企业的贷款利息比其他企业低 5%～20%，贷款回收期比其他企业长 4～5 年。第二，鼓励科研单位、学校与企业的联合，加快科研成果的转化。第三，通过推动生产部门对科技发展的投入、参与国际合作、在国际市场上筹集经费等手段，实现国家科研开发经费的多样化。第四，培养和发展专业人才，鼓励知识创新。

第十章　我国生物经济发展概况

第一节　我国生物产业现状

一、我国生物产业发展现状

（一）产业总体发展规模方面

根据科学技术部社会发展科技司和中国生物技术发展中心的研究报告，"十二五"以来，中国生物产业复合增长率达到 15% 以上，2015 年产业规模超过 3.5 万亿元，预期 2021 年产业规模将达到 8 万亿～ 10 万亿元，其产业增加值占国内生产总值（GDP）的比重将超过 4%。由此可见，我国生物产业呈现高速增长趋势，并且在推动我国经济增长方面发挥着越来越重要的作用。

（二）生物领域基础研究发展方面

中国在生物技术和生命科学等基础研究领域的专利申请数量位居世界前列。2018 年中国在生命科学领域发表论文 120537 篇，数量仅次于美国，位居世界第 2；中国在生命科学领域发表论文数量占全球的比例从 2009 年的 6.56%，提高到 2018 年的 18.07%。截至 2017 年，我国生物领域科学研究与开发机构的研究课题数量为 11187 个，2017 年研究课题数量较 2012 年增长了 63%，且以 10% 的年均增速不断增长。以上情况反映了我国在生物领域基础科学研究方面取得了较大进步，也显示出我国对发展生物领域基础科学研究的高度重视。

（三）生物产业进出口贸易方面

我国生物产业出口额稳中求进，进出口主要产品类型有所不同。出口商品主要包括维生素 C、抗菌素（制剂除外）、中式成药等；进口主要产品有抗菌素（包括制剂）等。2018 年，我国出口维生素 C14.5 万吨，金额为54.8 亿元；抗菌素（制剂除外）8.1 万吨，金额为 229.6 亿元；中式成药 1.1万吨，金额为 17.3 亿元。2018 年，我国进口抗菌素制剂 1.34 万吨，比上一年增长 14%；金额为 126.0 亿元，比上一年增长 21.7%。进口抗菌素（制剂除外）1000 吨，比上一年增长 38.2%；金额为 31.9 亿元，远低于出口量。

根据 2012—2018 年我国生物技术高技术产品进出口贸易额数据，除2016 年我国生物技术高技术产品出口小幅衰退外，其余年份的进出口贸易额均呈逐年略有上涨的趋势。其中，2018 年我国生物技术高技术产品出口贸易总额达 9.28 亿美元，较 2012 年增长 97%；同年，生物技术高技术产品进口贸易总额为 24.6 亿美元，较 2012 年增长 411%。自 2012 年以来，我国生物技术高技术产品进口贸易的增长明显快于出口贸易，即生物技术高技术产品贸易逆差逐年增长，其年均增速高达 134%，这凸显了我国生物产业在高技术领域较为严重的进口依赖、国际市场竞争力较弱，以及国产生物技术高技术产品缺口较大等问题。

二、我国生物产业空间特征

行业内企业的数量和生产经营情况是体现我国生物产业发展情况的重要方面。从空间分布角度看，我国生物产业高技术企业更多位于东部地区。根据中国高技术产业统计年鉴，2018 年，我国医药制造业高技术企业共计7423 家，包括生物药品制品制造企业 862 家。其中，东部地区医药制造业企业共 3222 家，中部地区 2156 家，西部地区 1530 家，东北地区 515 家。江苏以 645 家的数量位居我国省域医药制造业企业数量第 1 位，安徽、浙江、河南、广东和四川等地医药制造业企业数量相对较多。

（一）数量分布

我国生物产业上市企业数量最多的 4 个省份分别为广东、北京、浙江、江苏。从空间集聚角度来看，我国生物产业上市企业主要聚集在经济发达的省份。广东为生物产业上市企业数量最多的省份，有 52 家，占全国生物产业上市企业总数的 14.3%。其次为浙江，有 42 家上市企业，占比 8.6%。北京、江苏、山东和上海，分别有 32 家、28 家、26 家和 24 家生物产业上市企业。由此可见，我国生物产业上市公司大多集中于东南部经济较为发达地区，这凸显了我国生物产业的地区发展不平衡问题。

（二）资产分布

总资产是企业发展的物质基础，能够有效体现企业的资源配置情况，有效反映企业的生产规模，以及衡量企业在生物产业中预期的发展潜力及市场占有率。根据我国生物产业上市公司公布的财务报表来看，云南的生物产业上市企业平均资产规模领跑全国，辽宁、湖北次之。这 3 个省份的上市生物产业企业数量虽然并不多，但云南的云南白药、云天化，辽宁的辽宁成大，湖北的九州通和启迪环境 2018 年的期末资产均超过 300 亿元。从各地生物产业上市企业期末资产总额来看，广东以 5173.23 亿元位列第一，是生物产业上市企业数量和总资产均排首位的省份。而上海虽然在数量上仅位列第六，但由于平均资产值高于上市企业数量前 5 名的省份，最终上海的生物产业企业资产总额位列第二。其中，上海医药在 2018 年的期末资产总计约为 1268.8 亿元，位列我国生物产业全部上市企业资产数额之首。

第二节　我国发展生物经济的条件和基础

一、我国具有得天独厚的丰富生物资源

生物经济相对于信息经济的一个重要区别，是对资源依赖性特别强。而中国地域广阔、生物种类繁多，是世界上生物资源最丰富的国家之一。我国拥有动植物、微生物 12 万种，其中植物 3.8 万种，动物 5.4 万种，微生物 1.2 万种。目前已经收集到农作物种质资源多达几十万份，建立了全

球保有量最大的农作物种质资源库，收集了多个家系人类遗传资源。这些丰富的生物资源为我国发展生物经济奠定了基础。

二、我国具有广阔的市场前景和巨大的市场需求

我国在人口与健康、农业与食品、资源与环境保护等方面，都对生物技术产品有着巨大的需求，是世界上最大的生物技术产品消费市场之一。由于我国经济发展的空间还很大，随着居民收入水平的提高，会更加关注健康水平、生活质量，对医药品、保健品、新能源等生物技术产品有更大的需求。

三、我国具备发展生物技术的基本产业基础和技术基础

我国生物技术产业自 20 世纪 80 年代开始得到了迅速发展，已涉及医药、农业、食品、环保、轻化工、能源等领域，广义的生物产业（包括整个医药工业）的产值约为 4000 亿～5000 亿元，并形成了一批具有科技水平和生产能力的高科技企业。同时，我国近年来不断增加对生物科技的投入，目前已基本建立起政府、企业、科研机构等多渠道的生物技术研发体系，形成了一批具有国际先进水平的研究机构和生物技术。

四、我国具备发展生物经济的一定人力资源

生物产业是典型的知识密集型和技术密集型产业，该产业的发展对人力资源的要求相对较高。在过去 20 多年里，我国的高等院校培养了大约 15 万名生物技术及相关人才，每年还培养出约 6000 名生物技术专业的高校毕业生。我国具备发展生物经济的一定的人力资源储备。

第三节　我国生物经济战略综述

一、生物产业立国战略

（一）构筑具有中国特色生物产业政策体系的必要性

我国生物产业秩序尚不规范，相关产业政策缺失，构筑具有中国特色的生物产业政策体系十分必要。第一，研制重大生物产品需要 5～10 年，大规模产业化则需要更长时间。因此生物产业需要具有战略性、前瞻性的产业政策；生物经济产业制度不能落后于生物经济的发展，应及早出台相应的制度为生物经济产业扫清障碍，提供一条适合其发展的绿色通道。第二，产业政策是国家对产业发展实施干预的主要手段，其目的是促进产业健康发展。在存在市场失效的前提下，只有通过行政的、法律的、经济的措施纠正产业发展中的偏差，依靠产业政策制定的科学性和实施的有效性，才能促进生物产业健康发展。产业政策是国家（政府）为了实现一定的经济和社会目标对产业活动进行干预而制定的各种政策的总和。第三，分析我国生物产业政策现状可以发现，实行积极的产业政策，可以促进我国生物经济发展。如中国政府高度重视自身的能源安全，制定了一系列法规政策积极发展可再生能源。由于产业政策明确稳定，我国燃料乙醇产量在短短的 3 年时间就超过了整个欧盟的总和，成为继巴西、美国之后世界第三大乙醇生产国。国际上对转基因技术的一系列争论使得包括中国在内的大多数国家在制定发展这一被称为未来世纪最有潜力的产业政策时犹豫不决，导致该产业总体发展缓慢。第四，生物产业比较发达的国家一般都从国家层面对其战略地位予以肯定，为生物产业准确定位。只有准确定位，才能决定国家的投入和扶持力度，才能以此为指导制定具体措施，才能确定发展生物产业的步骤和计划，才能拓展生物产业的发展空间。

（二）我国生物经济发展战略回顾

我国政府非常重视生物经济的研发工作，2005 年就正式成立了"国家生物技术研究开发及促进产业化"领导小组，国务委员陈至立任组长，发改委、财政部、科技部、教育部、卫生部、农业部、中科院等 14 部门为成员单位。2006 年，国家发改委提出"生物经济强国战略"，制定了"生物技术发展纲要"和"生物质能源产业化方案"等。2010 年，国务院把生物产业列为国家重点发展的七大战略性新兴产业之一。2011 年 3 月，全国人大通过的《国民经济和社会发展第十二个五年规划纲要》明确指出，发展生物产业的重点应在生物医药、生物医学工程产品、生物农业、生物制造、生物质能，建立医药、重要动植物、工业微生物菌种等基因资源信息库，建设生物药物和生物医学工程产品研发与产业化基地，建设生物育种研发、试验、检测及良种繁育基地，搭建生物制造应用示范平台。正如刘清峰学者指出，我国在生物技术领域已登上了一个战略制高点。如我国是参与人类基因计划 6 个国家（美英法德日中）中唯一的一个发展中国家，完成了人类基因组 1% 的 DNA 序列的测定任务。同时，我国科学家首先完成了水稻基因组 10% 以上的测序任务，这使我国在发展中国家里处于领先地位。国家科技部原部长万钢指出，生物技术与生物经济是高科技领域的重要战略，要按照《国家中长期科学和技术发展规划纲要（2006—2020 年）》要求，使我国成为生物技术强国、生物产业大国，促进中华民族的伟大复兴。当时的发展目标是：力争到 2020 年，实现生物技术的跨越发展，推进新的科技革命，使我国生物技术研发水平位居世界先进行列。发展重点是：生命科学前沿基础研究、农业生物技术、医药生物技术、工业生物技术、能源生物技术、环境生物技术、海洋生物技术、生物能源开发与生物多样化保护、中医药、生物安全等 10 个重点领域，重点支持转基因技术、干细胞与组织工程、生物催化与转化技术等 35 类关键技术。这些措施，有利于我们把握中国经济未来发展趋势。

二、体制创新战略

（一）根据生物经济特征和成长规律，切实形成有利于加快产业发展的体制和制度

体制改革的关键是政府体制。应大力推进政府体制改革。马克思经济理论认为，生产关系要适应生产力发展要求，上层建筑要适应经济基础。诺贝尔奖得主诺斯指出，"对经济增长起决定作用的是制度因素，而非技术因素"。我国生物经济发展存在的很多问题和困难，分析其原因在很大程度上是由于体制和政策方面的因素造成的。我国正处在体制转轨时期，我们要采取有效措施解决由于体制和政策原因导致市场激励机制的失效和价格信号扭曲的问题。美国生物产业发展之所以有今天的成果，其原因不仅在于政府对生物产业的特殊政策，更重要的原因是市场经济一般都不存在产业化的障碍。完善灵活的市场经济体制为各类产业的产业化提供了制度保障。在西方国家尤其是美国，生物经济的产业化进程主要是由市场来完成的。美国发展生物产业的经验体现在，从市场分工层面看，政府扮演了有所为有所不为的引导角色。从联邦到州政府，向来都支持和扶植生物技术产业，特别是在生物研发最早期的基础研究中，会在经费上给予大力支持。在行政保护、专利法实施、研发费用抵税等方面给予企业许多的优惠，以鼓励企业创新和投入。到了产业化的过程，政府基本不介入，即使是政府研究机构的成果，历来都是转让给企业去实现，政府不介入股权投资和具体企业的运行管理。市场化造就了美国生物技术的高效运营和产出。在市场机制不完善的情况下为某些产业"开绿灯""出政策"，虽然能产生效果，但是也极易产生效率低下、重复建设、挤占资源的事倍功半的副作用。要为生物产业发展扫除障碍，提供便利的制度环境，政府的作用主要体现在两个方面：一是制度因素需要政府来加以调节，以增加市场要素的流动效率和保证其正确的流向；二是对那些有着很大外部效应和逐利性私人企业不愿投入的要素予以支持。

我国目前既不具备完善的促进一般产业发展的机制，也没有建立起有效的促进高技术产业发展的外部机制。中国生物经济能否成功的关键不是

技术，而是商业模式，没有制度与体制保障的创新是偶然的，有了制度与体制保障的创新才是可续持久的。国家要为企业创造一个平等竞争的市场和法律环境；要加快与政府职能转换相关的财政体制、政府考核评价机制的改革完善；应理顺资源价格形成机制，强化环境保护机制；加快信用体系建设、加强法律法规的建立健全，为促进分工深化细化和产业结构优化升级提供制度性保障，建立过剩产能退出机制。

（二）创新所有制结构

党的十四大确立了以公有制为主体、其他所有制经济共同发展的社会主义初级阶段的基本经济制度。根据这一原则判定，生物经济这一新兴领域的产业范围极其广泛。目前从世界各国发展的态势分析，生物企业从数量上看，绝大多数是由创新型中小企业构成，有的小型企业2～10人不等，因此，有的行业更适合私有化经营，应放宽私有经济准入门槛，允许他们向建立大型的民营生物企业发展。允许民营经济兼并重组大中型国有生物企业，国家应制定相关配套政策支持其发展。1978—2020年，我国国民经济年均9.3%增速，而个体私营经济速度达20%～30%。私有经济在国内、在全球的生物经济发展中的作用不可小觑。如人类基因组测序这么大的工程就是因为美国私人公司的介入而加快了测序进程。环境治理的私有化是当今的趋势。在废水治理中私有化正成为一种重要的影响因素和趋势。美国私有污水治理厂占5%～10%，西欧的比例达70%。私有化促进成本的降低与质量的提升，带来更好的基础设施和运行方式。

我国应该在生物产业中大力发展股份制企业，并支持私人资本在股份制企业中占主导地位。美国芝加哥大学诺贝尔经济学奖获得者罗伯特·福格尔教授曾说，截止到公元1750年，中国远远落后于西欧发达国家。探求其原因就在于西方国家做了以下两种发明并予以了实用化：第一是被称为株式会社的企业组织；第二是被称为市场经济的经济体制。

韩国经济学家宋丙洛在"全球化和知识化时代的经济学"中指出："中国能否持续发展下去，关键在于中国能够在多大规模上、多大程度上发展株式会社，以及把株式会社活动舞台的市场经济体制发展到什么程度。"

我国应更好地发展股份制经济，推动企业改制上市。西方发达国家在生物技术高新企业创建的时候，即企业处于种子资金期和风险投资期时，一般技术出资者控制 50% 以上的股权，只是随着企业规模不断变大，融资不断增多，技术拥有者才逐渐失去了绝对的控制权。我国规定，高新技术企业技术入股上限为 35%，特殊情况下可由当事人双方协商而定。我国在这个问题上存在缺陷，表现为无形资产在股权结构中处于 35% 以下。

我国生物医药产业产权结构情况分析结果表明，2007 年我国生物医药企业 504 家，国有资本占 7.13%，股份制资本最大，占 41.19%，外商资本占 28.37%；从产品销售收入看，股份制企业和外资企业占 72.6%，外资企业起点高，效益较高。国有企业销售收入所占比重较大，国企产学研相结合能力在所有体制中是最优秀的，而民营企业经营灵活、成长速度快，极具发展潜力；发展速度最快的是股份制企业，说明了体制因素对企业发展有较大的影响。

我国的科技园区规模大、数量多，但园区效益相对较低，其原因可以归结为多个方面，其中，我国科技园区的管理体制值得研究。德国的科技园区发展得比较好，产值为法国科技园区的 4 倍。德国创办科技园区的经验是政府主导、多家融资，或者是私企牵头、政府资助，还有外企独资或合资组建的科技园区。他们组建园区的运行模式为，由一家公司作为运营公司全面负责它的经营管理，园区建设的设施设备由运营公司提供建设，也可向所有权者租用。如德国比较大的科技园区——柏林高科技开发区，由 WISTA 公司负责运营管理。这个开发区下属的两个中心也是股份制公司负责管理。印度生物产业科技园都实行股份制管理，从而促进公共机构和私人经济的结合。我国在科技园区的管理上比较单一，大多是政府派出的管理机构成立园区管理委员会管理园区，实际是一个"小政府"。然而政府通过控股权的方式，实行科技园区的股份制管理是一个很好的管理模式。实行政企分开，运用市场经济规律管理科技园区可以避免"小政府"管理科技园区和开发区的弊病。在建立和管理园区方面，应该吸取美国科技园区"128 公路"的教训。在"冷战"结束后，美国政府的订单大减，这是

"128公路"衰败的外因。内因是"128公路"体制僵化，观念落后，对美国政府的依赖过大。我国的科技园区的资源丰富，如果发挥好其作用，对生物产业的贡献是不言而喻的。

（三）创新分配机制和制度创新

多元的所有制结构必然要求多元的分配机制。党在十六大上就明确了劳动、资本、技术和管理等生产要素按贡献参与分配的原则。经济体制改革要与制度创新相结合，制度创新对生物产业发展影响很大，我国有很多制度需要创新，如金融制度、信用制度等。

三、技术创新战略

生物经济时代，国家核心竞争力不在于经济规模总量，而在于经济发展活力，经济发展活力关键在于创新能力。生物产业是高度依赖创新的行业，从生物经济发展的实践看，引进外国先进技术的成本越来越高，发达国家不断加强技术出口管制，以切断发展中国家科技创新的外援。这也增加了我国自主创新的紧迫感。

（一）实施"高科技产业发展模式"实践行动，创写"中国模式"新篇章

工业革命以来，我国缺少发展高科技产业的经验。"中国模式"是社会主义与市场经济的结合体。如今国际舆论普遍认为，中国经济发展成为世界经济发展的"火车头"之一。国内外学者在否定"拉美模式""苏东模式""华盛顿共识"的同时积极研究"中国模式"。面对中国崛起，国际社会关于中国的研究如火如荼。

在近代历史上，中国曾经几次与世界科技革命的发展机遇失之交臂，技术的"跨越式"发展可以使发展中国家"后来居上"，在生物经济很多领域没有必要跟在发达国家后面一步一步走，应该抓准切入点迎头赶超，实现跨越式发展。

（二）实施"创新体系建设"行动，构筑国际一流生物技术创新体系

国家创新系统对生物经济创新作用越来越大。国家创新体系，是指在一国疆界之内有关科学技术知识在国民经济体系中循环流转的制度安排。根据国家创新体系理论，我国国家生物经济创新体系的构建目标确定为：建立生物技术产业中科学技术知识流动的良性机制，从根本上解决生物产业发展中的系统失效，集成全球生物技术，满足社会生物产品需求，形成适合中国国情和社会经济发展阶段的、以企业为核心的、由知识与技术创新相关的机构和组织构成的网络系统，其骨干主要是大型企业集团和高新技术企业及高等院校、科研机构。广义的国家创新体系还包括政府部门、教育培训机构、中介机构和起支撑作用的基础设施以及国际技术源及社会金融支持系统，应保证各种不同行为主体之间的科学技术联系和知识交流，形成各种行为主体之间的良性互动。

（三）实施"企业创新引导"行动，加速技术创新主体的转变

根据国家科技部安排，认定一批创新型企业，即产品市场占有率世界第一和技术水平国际领先的"创新型企业"；提升一批创新企业，即形成100个创新型生物技术龙头企业；培育一批具有国际竞争力的创新企业，即培育500个生物技术骨干企业。中科院在2015年制定了工业生物技术的阶段发展目标：推动50家企业产品实现升级换代，推动100项关键技术实现产业化，扶持发展5～10家产值超10亿元的大型骨干企业，扶持发展20～30个产值超1亿元的中小型企业；同时，推动30～40个研究所支持和参与企业科技创新，与企业共建50～100个联合实验室、联合研发中心或中试基地。

国家不断加大对科技重大专项的投资力度，重点支持品种研究，这是促进生物经济发展的核心。

（四）实施"科技创新引领"行动，加速原始创新

建设一批国际一流的研发平台，提高生命科学和生物技术领域基础创新能力，在生命科学前沿领域建设一批国际一流的重点实验室、国家过程

技术研究中心、国家生物信息资源中心。继续推进基因组、后基因组研究及蛋白质组研究；加强干细胞技术和治疗性克隆技术研究，大幅提高重大疾病治疗水平；加强脑和认知科学研究，在分子水平揭示人类认知的规律；加强系统生物学方面研究，在细胞、组织和器官等复杂层面揭示和利用生命规律，提升对生命现象的整体认识水平。

在"十四五"规划中，明确了"基因与生物技术"作为七大科技前沿领域攻关领域之一，"生物技术"被列入国家战略性新兴产业，其中"基因技术"为未来产业。

（五）实施"引进技术消化吸收再创新和集成创新"行动，加强自主创新

我国生物技术成果产业化能力相对较弱，工程化能力严重不足，应高度注重前端研发，更应重视技术集成创新。不断加强学习、引进技术消化吸收后的再创新工作。据有关资料，20世纪50年代，日本生产技术约落后欧美20～30年，60年代为10～15年，70年代则在大多方面基本消除与欧美的技术差距。日本追赶式经济发展战略是从技术引进开始的，主要引进美欧等国先进技术并根据企业的情况作改进，提高产品的产业化率。数据显示，日本创新资源投入具有明显的中间聚积性，而美国比较平坦。在研究成果商业化转化方面，美国远低于日本和德国，美国企业的很多发明和研究成果被日本、德国等国家所用，如彩色电视机、录像机和数控机床等。美国学者通过研究发现，美国企业只把1/3的研究开发费用于改进工艺，其余2/3用于新产品开发和老产品改进，而日本正相反。事实上工艺专长更重要，关系到如何降低成本，如何把产品变成消费品。可见美国作为发明者付出大收获小，而日本作为跟进模仿者相对比较容易，只是在技术发明和研究成果的基础上作些创新和改进就可马上转化成商品。这是日本采用技术引进、加强工艺技术研究投入而使经济快速增长的原因。2005年日本研究开发费用占GNP的比重达到3.33%，首次取代了德国居世界第一，并一直保持。美国更注重基础研究，美国研究开发费用投入高技术产业是中技术产业部门的4～25倍，比日本和其他经济合作与发展组织成员国高

得多。这与美国风险投资基金发达有很大关系，也说明了美国经济在高技产业带领下一直强于日本、欧盟的原因。

（六）实施"创新支撑保证体系建设"行动，建立完善的创新支撑保证体系

科技创新支撑保证体系是实现科技创新的前提和基础。一是需要适当的法律保障；二是需要制定创新计划和政策保障；三是需要设立专司创新的政府机构保障。一些国家为完善创新体系，对科技管理部门进行了重组。

四、知识产权、标准化战略

知识产权战略是以培育和发展国家综合竞争能力为龙头，以大幅度提高自主知识产权的数量和质量为核心，以提高知识产权保护和管理的综合能力为重点，以推动技术创新、技术扩散，提高产业技术水平为目的，以完善知识产权的法律环境、政策环境、市场环境为内容的国家层次的发展战略。知识产权的作用在于把知识要素转化为以利润等经济变量为特征的收益，它是保持持久创新动力的源泉。知识产权的法律保护已成为现代经济的主要基石之一，也是维护国家利益的战略性武器。实施知识产权战略，创造有利于生物技术成果转化和产业化的机制和环境，扶持和保护具有自主知识产权的生物产业的形成和发展，这是我国生物经济发展的根本保障，也是生物产业增强国际竞争力的决定性因素。国家立法、司法机构应当不断提高保护知识产权的立法与司法水平，全社会都应该增强知识产权保护意识。应遵循国际惯例，尊重和保护国外知识产权，通过平等互利的国际合作取得一批国外专利。实施"专利战略"，制定申报国际、国内专利的支持政策。

2006年日美欧知识产权局长会议在东京召开，正式开始研究在知识产权领域引入"相互承认制度"。

建立完善的生物技术标准体系十分重要。标准是一个国家的主权在经济领域中的延伸。技术标准的实质和核心就是技术体系中对于技术所拥有的知识产权。传统产业一般先有产品然后才有标准，而高技术产业的技术

标准先行，先有技术标准才有产业的发展，所以谁掌握了技术标准的制定权，谁就在市场竞争中占据了有利地位。要抢占价值链高端，必须加强专利等知识产权建设以保护其核心技术，并通过标准来控制整个产业，从而获得超额垄断利润。制定一批生物技术标准，可以带动有关的产业快速发展，加快技术成果的转化能力。目前主要是研制生物医药、生物农业、生物能源、生物环保、生物制造、保健食品等领域的生产技术、安全性评价、产品质量、检测技术、管理控制等关键技术标准。如欧美国家在其国内政策的基础上向国际社会推广（标识性和约束性的）生物燃料可持续标准和认证制度。欧美国家在标准研究和市场需求方面有雄厚实力，预计它们提出的可持续标准和认证制度对生物液体燃料的国际规则和长期市场格局将产生深远影响。美国联邦 RFS 计划基本认可巴西甘蔗乙醇的较高温室气体减排率，这是巴西甘蔗乙醇业积极参加美国对生物燃料（甘蔗乙醇）的可持续评价和政策研究制定的成果。早在 10 年前，雪佛龙等一大批国际石油和生物燃料企业就开始积极参与生物液体燃料可持续标准的研究制定，便于在生物燃料市场中获得先机并争取利益。

五、人才战略

当前，我国生物产业人才储备、人才培养能力和人才使用环境等均不能满足现代生物产业发展需要，据统计，我国制药企业 600 多家，其中基于基因技术的生产厂家 100 多家，约有 300 家从事基因技术药物研发的院所，从业人数 2 万～3 万人左右。截止到 2003 年，美国拥有 3000 多家生物产业公司，从业人数超过 500 万人，从事生物产业的各种工程技术、管理等高级人才约 30 万人，近些年相关从业人员进一步大幅增加。2002 年美国、欧洲、加拿大的生物技术高级人才分别是 14.3 万人、3.3 万人和 7800 人，亚洲生物技术高级人才还不到 1 万人。目前美国具备发表高水平研究论文实力的生物科学家多达上万人，其中包括华人生物学家数人。我国现在有高产出率的生物科学家人数较少，我国要发展亿万元规模的具有国际竞争力的生物产业，直接从业人数估计要超过 500 万人，其中具有博士学位的原始性创新及工程化开发人才需要 40 万～50 万人。未来 15～20 年，中国需要至少培养 3 万～4 万名高素质的优秀生物学家，4 万～5 万名生物产业工程化开发人才，1 万～2 万名各种高级管理、复合型人才，以届时满足 1 万家以上生物公司的需要。

（一）推进科技人才制度创新

要不断深化科研人事制度改革，实现从身份管理向岗位管理的转变，全面落实聘用制度，实行固定和流动相结合的岗位设置制度，以打破科研人员专业技术职务终身制为重点，实现职务聘任与岗位聘用的统一。建立人才资源的市场配置机制和生物企业人力资本形成机制。促进科技人才合理有序流动，形成政府部门宏观调控、用人单位自主选人、科技人才充分竞争、中介机构提供服务的运行格局，支持科研人员在企业、科研机构和高校之间以及东、中、西部之间自由流动；完善科研单位负责人任用制度，对有条件的单位实施院、所长面向海内外公开招聘，逐步取消科研单位院、所长的行政级别；在落实科研机构自主权的基础上，积极探索科研院所理事会制度，实行理事会决策制。

（二）完善人才激励机制

激励是人力资源管理的核心。自然资源、资本资源和信息资源只有在人力资源的作用下，才能被重新组合并转化为经济资源。基础研究的主要驱动力是科学家的求知欲和好奇心，技术创新的驱动力是人们对超额利益、效益的追求。激励理论强调要将物质激励与精神激励相结合，将外在激励与内在激励相结合，要按需激励。完善分配激励机制、人才评价标准，营造有利于生物技术优秀人才脱颖而出的机制和环境。在市场经济条件下，个人和企业都是市场的主体。能否在利益驱动下吸引人才、留住人才是生物技术企业发展的原动力。优秀科研人员和管理人员是人力资源中的精华，因此，在给予高级人才物质激励，如住房、工资和福利的同时，要尽可能提供足够的科研经费和工作重担。我国要探索和完善创业股、技术股、管理股等充分体现竞争与效率的分配形式来调动各类人才的积极性。同时，如果没有政府或社会的鼓励与支持，很少有个人甚至单个企业能承担得起技术创新的全部风险。因此，在发达国家和地区，一批"民办官助"或融合了政府资金和企业或个人投资的孵化器应运而生。这些孵化器可以说既是研究型的企业，也是企业性的研究机构，孵化器起着科研机构与企业间的桥梁作用。

（三）改革教育体制，培养既懂技术又懂管理的复合型人才

教育是使劳动力从资源变成资本的知识银行。开发人类资源，通过教育使劳动力资本化。人才是发展生物经济的第一重要资源，教育是生物经济的中心，学习将成为个人和整个组织获得发展的重要途径。

高校是国家人才培养的中心，培养了我国全部的本专科生和80%以上的研究生。我国的教育具有明显的垄断性和封闭性，对人才的培养主要是应试教育而非素质教育，这样的教育体制、教学方式和教学内容不能培育出更多的创新型人才、复合型人才。

教育部开始在北京大学、清华大学等36所高校建立"国家生命科学和技术人才培训基地"。目前，中国近百所院校及科学院系统设有398个生物类专业点，其中一级学科博士授予点95个。据统计，1996—2002年，全国共录取了1.5万名生物学及相关专业的博士研究生，依照这个培养速度，从2005年到2020年，仅能培养大约3万名生物学博士，因此要加快培养速度。

高等教育和科研活动密不可分，科研活动过程是培养科技人才的过程，没有科研活动就不是真正的高等教育。高校担负着培养科技创新人才和产出创新成果的重任。高校是国家科技创新的中心，高校是国家基础研究、高新技术研究和科技成果转化及产业化的主力军。我国高校及科研部门在基础科学知识方面具有较大的优势，但大都属准政府组织，其运作模式直接和间接地依靠政府财政拨款，自身没有创造价值的紧迫感，限制了其将技术转化为生产力的能力。美国高校普遍设有专责研究成果商业化机构，这些人员有科学、法律、商务专业知识，并大多有资深企业工作和管理经历。我国高校应该学习美国的经验，普遍建立大学科研成果商业化工作机构，做好技术提成、许可转让、股本回收、合同研发等，为大学提供资金，

为社会提供就业和经济发展服务。

（四）发展生物经济，开辟科技人员与大学生创业、就业途径

1990—2000 年，美国科学与工程就业人数年均增长率达 3.6%，是其他行业就业人数的 3 倍以上。生物产业的发展需要大量生物技术经营者、创业者的出现。日本生物产业近几年发展缓慢的原因之一就是缺少生物产业的创业者群体。政府部门除了创造良好的创业环境外，应当积极推动和构建我国的创业教育体系，在高校中开展相关的创业培训课程。

据相关数据显示，我国大学生创业失败率达 95% 以上。通过研究发现，大学生创业，从零售老板干起的居多，更多地集中在传统行业，而金融、保险、高科技行业不足 11%。根据零点公司调查，2007 年大学生创业成功率只有 0.01%。一些发达国家的高科技园区的经验值得我们学习，如美国的"128 公路"创办了半径约 8 公里的肯德尔园区，被称为"生物谷"。2000 年，这个地区有 1065 家企业由麻省理工学院的教授参与或由毕业生创办。在"128 公路"高科技园区内，有 70% 的企业是由麻省理工学院毕业生自主创办。据《电脑世界》报道，2003 年，"128 公路"创造高技术企业就业机会是"硅谷"的 2 倍。

六、资金战略

加快投融资体制创新，实现生物经济多条融资渠道。要充分发挥财政、信贷、证券三种融资方式的合力，建立国家财政稳定的投入增长机制。通过国家、地方、企业、社会多方面筹集资金，采取企业自筹、银行贷款、社会融资、利用外资等方式建立多元化、多渠道、多层次、稳定可靠的生物产业投融资体系。

（一）提高认识解放思想，汲取国际金融风暴的教训，做好我国的金融创新工作

对于国际金融风暴，应该吸取的主要经验教训是：次贷危机是价值规

律对于金融机构过度冒险的一次惩罚。美国次贷危机的根源之一是金融创新与实体经济相脱钩。迄今为止的生物科技发展的历史表明，BT 产业的成功，最终取决于金融而不是科学。加州风险资本的实力，使旧金山比波士顿在 BT 方面超前了 20 多年。要善于利用全世界看好中国而送来大量流动性资金的机会，借此来建立多层次资本市场。近些年出现的"流动性过剩"事实上反映了我国的金融不发达，吸引和利用流入资金能力不足。我国应加大金融创新力度，完善各种金融工具，丰富各种金融产品，使我国资本市场发展更活跃、更健康，满足各个经济实体需求。也应该看到，美国金融创新正面的经验是值得学习和借鉴的，要加快我国金融改革的步伐。

（二）政府加大财政投入力度

深化财税体制改革，科学扩大政府支出，加大财政扶持力度。国家和地区建立和健全生物产业专项资金、科技成果转化资金、科技平台建设资金和重点科技项目攻关资金，按照"限定投向、专款专用、确定重点、讲求效益"的原则安排使用好各专项资金，探索建立资金滚动发展机制。

（三）改善银行信贷支持，创新生物产业发展融资模式，搭建多种形式融资平台

银行的信贷支持是企业发展的主要资金来源之一。鉴于一般商业银行的局限性，为进一步改善生物产业的融资环境，政府应尝试尽快建立高新技术开发银行。对生物产业的贷款期限要长，可以提供无息、免息、低息贷款。有必要成立专门为中小企业服务、为科技创新服务的政策性银行，可以先在专门的商业银行中成立专门的业务部门。

建立健全信用保证体系，成立信用担保公司、信用评级公司，设立信用保证金，建立专门服务于科技创新的信用担保和再担保机构，大力发展风险担保业，创新社会信用体系建设，支持无形资产参加抵押担保，如专利、商标等。可试行由国家院士、知名教授担保入股，允许专利技术（或可评价的技术）在银行抵押贷款。采取"抱团增信"等方式，解决单个科技企业信用度低的不足，逐步建立起由银行、企业、政府、担保机构共同构建的风险分担机制和融资支持体系。

（四）建立完善的资本市场融资渠道

中国的创业板经过 10 年的准备和努力，于 2009 年 10 月 30 日在深圳证券交易所隆重登场，标志着我国资本市场进入了一个新的发展时期。

国家应重视建立生物企业直接融资渠道，对于发展迅速、未来盈利能力强的生物企业，国家应批准其债务融资。支持符合条件的生物企业发企业债、公司债、科技创新债、短期融资券和中期票据等。支持生物产业基地符合条件的企业进入证券公司代办系统，进行股份制转让试点。支持生物企业通过海外资本市场融资。发展技术与产权市场，完善技术服务与评估中介机构。技术与产权市场是资本市场的有效补充，可以合理地促进资本与产权的流动。

（五）建立风险投资渠道，完善风险投资机制，积极培育和大力发展创业投资业

创业投资又称风险投资，根据《创业投资企业管理暂行办法》规定，创业投资是指主要向未上市高新科技企业进行股权投资，并为之提供创业管理服务，以期获取资本增值收益。我国的风险投资处于起步阶段，风险投资大部分是 1998 年后成立的。我国有很多企业家认识到不能只靠买卖产品赚钱，买卖企业更能赚钱。2007 年我国修订《合伙法》，增加了有限合伙制度，被看作是风险投资的里程碑。据统计，2008 年全国风险投资机构增加到 464 家，投入了 769.7 亿元额度。2008 年全国风险投资管理的资金总量是 1455.7 亿元，是有统计数据以来的最高值，同比增长 30.8%。资本来源构成情况是，未上市的占 42.9%，国有独资机构和政府出资份额占了风险投资的 35.9%，其他是个人、外资、各类金融机构占有一定比例。

鼓励各种资金参与风险投资、壮大风险投资规模。国家在出资建设生物技术平台的同时，也要大力吸引境内外资金、民间资金、公司养老金等参与生物技术的开发与产业化。形成以政府投资为主导、企业投入为主体、社会投入和外资投入为主要来源的多元化投融资体系，采取股权或债务融

资等多种方式，提升创业投资能力，优先推荐生物企业列入创业投资计划。可以借鉴国外的经验，利用税收优惠政策刺激产业投资的发展。如美国的优惠政策表现为降低资本利得率和所得税抵免；英国的资本利得推迟纳税。放开对创业投资公司有限合伙制的限制，避免对创业投资的重复纳税。制定优惠政策，鼓励境内外组织和个人在我国设立创业投资机构。创业投资被形象地称为"现代经济增长的发动机"，应允许并鼓励生物企业或个人集资建立生物技术研究基金（捐款税前列支）完善税收投资抵免政策，鼓励民间投资，形成民间投资稳定增长机制。

成立科技创新保险公司，开设生物技术创新保险品种。有必要考虑尽快成立专门的科技创新保险公司，为生物技术企业提供"生物技术创新险"或生物技术各个开发阶段的"产品开发险"。

借鉴外国经验，发展我国特色风险投资业。国外风险投资公司一般有公司制、有限合伙制、信托基金公司。由于资产所有权结构不同，运作方式存在差异。

七、生物资源保护战略

生物多样性是对物种多样性、遗传多样性、生态系统多样性和景观多样性的总称。生物多样性是人类赖以生存的条件，是经济可持续发展的基础，是生态安全和粮食安全的保障。据专家研究，不加强生物多样性的保护工作，整个地球动植物种类的50%将走向灭亡。发展生物经济完全没有前人可模仿，其带来的潜在生态损失和破坏，可能会消除人类赖以生存的基础。我国的生物资源既丰富又脆弱，我国尤其应该加强生物资源保护战略。

首先，建立和健全国家生物资源的收集、整理、保藏与利用体系，其中包括细胞库、菌种库、毒种库、种质库等，并给予专项经费的支持，这是具有战略意义的基础性工作。其次，我国应当建立濒危野生动植物基因资源库，防止我国重要基因资源流入别国。同时，合理地利用和开发我国濒危野生动植物的基因资源，使我国野生动植物基因资源的保护、研究、开发和利用与世界接轨，确保我国政府在国际野生动植物基因资源的互利交换，并在市场竞争中处于主导地位。我国还应当逐步建立健全生物安全法规体系，建立危险外来入侵生物、转基因生物和重大疫病疫情的检验鉴定、监测、评价、预警及应急反应体系，建立健全生物物种资源对外输出、出入境审批与查验制度，建立生物技术产品市场准入机制。

为进一步加强我国的生物多样性保护工作，有效应对我国生物多样性保护面临的新问题、新挑战，环境保护部会同 20 多个部门和单位编制了《中国生物多样性保护战略与行动计划》(2011—2030 年)，提出了我国未来 20 年生物多样性保护总体目标、战略任务和优先行动。

八、国际化战略

生物经济涉及技术、资本、管理以及信息等相关要素的综合与集成，各个国家和地区都有自身独特的经济和科技优势，在生物技术产业化方面都具有互补性。我国要加强与世界各国的合作与交流，走国际化战略。加强与国外政府和民间的合作与交流，在合作和竞争中求发展。在"合作中竞争、竞争中合作"的国际化格局中，企业间的联合与建立战略伙伴关系越来越成为一种重要的获得竞争优势的手段。我国应该利用潜在的巨大市场的比较优势，按照国际惯例积极与大型跨国公司建立战略联盟关系，在国内合作建立合资企业，合作开发新产品，合作开拓国际市场。要鼓励和支持我国的研究机构特别是企业在国外建立联合工作站。坚持"引进来"与"走出去"相结合，充分利用两种资源、两个市场，调动中央、地方和企业多方面力量，在国际合作中明确各自的职责，共同推进。避免因国内自身协调不够，出现外方多头寻租或中方竞相压价的无序竞争局面。推动有竞争力的生物企业在境外投资设厂，支持行业中介组织设立境外生物医药产品注册和营销指导中心。扩大中药在国际市场的份额。积极参与有关国际标准的制定和修订工作，建立生物产品出口商品技术指南，完善进出口环节管理。积极主动参与关于生物燃料的国际研究、对话、政策协调谈判，加强与相关国际机构在社会环境影响评价、可持续标准和认证、国际贸易政策等方面的沟通和合作，争取并维护自身利益。

九、其他战略

（一）制定税收优惠等政策

税收政策具有财政收入和宏观经济调控两个职能，税收的激励效果一般要优于财政补贴。税收刺激是通过差别优惠对市场前景化的企业进行有效激励，不容易造成企业对政府的依赖；财政补贴主要用于高技术企业研发方面。针对生物企业制定专门的优惠政策，有利于生物产业的快速发展。

第一，对生物企业生产的国家急需的防疫用生物制品实行"零税率"政策。零税率是我国 1994 年税制改革后制定的增值税税率，实行零税率对企业来讲是非常彻底的税收优惠政策。从促进我国生物产业的发展来讲，虽然不可能全部实行零税率政策，但对其中涉及的国家急需的防疫用生物制品可以实行零税率。

第二，对生物企业可实行增值税"即征即退"税收优惠政策。对生物企业增值税实际税负超过 3% 的部分实行"即征即退"政策。生物企业实行这个政策，虽然不如"防疫用生物制品生产企业"实行零税率那样优惠，但它更具有普遍意义，应用范围也更加广泛。

第三，对生物产业率先实行消费型增值税。发达国家普遍实行消费型增值税，国家增值税由生产型改为消费型，对生物企业有利，可抓紧在生物企业试点实行。此项改革财政预计要减收超过 1200 亿元，是我国历史上单项税制改革减税力度最大的一次。

第四，所得税优惠政策。由于我国对高新技术企业实施的税收优惠主要为所得税优惠，但所得税税率偏高，可以适当降低。个人所得税方面，缺少鼓励人力资本投资的税收优惠政策。对海外人才实行一定时期（如 3 ～ 5 年）一定程度的减免政策。生物企业和生物技术项目奖励和分配给员工的股份，凡是再投入到企业生产经营的，可考虑免征个人所得税。

第五，鼓励生物企业研发投入优惠政策。国家应该在财政拨款、投资补贴、加速折旧、减免税等方面加大对生物产业的支持力度。加强税收政策和投资政策的配合。可按投资额度的一定比例抵免企业应纳所得税，也可采取再投资退税。前者是抵免已经实现的利润，后者是抵免将要实现的利润，更能体现政府鼓励导向。尤其是政府鼓励的项目，建议可以按投资额的一定比例分别冲抵后三年或后五年将要实现的利润。

第六，生物企业进口用于生物研究的试剂，应免征关税和进口环节增值税。加大对农民提供良种的补贴。

第七，整合政府资源，加大资助力度。对于产业化过程中初置成本较高、暂时难以完全从市场获取合理回报的生物产品（如完全可降解生物材料、生物能源等）予以一定补贴。

（二）优化组织管理体系，加强组织领导和统一规划，促进生物产业健康、协调、快速发展

加强领导和组织协调。生物产业发展涉及医药、能源、农业、工业、环保、服务等领域的主管部门，也涉及财政、税收、科技、商务等相关部门，为加强领导，改变目前有限的资金和资源被分割、分散的现象，建议成立国务院生物产业主管部门，统筹协调生物产业发展。我国发展生物科技及产业面临极其难得而又稍纵即逝的机遇，必须采取像当年抓"两弹一星"那样的专门措施，协调和管理我国生物产业在产学研各方面的力量。政府用设计良好的政策支持当前的生物经济发展，用灵活的政策来预见和有效应对不可预知的危机。生物经济的政策选择问题十分重要。当前，既要充分发挥市场优化配置资源的基础性作用，又要充分发挥政府对战略性新兴产业的推动作用。在政策法规、体制机制等方面营造有利于产业发展的良好环境。根据我国生物产业目前比较散、小、弱等现状，应当充分运用政府和市场两种资源配置的调节手段，盘活我国技术、设备与设施、人才等方面的存量，使各方面的优势系统有效集成。国家有关部门应对全国生物产业发展进行总体规划和协调指导，从而做到整体协调，避免多头指挥和政出多门，实现决策、协调和实施系统的统一、简便和高效。

创造良好市场秩序、规范价值规则，避免投资浪费和一哄而上的盲目

建设。规范市场秩序和投资行为，指导企业健康有序地发展。生物产业发展规划和传统产业发展规划相结合，注意不同地区发展高科技产业的局限性。中国是一个发展中大国，地区间的差异非常大。在选择战略性新兴产业、制定产业发展政策时，要充分了解不同产业发展可能带来的负面影响，趋利避害。各地要根据实际情况，选择适合发展的产业，如果选择太多，就可能没有重点。生物产业如同其他产业一样，具有区域和社会根植性。政府政策的制定应该兼顾各方利益，从而能最大限度减少因为地位不对等而产生的显性和隐性冲突，实现社会总体福利的最佳化。

加强对生物科技园区建设统一协调管理，建立监测和考核部门，制定监管办法，国家要尽快出台《关于国家生物产业基地管理的指导意见》。目前，有些地方不适合发展生物产业的条件，主要靠提供土地和优惠政策来吸引企业进园区而形成企业的空间聚集，但企业之间在业务上关联并不多，这个问题在发达国家也存在，如意大利在 20 世纪 80 年代初中期，一些地方政府不顾条件发展高科技园区。政府虽投入巨资，制定优惠政策，但至今也没产生多大作用，而意大利一些传统产业内生型形成的产业集群至今经营得很好。又比如日本政府为了发展高科技企业，发布了《高技术开发园区法》，希望高新技术与雄厚资金流入，整备地方产业基础，形成巨大的高新技术产业。但由于技术过高，与当地原有产业"级差"太大，因而难以带动周围地区"委托加工业"发展，难以带动传统产业振兴，从而使区域内产业经济变得困难。因此，如何使高技术产业融入地方传统产业并促进其更新、升级换代是非常重要的课题。由于高技术产业带来自动化，真正通过就业活化经济效果不明显，特别是大量农田土地被大量剥夺，使农林业产生退化和空洞化。尤其是政府对科技园区的投入，增加了地方财政负担，政府不能无限制的发债券，如无国家补贴将出现财政赤字等问题，日本政府对此制定了相关政策加以调整和避免。

从经验来看，医药园区从开发建设到形成规模大约要 5～10 年时间，要耗费大量财力，中国现在"药谷"数量呈现过多过滥的趋势。为保证质量，医药园区不能太多。

建立生物产业服务保障体系，促进生物经济协调发展。我国至今仍没有健全完善的生物产业发展服务体系，应下大力气建立健全生物产业的中介服务机构。生物产业的中介机构包括行业协会、政府中介、民营中介等官方机构及民间营利性和非营利性组织，为生物技术企业提供从研究开发、技术信息、技术联系、成果转化、专利申请到风险投资、管理经营、税收优待、商业化和市场开拓甚至出口援助等涵盖整个产业发展链条的无偿服务和合同性服务。另外，政府还可出资或授权给中介公司建立公共经济技术信息库，免费向企业提供服务。信息库的日常运行可由中介公司来管理。

（三）优化管理基础，加强统计工作

统计工作是经济工作的眼睛，是国家宏观管理的基础。做好统计工作，才能加强对生物产业发展形势和重大问题的预测、分析和决策。我国要尽快建立健全全国生物产业统计指标体系，这是生物产业发展中最重要的基础工作。国家统计局应该担负起这个责任，由国家统计局公布生物产业数据，改变目前由各个部门分别以报告的方式公布数据的模式。生物产业行业众多，特别是无数的小企业，要想做到不漏统和不重复统计，必须建立自己的统计标准体系。国际上也是如此，如美国医药管理部门，每年批准的药物中有很大一部分是已经上市的药物应用于新的适应症，有的是不同公司生产的相同产品。许多相同药物重复计算，造成统计上的混淆，使人误以为已批准上市的生物技术药物有几百种，造成人们想象的生物技术药物数量远远高于实际的数量。

我国有专家提出可扩大生物产业的范围，但无论怎样界定生物产业范围，对现代生物技术产品和传统生物技术产品一定要分开统计，不能混淆。否则会对各级政府的决策、政策制定造成不准确或者错误的引导。

（四）优化国民教育，举国各界同心合力，积极营造生物经济发展的良好社会环境

首先，建立与生物经济相协调的社会架构。作为一种经济形态，而不只是限于对技术经济范畴的讨论，仅对生物经济发展战略研究是不够的。除了认识生物产业的构建以外，重要的是要有一个与生物经济相协调的社

会架构。作为一个独立的经济形态，要研究人与自然的关系，同时生物经济与其他经济形态一样也表现出不同的人与人关系的特征。生物经济发展主要的挑战不仅存在于技术层面，而且更多的是存在于制度层面。无论是市场制度和非市场制度，都将受到全方位挑战。中国的市场制度与发达国家相比还存在很大缺陷，但生物经济带来的非市场制度层面的挑战更为关键。现代生物技术的应用，深刻地改变着现实的社会关系，冲击着现实社会关系背后的一系列深层的思想、理念和社会伦理道德及婚姻、家庭、亲属、继承等民事法律关系。因此对形成的新的社会关系进行法律调整十分重要，这关乎生物经济健康发展。比如人类胚胎移植会使传统家庭成员间基于血缘关系的基础和道德根基从根本上产生动摇，有的孩子可以有遗传父母、孕育父母、养育父母。克隆人因为是无性繁殖，不仅会破坏组成人类的每一位个体的唯一性，甚至会改变延续了几千年的传统家庭模式。法律应当在生物技术的发展、应用及其与传统观念的冲突之间寻找一种平衡，对于有利于人类生存、发展、和平与文明的新技术的应用抱以积极开放支持的态度，冲破传统的伦理观念与法律观念的束缚，特别是在法律理论上进行观念更新，同时又要防止滥用新技术破坏人类的和平与文明。

其次，培育和扩大生物产品市场需求。通过逐步扩大医疗保险和计划免疫等覆盖范围、规范药品政府采购方式，积极拓展生物医药应用范围。加大对农民提供良种补贴、技术培训的支持力度，以及加大对生物能源发展的扶持等措施，积极扩大生物产品的市场需求；建立财政性资金优先采购自主创新生物产品制度；加大政府采购对国内生物企业的支持力度，完善生物技术产品市场准入政策，逐步推进药品的委托生产，拥有自主知识产权的生物药品上市后，按国家有关规定纳入国家医保药物目录。

再次，优化国民教育，营造良好市场环境。专家认为，部分公众对转基因食品、转基因生物安全等知识缺乏了解，应加强生命科学和生物技术的普及教育，正确引导消费。希望媒体发挥科学知识的传播者和联系科学与大众的独特作用，引导公众对发展生物技术、增强我国自主创新能力的热情和信心。实现政府鼓励、企业崇尚、社会保护的发展创新氛围。生物技术创新及其产业的发展是一个系统工程，需要教育、法律、文化等政策与之配套，需要企业、政府及社会各方面的共同努力。中国改革开放 40 多年来，经济建设的辉煌成绩和科学技术的不断进步，使人们的生活态度、价值标准、发展理念、思想观念等发生了很大变化，对新生事物的接受程度也愈来愈快、愈来愈理性、愈来愈宽容，从而促进了很多新兴产业的发展。专家袁隆平在一个报告会上说："为消除大众对转基因抗虫水稻的安全顾虑问题，我愿意第一个吃。"2010 年的两会上，"转基因主粮"成为仅次于房价的争论焦点。针对 2009 年年底农业部首次颁发了两种水稻等安全证书，4 位全国政协委员认为无法界定转基因作物的安全风险，应该暂缓转基因水稻商品化生产。农业部从事转基因工作的专家表示转基因水稻不存在风险。

党中央、国务院从战略高度重视，为生物技术及其产业发展规划了宏伟蓝图，国家各有关部门加大支持力度。各级地方政府在推动生物技术及其产业发展方面作出了积极的努力。我国实行的社会主义市场经济制度，既有利于集中力量办大事，又能较好发挥市场机制的作用。2007 年我国整个生物产业达到了盈亏平衡。2008 年正好要趁势向上发展，却遭遇了金融危机，对整个产业发展产生一定影响。近些年随着国内经济转向高质量发展，生物产业的发展速度进一步加快。

面对国际金融危机，我们不能只是对原有经济结构的简单恢复，更重要的是依靠新的科技革命，对新的经济结构重新构建。纵观各国应对金融危机的对策，许多国家特别是发达国家都不约而同地加速生物产业的发展，这表明生物经济极有可能引领世界经济走出金融危机阴霾。

2020 年是全球经济最困难的一年，也是中国经济最为困难的一年，同时也是中国经济乃至全球经济最需要生物经济发挥作用的一年。面对百年不遇的国际经济危机，我国政府由于措施及时正确，2020 年国内生产总值达到 101.6 万亿元，增长 3.0%，财政收入 18.3 万亿，增长 -3.9%。改革开放 40 年来，经济年均增长近 9.3%，经济总量发生了飞跃性的变化。我国 2020 年国家负债率在 67% 左右，而美国国家负债率高达 122.8% 以上。我国有较强的财政调节能力。据央行统计，2021 年 5 月我国外汇储备达 3.2 万亿美元。这些都为我国发展生物经济打下了坚实的基础。2021 年的经济是极为复杂的一年。同时我们也要看到，新冠疫情引发的全球经济风暴给中国经济发展创造了机遇：中国在国际上的话语权得以提高；危机造就人民币国际化机遇；"倒逼"机制推动中国经济结构战略性调整，经济危机促进产业结构优化升级。在这个特殊时期，中国将坚定信心，力排障碍，化"危"为"机"。

2021年国家将要启动"十四五"科技战略规划研究，生物技术和产业化将是"十四五"布局的重点。21世纪将是生物科学的世纪。生物技术已成为自然科学研究的重点、国际科技竞争的焦点、国家经济发展的增长点、国家安全的关键点，生物技术为全球经济发展提供了强大的动力源泉。"十四五"时期应该是经济增长方式初步转变的实现期、和谐社会建立的关键期、体制机制改革的攻坚期，是我国工业化中期阶段向后期发展的过渡期，国家要求将生物产业培育成为高技术产业的支柱产业和国民经济的主导产业，发展中要以体制创新和技术创新为动力，以产业化、规模化、市场化为重点，以自主创新、国际合作、重点突破、聚集发展、市场导向、政府推动为原则，以实现关键技术和重要产品的研制并尽快产业化为突破口，坚持科学发展观，重点发展对国民经济和社会发展有重要影响的领域。要以我国全面建设小康社会的紧迫需要和世界生物产业发展的趋势为基础，实现生物经济又好又快的跨越式发展。

当今世界范围内，一场具有划时代意义的生命科学和生物技术所推动的新的科技革命必将推动第四次产业革命，这场新的科技革命将在农业、医药、工业、环境、能源、国家安全等方面，对人类的生产方式、生活方式乃至伦理道德等产生巨大而深远的影响、必将引起全球经济格局的深刻变化和利益格局的重大调整。

总结历史，每一次大国或强国的崛起都是以新兴主导产业的跨越发展为前提和依托，新产业革命成为发展中国家后来居上的契机。钢铁、纺织等产业的跨越式发展使英国率先进入工业化时代；电气、化工等产业的跨越发展使德国成为欧洲第一强国；汽车、半导体器件等产业使日本实现了对西方发达国家的赶超；中国生物经济战略目标是成为世界生物产业大国，主要经济指标名列世界前三位，部分领域居于国际领先地位，中国生物技术强国的战略目标逐步实现。生物产业是支撑中华民族伟大复兴的战略性产业，它将开创中华民族继农业文明领先后生物经济时代新的辉煌。中国生物技术及其产业在国际上具有比较优势和国际分工地位，技术上差距最小，但产业化差距稍大。因此，中国经济社会需要更多站在科学、技术及产业化交叉路口的人。我们生活在科技创造未来、创新引领发展的时代，需要更多的自然科学家、社会科学家、思维科学家和学者及各种专业人士为中国生物经济发展作出创造性的积极贡献。詹姆斯·瓦特就是这样的人——一个站在基础科学和技术进步十字路口的人，他发现了早期蒸汽机的缺陷并提出了解决办法。中国需要众多捕获生物技术产业化能量的人和为生物经济发展奠基开路的人。

第十一章　河北省生物经济发展现状与问题

从细分产业来看，河北省生物经济的发展主要依托生物医药产业，此外在生物能源、生物农业等领域也取得了一定进展。课题组分别从生物医药、生物能源和生物农业三个细分产业出发，对河北省生物经济发展现状进行了调查研究，并对河北省生物经济发展过程中存在的主要问题进行了分析总结。

第一节　河北省生物医药产业现状

河北省生物医药产业有过辉煌的历程，产业规模曾居全国第二位。2010 年以来，河北生物医药产业在新一轮产业技术变革和区域生物医药产业布局热潮中，逐渐失去了原有的优势地位，存在着产品升级缓慢、创新能力薄弱、人才资源流失、市场竞争力下降等突出问题。

一、河北省生物医药产业规模现状

河北省生物医药产业集中分布于石家庄国家生物产业基地，作为传统生物医药生产大省，河北省近些年大力支持省内医药产业发展，经过各级政府的不懈努力，河北省生物医药产业已经具备较大的规模，在国内已形成较强的影响力。从生物医药企业数量来看，2011 年之前省内医药企业总体发展缓慢，企业数量基本维持在 190 家左右。但 2012 年以来，省内生物医药产业迎来快速发展期，生物医药企业数量从 2011 年的 187 家快速上升至 2019 年的最高 282 家，年均增加 12 家，落户河北省的生物医药企业数量相比前期大幅增长。2020 年受疫情冲击，部分抗风险能力较弱的生物医药企业退出市场，省内总医药企业数量略微回落至 277 家。河北省生物医药企业在规模扩大的同时，市场竞争力也在明显增加。从企业利润增速来看，2011 年之前河北省生物医药企业利润增速呈逐年快速下行趋势，年均利润总额维持在 40 亿左右的低位，企业市场竞争力较弱。但 2011 年之后，河北省生物医药企业在扩大规模的同时市场竞争力出现提升，表现为企业利润总额在快速上升，且利润上升的速度要明显高于企业增加的数量。这反映出河北省生物医药企业近些年影响力的提高不仅仅靠规模，更靠自身效益。截至 2020 年，河北省生物医药企业的利润总额达到 155 亿元，创历史新高，是 2011 年利润总额的 3.6 倍，同期企业数量只是 2011 年的 1.5 倍。经过近 10 年的发展，河北省生物医药企业在不断地做大做强，省内生物医药已具备一定的产业规模。2020 年新冠疫情暴发，生物医药的重要性明显提升，公众对医药的需求也在不断增加。尽管疫情对国民经济产生重大冲击，但河北省生物医药企业的营业收入仍在逆势大幅上升，企业利润总额创新高。未来随着人民生活水平的不断提高，公众将更加重视对自身健康的投资，生物医药企业将迎来快速发展期，这也将给河北省生物医药企业带来新的发展机遇。

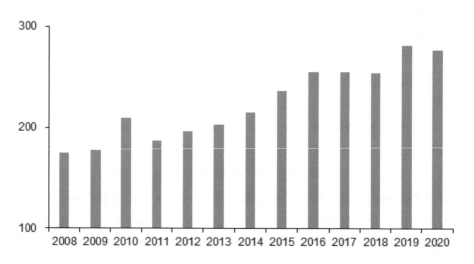

河北省生物医药企业数量变化

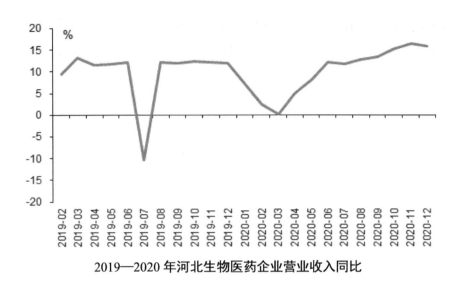

2019—2020年河北生物医药企业营业收入同比

2008—2020年河北生物医药企业利润情况

资料来源：Wind

二、产业集群现状

石家庄国家生物产业基地是2005年6月由国家发展改革委认定的首

批国家生物产业基地之一。初步建立起以生物医药为特色的生物产业体系。石家庄市是全国医药企业最集中的城市之一，是世界上重要的抗生素、半合成抗生素和维生素原料药生产基地，是全国规模最大的软胶囊、中药颗粒剂、基因工程药品、兽药产业化基地之一，先后承担了国家一类新药丁苯酞等多个国家高技术产业化示范工程项目。

产业集群内集聚了华药、石药、神威、以岭、四药等 200 余家企业，其中资产规模亿元以上的企业达 30 余家，集群内从业人员 6 万多人。

三、研发实力与创新水平

2011—2015 年石家庄市生物医药产业集群内年专利授权量由 300 项增长至 500 余项，年均增长约为 13%。集群内企业参与制定、修订国家标准 50 余个。石药集团的"恩必普（丁苯酞软胶囊）"是我国第三个拥有自主知识产权的国家一类新药，开创了中国医药企业向世界发达国家转让药品知识产权的先例，并在全球 86 个国家受到专利保护。2015 年，石家庄市生物医药产业集群获得国家发明奖 5 项、国家科学技术进步奖 19 项。

截至 2015 年年底，石家庄市生物医药产业集群建成了一批以科研攻关、成果转化、中间试验、产业化前期关键技术研究为主要功能的重点实验室、中试基地、医药生物工程技术中心和医药企业孵化中心，集中了全省 95% 以上的医药科技创新要素。创新资源的集聚促进了集群内部产学研的可持续发展，企业通过与河北工业大学、河北医科大学、河北科技大学等 20 多所高校以及众多科研院所建立技术合作关系，为新产品研发提供了强有力的技术支撑。产业集群内现有生物产业两院院士 3 人，博士 200 余人。集群内设有河北省首家诺贝尔奖工作站——乔治·斯穆特诺贝尔奖工作站。集群内建立了石家庄医疗医药产业协同创新联盟、中国药用辅料与制剂产业技术创新战略联盟等六大行业联盟。

创新资源具体包括：集群内拥有 106 家省级以上创新平台，其中国家级创新平台 8 家，分别为微生物药物国家工程研究中心、新型药物制剂与辅料国家重点实验室、抗体药物研制国家重点实验室、络病研究与创新中药国家重点试验室、石药集团有限责任公司技术中心、华北制药集团有限责任公司技术中心、石家庄以岭药业股份有限公司技术中心、神威医药科技股份有限公司技术中心。

集群内拥有多家省级以上孵化器和国家级孵化器，包括石家庄高新技术创业服务中心、石家庄市科技创新服务中心、河北方大科技有限公司、河北创业基地投资管理有限公司、石家庄高新区方亿科技企业孵化器有限公司、石家庄高新区金石孵化器有限公司等。

集群内拥有十多家院士工作站，分别为石家庄以岭药业股份有限公司院士工作站、石药集团有限公司院士工作站、石家庄臧若股份有限公司院士工作站等。

集群内建立了石家庄医疗医药产业协同创新联盟，中国药用辅料与制剂产业技术创新战略联盟，中国抗生素、微生物药物技术创新与新药创制产学研联盟，维生素产业技术创新战略联盟，中国药物技术创新及产业化战略联盟，石药集团创新药物研制产学研联盟等行业联盟。

四、重点企业与主要产品

石家庄生物医药产业集群内聚集了石药、华药、石家庄四药、神威、以岭、藏诺等一批重点骨干企业，其中石药、华药、石家庄四药、神威均为中国医药百强企业。石家庄市生物医药产业集群内药品种类多达 2200 个，截止至 2016 年年底，化学药、中药和生物技术药的比例为 7.5：2：0.5，制剂药与原料药的比例为 6：4。抗生素、半合抗生素、维生素原料药、软胶囊、中药颗粒剂、中药注射液、大输液等产品继续保持全国领先地位，化学原料药、制剂产品、输液产品占全国市场比重分别达到 45%、13% 和 20%，7 个药品的单品种销售收入超过 10 亿元。

石家庄重点企业及其主要产品总结如下。

石药控股集团有限公司始建于 1938 年，资产规模 260 亿元。石药集团作为中国特大型制药企业，位居中国制药企业百强前三，是中国十大最具创新力企业之一、世界最大的药物制剂生产基地，拥有"石药""欧意""果维康""恩必普" 4 个中国驰名商标，"中诺""阿林新"等 18 个河北省著名商标。"石药"品牌自 2004 年起连续十几年入选"中国 500 最具价值品牌"。 石药控股集团有限公司产品涵盖抗生素、维生素、心脑血管、解热镇痛、消化系统、动物用药等六大系列，β-胺类抗生素和维生素 C 是主导产品，产品销售遍布全国并且出口世界多个国家。

华北制药集团有限责任公司始建于 1953 年，资产规模 200 亿元。华药集团是中国最早、最大的抗生素和半合抗生素生产基地，连续多年获得中国制药企业自主创新能力第一名。作为国际知名品牌的"华北"牌商标，填补了中国化学制药行业驰名商标"零"品牌的空白，是福布斯中国最有价值五大工业品牌之一。2015 年，华药品牌价值高达 106.62 亿元，位居中国最具价值品牌第 236 位。华北制药集团有限责任公司主要产品包括抗生素及半合成抗生素原料类、生物技术药物、新型制剂、生物农兽药、维生素营养保健品 5 大板块，430 多个品种，产品销售遍及全国和世界 60 多个国家和地区。

神威药业集团有限公司始建于 1984 年，资产规模 150 亿元。神威药业集团是以现代中药为主业的大型综合性企业集团，主营业务涵盖了中药材种植，中成药科研、提取、生产、营销等上中下游产业链。"神威"商标为中国驰名商标，"神威"品牌为中国 500 最具价值品牌之一。神威药业集团有限公司的主导产品是现代中药注射液、软胶囊、颗粒剂类药品，销售网络覆盖全国 30 多个省、市、自治区。

石家庄以岭药业股份有限公司由中国工程院院士吴以岭于 1992 年创建，资产规模 50 多亿元。以岭药业股份有限公司是集现代中药科研、临床、教学、生产、销售与服务为一体的中国中药企业，是河北省第一家登录国内 A 股市场的中药企业，是中药现代品牌 10 强之首。石家庄以岭药业股份有限公司的通心络胶囊、参松养心胶囊、茂苗强心胶囊、连花清瘟胶囊等均为业内著名品牌，在全国范围内有着一定的市场影响力。

石家庄四药有限公司始建于 1948 年，资产规模 40 亿元。石家庄四药已经发展成为以输液制剂为主导，科、工、贸为一体的大型综合制药企业，生产规模、技术水平、品牌影响力位居国内同行业前列。石家庄四药有限公司产品以大容量注射剂、片剂、胶囊、口服液、颗粒剂为主，规格品种达百余个，产品市场占有率处全国领先水平。

石家庄藏诺生物股份有限公司始建于 2004 年，资产规模 3 亿元。石家庄藏诺生物科技有限公司是专业从事生物高新技术，藏药新药和藏药保健食品研发、生产、销售、服务的民族医药企业，是中国藏药五强企业以及河北省著名商标企业。"减诺"牌系列产品已连续 3 年蝉联中国藏药健康品第一品牌。石家庄藏诺生物科技有限公司相继开发出"藏诺牌景天红花胶囊""藏诺圣宝胶囊""藏诺虫草胶囊""藏诺参甘片""黄蒲获冬胶囊"等全国知名品牌。

五、主要园区及功能定位

石家庄市生物医药产业主要分布在高新区、经济技术开发区、深泽、栾城、赵县，重点建设"产业核心区、高端医药园、深泽生物产业园、栾城生物产业园、赵县生物产业园"5 个各具特色的园区，实现规模效应。园区内汇集了众多生物医药类骨干企业和研究机构，集聚了全省近 50%以上的生物医药企业，产值已占全省总量的 60% 以上。五大园区发展情况如下。

2014 年，石家庄高新区"石家庄药用辅料与制剂产业集群"被认定为国家创新型产业集群试点。2016 年，高新区生物医药产业完成工业总产值361.42 亿元，占全区总产值的 34.74%，占石家庄市生物医药行业总产值的近 70%。产业集群内集聚了包括石药、以岭、四药、智同、藏诺等 180 多家生物医药企业，拥有生物医药产业两院院士 3 人、博士 187 人，从业人员达到 3.9 万人。高新区与省外诸多院校及科研机构建立合作关系，为新产品的开发和产业链的形成提供了较好的技术支撑条件，在全国生物中心发布的全国 108 家生物医药产业园区中排名第四。

石家庄市经济技术开发区以生物医药生产加工为重点，集聚华胜公司、爱诺公司、石药恩必谱公司等 30 余家生物医药企业。其中，华胜公司生产的链霉素占世界市场份额的 65%；倍达公司成为亚洲最大的半合抗生产基地；爱诺公司是全国最大的无公害生物农兽药生产企业。

深泽生物产业园是石家庄国家生物产业基地"两区三园"中的一园，产业园重点发展医药中间体、原料药等产业，有柏奇化工、龙泽制药等骨干企业 8 家，主导产品为新型头抱、拉米呋定等原料药。

栗城生物产业园于 2014 年 11 月 24 日正式被省政府批准为省级经济开发区，以医养健康综合服务区、保健食品功能区、生物制药功能区、现代中药功能区这"四大产业"为发展内容，在神威药业为龙头企业的带领辐射下，以现代中药和特色药生产为主。2015 年，园区完成生物医药工业总产值 90 亿元，同比增长 14%；利税完成 18 亿元，同比增长 16%；完成固定资产投资 19 亿元，同比增长 21%。

赵县生物产业园于 2008 年经国家发改委批准，成为石家庄国家生物产业基地五大组成园区之一，已集聚兴柏药业等 16 家生物医药企业入驻。园区以生物医药发酵产业为重点，设有生物医药板块、化工板块、生产服务板块，延伸玉米淀粉糖生产链条，开发和引进生物医药、生物化工、功能食品、高分子材料、糖醇类下游产品、酶制剂等淀粉衍生物。

六、产业链现状

石家庄市生物医药产业集群经过多年发展，已逐渐形成以高端化学制剂为核心的化学制剂产业链、以微生物发酵类和基因工程制剂为核心的生物制药产业链和以新兴中药制剂为核心的现代中药产业链三大产业链条。三大产业链现状概况如下。

化学制剂产业链作为石家庄市生物医药产业链的主要链条，主要涵盖传统与新型辅料、化学原料药、高端化学制剂等产业链环节。该产业链依托石药集团新兴药物制剂与辅料国家重点实验室、华药微生物药物国家工程技术中心、企业技术中心以及院士工作站等化学制剂的研发平台，以石药、华药为龙头企业，通过引进仿制、对中外合作仿制等多种途径，以国内外高端药品为目标市场，推动化学制剂的生产，拉伸产业链向两端发展。

石家庄市生物制药产业链以推动集群成为国内领先生物制药产业集群

为目标，已形成以抗体类药物为代表的微生物药产业链和以基因工程药物为核心的生物药品新剂型产业链。前者涵盖微生物发酵药物，微生物来源治疗性抗体类药物，免疫抑制剂类、抗肿瘤类、心血管类、大剂量生物技术药物；后者包括基因工程药物，免疫丙种球蛋白、特异性免疫丙种球蛋白、凝血因子类、特殊因子类、生物胶和黏合剂等基因工程制剂，生物药品新剂型。

石家庄现代中药产业链以打造道地药材精深加工产业链，推进现代中药标准化、可控化、规模化、国际化，引领河北省中医药产业参与国际竞争，快速提高基地现代中药国家化水平为目标。基本形成中药材种植，传统与新型辅料，新型中药制剂、新中药复方药物的产业链。在重要标准提取物方面，依托企业技术平台，重点发展黄芩、柴胡、酸枣仁、枸杞子等市内道地药材标准提取物，建设符合 FDA 和欧盟标准的中药标准提取物生产基地。

第二节　河北省生物能源产业现状

一、河北省发展生物能源产业的条件和基础

（一）生物质资源基础

1. 能源植物品种资源多样

据调查，河北省种子含油率 > 40% 的植物有 154 种，可用作建立规模化生物柴油原料基地的乔灌木树种有 30 种以上。另外，甜高粱、甘薯等能源作物育种种质资源丰富，已有多个审定品种，可用作能源专用品种。

2. 可利用生物质资源潜力大

河北省是农业大省，具有丰富的可利用生物质能资源。

一是农作物秸秆，河北省农业局公布数据显示，2019 年全省秸秆综合利用率保持在 95% 以上，离田利用率 36% 以上，但河北省还面临农作物秸秆产量大、分布广、资源化利用压力大、任务重的问题。二是畜禽废弃物，

年产量达上亿吨，目前用作沼气或加工成新型饲料的数量相对较低；三是农作物加工剩余物，仅玉米芯总量估计就在百万吨以上；四是林业"三剩物"，估算年产量总计约 570 万吨，折合标煤 370 万吨。

（二）土地资源基础

河北省境内尚有荒山、荒地、荒滩等土地资源 33.33 万公顷，其中，在荒山可以栽种黄连木、文冠果等含油量较高的树木，发展能源林业；在荒地、荒滩、盐碱地上可以种植甜高粱、甘薯等耐旱、耐瘠薄、耐盐碱的作物，发展能源农业。

（三）技术条件

河北省对生物质能源产业科技创新工作给予了大力支持，生物质能源研究取得了多项技术突破，主要集中在生物质能源作物、生物沼气技术、液态燃料技术、固化成型技术等方面，同时在生物质合成油、生物制氢等方面进行了积极探索，取得了初步成果。

生物质能源作物方面，河北科技师范学院对河北非粮能源植物进行了调查，采集油脂样本 200 份以上、植物标本 1500 份以上、照片 3000 张以上；初步建立了非粮柴油能源植物引种园，引种非粮柴油能源植物 150 余种，对部分非粮柴油能源植物进行了种子生物学特性与配套栽培技术研究。国家高粱改良中心河北分中心选育出能饲 1 号、能饲 2 号和冀甜 3 号甜高粱新品种 3 个；编写制定的《盐碱地能源甜高粱生产技术规程》被审定为河北省地方标准。这些科研成果的取得，标志着河北省甜高粱新品种选育、抗蚜资源以及盐碱地生产技术在全国居于领先地位。

生物气化方面，经过多年科研积累，河北省在农业废弃物的厌氧发酵技术和厌氧发酵残留物的资源化利用技术方面取得了关键性突破，筛选出多种具有提高沼气产量、增加生物质转化率的兼性厌氧和专性厌氧菌株，初步形成了秸秆的高效厌氧发酵工艺，研制出具有防病促生作用的沼渣沼液肥料。同时，在农村户用沼气、大中型沼气的建设技术方面也取得了较大进展。

生物液体燃料方面，新奥集团开展了微藻生物柴油研究，在微藻基因改造、高通量筛选技术、立体养殖、高效低成本光生物反应器技术和工业废水回收技术等方面实现了突破，建有目前世界上最先进的微藻油生产设施，年生产微藻油可达 10 吨以上，整体研究处于国内领先地位。

生物质固化成型技术，河北省研发的生物质固体燃料致密成型机，创新性地设计了自控助压螺旋式推杆，很好地克服了普通螺旋推杆接触部位易损坏的缺点，解决了秸秆含水率过高或过低而影响秸秆压制疏密程度的技术难题，可以根据个人对加工秸秆的用途来调节挤压物的致密程度，生产的燃料棒达到了国家相关标准要求。试制的直燃炊事取暖炉具，燃烧性能稳定，环保指标好，热效率达到 70% 以上。在秸秆炭化方面，敞口快速炭化窑与速生炭技术为国内首创。

二、河北省生物能源产业发展现状

1. 生物质能源企业发展迅速

据不完全统计，河北省省内建成并投产的生物质能源生产企业有 60 多家。从区域分布来看，省内 11 个地级市中均有分布，但主要集中在石家庄、唐山、邢台等地。从所属技术领域看，以沼气工程为主；其次是生物质固化成型和生物质液体燃料。

2. 生物质能源产业有序推进

生物沼气经过多年的开发和推广，沧州市青县建成我国第一座秸秆沼气集中供气工程，标志着河北省秸秆沼气集中供气工程处于全国领先水平。在生物液体燃料方面，启动了衡水老白干酿酒（集团）公司燃料乙醇、华北制药生物丁醇等一批产业化示范项目。生物质固体成型燃料生产企业发展较为迅速，河北奥科瑞丰生物质技术有限公司已在廊坊、邯郸、邢台、石家庄、保定、秦皇岛、承德、衡水和沧州等地区建设了近 100 条生物质成型燃料生产线，产能达到 50 万吨。开展秸秆直接热解气化示范，已建成秸秆热解气化集中供气站 60 处以上。2007 年河北首个垃圾发电项目——石家庄灵达垃圾发电厂建成使用以来，生物质燃烧发电产业得到了较快发展，全省已建成投产或在建的生物质发电厂有数十个。

尽管河北省具备发展生物质能源产业的资源优势、较好的技术积累和一定的产业基础，但是与国内外生物质产业发达地区相比，在产业技术研发和装备水平、产业规模和效益等诸多方面都存在较大差距。

第三节　河北省生物农业现状

一、河北省发展生物农业的必要性

生物和有机农业是基因工程、细胞工程、酶工程和发酵工程等工程技术革命产生的现代农业的总称，是当代引领农业和食品工业发展的高端产业领域，是推动农业和食品工业专业化、工程化的新动能，是从根本上保障农业和食品安全的重点所在。以基因重组、细胞培养、酶制剂和高密度发酵为核心的生物和有机工程技术，是提高产品产量、改善产品品质、培育产品个性、增加产品属性、改变产品性状、开拓品牌空间的重要手段。培育发展包括生物农业、生物基材料、生物能源、保健食品在内的生物有机农业，从而增强农产品和食品功能的多样性、品质的优良性、病害的抗逆性、食用的安全性和环境的适应性，打造更具时代特色的现代农业和食品工业。

20 世纪 70 年代以来，以分子生物学技术为代表的生物技术革命，促进了生物有机农业、食品工业和饲料工业等的发展，从根本上改变了传统农业、食品工业的发展方向和方式。实践表明，生物和有机农业是战略新兴农业发展的着力点，代表着现代农业的发展方向，是实现河北农业全面振兴的必由之路。

二、河北省生物农业发展现状

改革开放以来，河北省在生物农业、有机农业、工程食品、生物基材料、生物能源和生物医药等领域，都取得了突破性进展，培育出一批基因工程和细胞工程农产品、酶工程和发酵工程食品、燃料乙醇生物能源、生物基肥料等生物工程产品，奠定了河北省生物有机农业发展的良好基础。

河北省生物农业发展所涉及的领域主要有四个方面。一是现代生物育种技术，包括转基因育种、智能不杂交育种、分子标记辅助选择育种、分子设计育种。二是生物农药，河北省生物农药产业已形成了一定规模，登记在册的生物农药产品、生物源农药活性成分和生物农药企业等均已达到一定数量；但是生物农药在技术研发和创新方面仍有所欠缺，某些生物农药在毒性和活性上仍然有缺陷，市场使用度不如传统农药的接纳程度高。三是生物肥料，近年来河北省微生物肥料企业数量呈现上升趋势，但由于河北省土壤面积广阔、人口数量较多，对于新型肥料的普及和应用程度还不够广泛。四是生物饲料，主要以生物发酵系列饲料加工为主，以饲用酶制剂为代表，生物饲料在河北省饲料总产业中的占有量约为10%左右。

目前河北省生物农业发展的重点方向包括农产品品质改良、抗病性能提升、功能产品开发、化学原料替代和工程化食品的开发、功能食品制造、产品安全保障等。一是农产品和工程化食品品质改良，重点是对农产品和工程化食品中的油脂、碳水化合物和蛋白质进行改良，控制脂肪酸的链长和饱和度，重构淀粉结构和含量，提高氨基酸含量等；二是农产品和工程化食品抗病性能提升，重点是培育发展抗逆性品种、开发化学替代产品、研发疾控产品等；三是推进功能性农产品和工程化食品开发，重点是开发营养和保健品、老年与婴幼专用品、药膳农产品、细胞组培产品、指纹图谱识别食品等；四是农业和食品工业化学原料的生物替代产品开发，重点是推进农药、化肥、除草剂、食品添加剂、食品保鲜剂等生物替代品的研发和产业化；五是转基因食品的安全性，鉴于转基因农产品和工程化食品的安全性已经引起社会广泛关注，而基因工程技术研究的深度又不能准确表述，因此需要持续跟踪转基因工程食品的安全性研究成果，审慎地制定有关政策。

第四节　河北省生物经济发展面临的主要问题

河北省生物经济在生物医药产业的带动下呈现出相对良好的发展态势，但同时也存在一系列突出问题，这些问题在一定程度上制约着河北省生物产业的转型升级。

一、河北省生物产业发展质量和效益不高

河北省生物产业起步较早，且已形成一定产业集群，但在近些年的产业转型升级与技术创新浪潮中竞争力却逐年减弱。以生物医药产业为例，从 2008 年到 2019 年，河北省医药制造业企业从 175 家增加到 282 家，在全国的占比也从 2.7% 上升至 3.8%。但河北省生物医药产业呈现出"多而不强"的特征，产业发展的质量和效益明显偏低。2008 年河北省医药制造业企业累计净利润 38.4 亿元，占全国医药制造业企业利润总额的 6.0%，到2019 年河北省医药制造业企业利润总额增长至 116.2 亿元，但在全国的占比却下滑至 3.3%，与医药制造业大省江苏、山东、浙江、广东之间的差距在不断拉大。

二、资金需求难以得到有效满足

河北省金融创新相对不足，仍以传统抵押贷款为主，信用贷款占比过低，知识产权质押融资较为受限。而河北省大量中小微生物技术企业普遍缺少抵押物和征信记录，且投资风险大、回报周期长，商业银行往往不愿向其提供贷款。同时，由于此类企业规模较小，难以得到风投基金的有效支持，此时社会投资公司出于规避风险的考虑参与投资的积极性也较低。河北省有大量中小微生物技术企业的资金需求未能得到及时、有效的满足，这在很大程度上制约了河北省生物产业发展。例如，对于正在孵化过程中的小微生物医药企业来讲，新产品研发进入中试阶段时，会存在量产上市

的需求，急需投入大量资金进行规模化生产，此时资金不足会严重影响企业研发和生产。

三、高端专业技术人才短缺

生物产业是知识密集型产业，对于相关专业的人才有较高要求。一方面，虽然河北科技大学、河北医科大学等省内高校设置有生物医药等相关专业，但在智力资源培养、相关专业人才储备方面明显落后于北京、上海等城市；省内尤其缺乏具有相关产业管理和科研经验的尖端人才，对于生物技术科研的贡献率相当有限。另一方面，河北省内大部分生物技术企业规模较小，福利待遇、薪酬水平较低，整体水平落后于环渤海、长三角、珠三角等地区，也导致了生物产业相关专业人才的外流。外部人才引进困难、本地人才外流严重的现象使河北省生物产业人才储备能力不足。

四、创新能力不强

从河北省生物经济的发展情况来看，生物企业创新能力普遍较弱，医药类产品的研发和生产虽有部分本省自主研发的产品，但较为有限，多数仍是仿制已经批准上市的品种。生物农业产业的科技含量不高，基本上是比较低端的生物技术的应用，例如果汁加工、葡萄酒酿造、微生物发酵饲料、生物发酵技术养殖等都停留在生物技术的初级应用阶段。大部分生物企业的科技研发人员较少，没有建立起完善的生物科技创新体系，阻碍了产品的创新。此外，河北省生物技术产业普遍存在着产、学、研之间相互脱节的现象，许多研究项目未能及时实现成果转化，导致河北省生物科技产业的创新能力整体偏低。

五、市场竞争力偏弱

从生物医药产业来看，河北省中小制药企业多以生产仿制药为主，且存在非常明显的同质化现象，创新药和国内知名品牌相对有限，在激烈的市场竞争中难以脱颖而出。此外大部分药企并未涉足研发、营销等上下游环节，很难形成自主品牌，宣传营销的缺位也导致外部市场中的占有额不高，企业综合竞争力不强。

六、成果转化渠道不畅

影响河北省生物产业发展的一个较大的问题就是生物技术成果向产业化发展的机制不畅，很多生物技术成果在转化为成熟产品的过程中存在很多瓶颈。首先，生物技术的研发力量主要集中在科研院所或是高校，这些核心技术与企业的联系并不十分紧密，不能及时转化成生产力。其次，缺乏产品市场评价的服务平台。一些生物科技成果转化成产品投入市场后并不适应市场的需求，收益不甚理想，从而造成该产品生产链中断，大大影响了科研成果的产业化；一些科研成果没有经过改良就投入市场，产品效果不显著，无法满足消费者的需求，造成产品滞销；或是科研新产品与具有相同功能的传统产品相比市场占有率低、知名度低，大部分消费者选择使用传统产品从而阻碍科研成果的产业化，尤其是生物农药、生物肥料方面的产品，消费者不了解产品的效能则不敢贸然使用。另一方面，生物科技产品在研发和生产过程中用到的仪器、设备等大多都依赖进口；另外有些生物新产品的生产与设备工艺并不配套，需要设计改进生产线等。这些因素都制约了生物技术研发成果向产业化的发展。

七、生物科技服务平台尚不健全

创新平台的实质是通过整合、共享、完善来实现对科技资源的合理高效配置。河北省科技创新平台建设工作起步较晚，还存在着各部门对平台建设重要性的理解和认识不够深入、政策和标准不统一、资源汇集和整合的难度大等问题。这些问题均制约了河北省生物经济的发展。

以生物技术企业融资平台为例，河北省已建立了部分省、市、县级金融服务平台，如河北省金融服务平台、石家庄科技金融服务平台等。现有平台在促进银企对接方面发挥了一定积极作用，但也存在一些突出问题。一是金融资源汇聚能力较弱，覆盖企业范围有限，平台的影响力和利用率不高；二是仅将企业的融资需求信息在平台上进行发布，而未采取进一步的撮合措施，许多企业的融资困局未得到有效改善；三是平台多属于政府主导下的公益性基础设施，运转依赖于财政资金，运营效率偏低。此外，河北省现有金融服务平台多数面向所有行业或科技型企业，尚无针对生物技术企业的专业化金融服务平台。然而生物产业作为河北省重点培育的产业之一，其发展规律具有一定的特殊性，处于生命周期不同阶段的生物技术企业的金融需求存在显著差异，现有的金融服务平台难以精准解决各个生物技术企业的融资需求问题。

八、创新网络不完善

河北省生物科技产业集群创新网络内部成员之间缺乏充分的交流和合作，导致集群内部的各类资源未能得到有效的利用与整合，集群内企业不能通过协同发展来提高集群整体竞争力。此外，集群开放程度偏低，集群内部大量企业缺乏与外部网络环境的交流互动，难以吸取外部先进技术、知识和管理经验，长期处于价值链的低端，无法通过信息共享来提高集群整体创新能力。

九、环保压力大

京津冀地区污染防治任务艰巨，部分环保检查内容不够明确，实际检查过程中标准未完全统一，导致很多药企自查或整改无目标。大气污染防治过程中"一厂一策"制定的精准度仍有待提高，由于重污染天气预警存在一定的不确定性，导致一些药企不能按计划生产，从而也就无法及时满足客户需求，最终导致市场流失；一些项目虽然本身符合环保规定，但由于为其提供建材的企业受环保要求限产或停产，也就造成部分生物制药项目无法正常开展。

近年来，石家庄市资源环境与经济社会发展的矛盾日益突出，生物医药生产制造环节特别是原料药生产，生产工序多，产生废物大，成分复杂，污染危害严重。虽然《制药工业污染物排放标准》的出台提高了医药企业的准入门槛，但仍有许多工艺落后的中小医药企业，为了自身经济利益不履行社会责任，破坏生态、污染环境，致使集群失去了可持续发展的依托。持续恶化的生态环境，不仅影响石家庄市生物医药产业集群的正常发展，甚至会导致石家庄生物医药企业高端人才外流，环境承载力脆弱已成为石家庄市生物医药产业集群发展的重要制约因素。

第十二章 推进河北省生物经济发展的对策建议

基于河北省生物经济发展现状以及存在的主要问题，借鉴世界主要经济体生物经济发展战略和政策，笔者就如何推进河北省生物经济发展这一问题提出以下对策建议。

第一节 加大财税金融政策支持

由于生物产业是一个新兴的高新科技产业，在研发阶段对投入资金的需求比较大，研发资金的多少直接影响着产品科技含量的高低以及产品质量的好坏。因此，河北省应当完善生物技术企业的融资渠道，进一步加强金融和财政对中小生物技术企业的支持力度。

一、加大信贷支持力度

河北省生物技术企业以中小企业为主，企业融资能力弱。政府应推广科技金融的发展，出台相关政策解决生物技术企业因抵押难、担保难导致的贷款困难的问题，鼓励商业银行建立生物企业贷款的绿色通道，提高生物企业贷款的信用额度，给中小生物技术企业提供中长期贷款。此外，应发展中小银行金融机构，设立科技银行，提供适合中小生物技术企业的金融产品。引导商业银行对生物技术企业设立信贷评审机制，开展信贷管理创新，同生物产业一道"重技术创新、重知识产权，轻资产"，积极推进知识产权质押融资等信贷产品创新。

二、加大财税政策的支持力度

一方面，应加大对中小生物技术企业的财税支持力度。一是可以对中小生物技术企业实行税收优惠，如减免生物科技产品的投资税、生物企业的公司税和财产税等，通过各项税收优惠政策鼓励企业进行技术研发创新。二是加强专项生物产业基金对中小生物技术企业的贷款贴息支持，降低中小生物技术企业使用资金的成本，这些新成立的生物科技公司尤其需要资金方面的支持，政府的相关补贴措施可以为其发展保驾护航，同时能够吸引更多的企业家投入到生物产业当中。

另一方面，加大对重点领域的支持力度。河北省应适当增加财政补贴专项资金额度和规模，设立生物产业发展专项资金，如设立省级生物产业自主创新项目资金、生物新产品研发资金、生物技术成果转化资金等。切忌"眉毛胡子一把抓"，必须突出需要支持的重点领域，分批分次区别对待，集中力量解决制约产业发展的关键核心问题。以生物质能源产业为例，政府设立生物质能源技术创新专项资金，应主要用于支持核心创新团队的培育，以及共性关键技术和产业化技术的集成示范。同时，以项目资助、贷款贴息、以奖代补等方式，重点扶持那些科技含量高、带动能力强、发展潜力大的生物质能源龙头企业的技术创新活动。

三、完善风险投资体系

风投基金的支持有利于提升生物技术企业自身的研发能力，提高企业的营业收入能力，进一步增强对风险资本的吸引力。国家税务总局 2018 年出台《国家税务总局关于创业投资企业和天使投资个人税收政策有关问题的公告》，降低享受税收优惠的创业投资企业和天使投资税收门槛，以所投资企业研发费用总额占成本费用支出的比例进行税收减免。

河北省风险资本规模仍待发展，较发达地区而言规模仍然较小。政府应逐步放开风险资本发展，引导和鼓励风险投资基金（VC）和私募股权基金（PE）发掘技术创新项目并展开投资。在现有创投基金的基础上，河北省政府可与省内主要金融机构联合出资组建天使投资基金，重点对省内处于初创期的生物技术企业进行投资，并组建专业管理团队对企业发展做规划引导。同时完善相应法律法规，厘清风险投资机构与被投资机构的权责关系，完善风险资本退出机制，从而实现"募、投、管、退"的全流程闭环，促进风险资本发展更加活跃。

四、健全信用担保体系

生物技术企业在需要资金时期往往难以得到金融支持，但通过贷款担保制度能一定程度上缓解这一问题。为有效解决成长型生物技术企业的融资需求，河北省政府可牵头设立专门的信用风险担保及补贴基金。基金的作用主要体现在以下两个方面：一方面，基金的主要功能是引导社会资本对企业进行投资并对风险给予补贴，以降低创投基金的投资顾虑。这既发挥了政府的支持作用，带动了更多资金进入生物医药企业；同时又可借助创投基金的专业判断力来选择更有前途的技术创新，并进一步给予重点扶持。另一方面，基金也可为企业融资提供信用担保，从而降低企业融资难度和成本。即基金可筛选出有发展前景的生物医药企业，在其向商业银行申请信贷支持时提供担保，通过担保介入来使政府有限的资金发挥最大的杠杆效应，同时通过政府信用介入也可降低企业的融资成本。

政府应推动信用担保机构政策化资金、法人化管理、市场化运作的组织方式，在加强政府推动信用担保机构发展的同时，确保担保机构的市场化运行，避免政府的过多干预，强化担保机构吸收民间社会资本，加强同业协会的互助担保、民间投资的商业担保、商业银行的金融担保、多机构的联合担保以及政府信用担保托底，提高担保效率和效益。促进信用担保发展，也应考虑建立和完善信用担保风险分担机制，建立信用担保风险保险公司，有效分散风险，保证信用担保机构为企业贷款担保的公共保障能力，补充资金来源，管理信用担保坏账，促进国内信用担保体系健康发展。政府还应探索构建政银共同担保合作模式，健全增信分险机制。尤其要重视建立中小生物技术企业担保贷款信用保险制度，推动保险机构参与到中小生物医药企业融资政策体系之中，充分发挥保险的分担风险与增信功能，缓解中小生物技术企业金融支持问题。

第二节　加强人才队伍建设

高技术的竞争归根结底是人才的竞争，培养优秀人才已成为一项重要而紧迫的战略任务。河北省应尽快培养和引进一批能够满足生物产业发展的各类专业技术人才、管理人才和销售人才，壮大企业高科技人才队伍。

一、加大人才自主培养力度

生物技术是目前全球范围内竞争最为激烈的领域之一，未来发展潜力巨大。河北省有关部门可适当扩大省内高校中生物医药、生物农业、生物能源等相关专业的招生比例，提高复合型专业技术人才培养的数量和层次。生物技术企业可以采用委托培养的方式，依托河北大学、河北科技大学、河北医科大学等具有较强科研实力的大学和研究所，定向委培企业所需的专业人才；企业可设立专项人才培养基金，定期分批地将技术人员进行输送培养；企业应加快建设生物技术人才培养基地，形成人才库，进而对生物产业的发展产生多方位、强有力的支持。

二、完善人才引进机制

河北省应充分利用环京津、沿渤海的区位优势，根据生物科技创新重点，着重从国内外引进高端专业技术人才，对引进人才给予足够的科研启动资金及相关配套资金，做到"引得来、用得好、留得住"，促进生物产业高层次人才的聚集，形成一批在全国有影响力的生物科技创新领军人才，并以领军人才为核心配备得力的科研助手，组建创新团队。同时，简化人才流动手续，形成固定与流动化相结合的人才引进机制，制定专职与兼职方式相结合的人才引进制度。

三、扩大人才交流

加强与国内外发达地区生物技术方面的人才交流，是打造一流生物技术创新研发平台的重要举措。一方面，企业要将有潜力、人品好的中青年骨干送到国内外一流的实验室学习，省内有关高校也应加强与国内外知名院校的合作，挑选优秀的学生出国深造，学习最前端的相关技术和理论。同时，企业和高校也应加强与国内外知名生物技术企业的合作，学习先进的管理模式、经营理念，学习建设一流的生物科研实验室。另一方面，河北省也应积极申办大型生物技术论坛和会议，给更多的学者创造与国内外知名生物科学家交流的机会，通过交流了解最前沿的科研理论和技术。

四、提高从业人员薪资待遇

想要吸引人才，非常关键的就是提高生物产业从业人员的薪资待遇，但并非整体同比例增加全部从业人员的薪资待遇，对于高级技术研究人员、高素质企业管理人员着重提升其薪资待遇，对于基层工作人员也要适当提高其薪资待遇。以生物医药企业为例，可以通过技术入股的形式将科研人员的报酬同新药研发的进度和新药上市之后的效益结合起来，以充分提高科研人员的科研积极性。

除薪资待遇之外的其他待遇，如住房、交通、环境和子女教育等问题也均应予以重视。企业可参照高校引进先进人才的模式，将住房的所有权和使用权分开，即把房屋的使用权划归科技人员，房屋产权归为科研机构或者企业；对于子女教育问题，则可通过企业或园区内部开办学校的形式加以解决，为科研人员子女提供优质、免费的教育，在自办教育的过程中可以通过与专业教育机构合作的模式来确保教育的高质量，使得科研人员工作安心，进而提高科研效率。

此外，在人才队伍的建设上，政府应给予一定的资金用于从业人员的补贴和薪资待遇上。例如可以设立专项奖金，鼓励人才进行新产品的研发，从而进一步提高生物产业科研人员的积极性。

第三节　加强创新服务平台建设

基于互联网的创新服务平台能够有效整合各类资源，有助于解决企业在资金、技术、成果转化等方面的难题。目前河北省已经建成部分公共服务平台，但尚缺少针对生物技术企业的专业化服务平台。为推进生物产业高质量发展，河北省政府有必要加快建设生物产业创新服务平台体系，特别是尽快建立生物技术创新平台和生物科技金融服务平台。

一、推进生物技术创新平台建设

生物产业的发展必须重视技术创新平台建设。政府可以为科研单位、高校与企业搭起沟通的桥梁，保证企业与科研单位、企业与高校、企业与企业间的信息交流和信息共享，提供互惠互利的咨询对接服务，建设一批具有技术成果的技术示范和咨询平台，形成以企业为主体的生物技术创新体系。生物技术创新平台应当由政府主导，并依据各单位的研究特色整合科技资源，组建各有分工、特色鲜明的生物技术创新平台，组织开展联合研究，解决产业发展的关键和共性技术问题。同时，通过组织专家研讨、数据库分析等方式方法，筛选出一些实用性、科学性、真实性较高的科研成果提供给相关企业，加强科研成果规范化管理。总之，以生物技术平台为依托最终形成"人才培养，科学研究，技术开发，中试孵化，规模生产，营销物流"的现代生物产业创新体系。

例如，生物医药产业创新平台可以联合生物医药骨干企业、生物医药服务外包企业、临床研究医院等单位，盘活和加强已有的生物医药科技资源，形成覆盖生物医药基础研究、应用研究和开发研究的科研群体，并在此基础上重点建立一批具有较好科技成果示范、技术服务、技术咨询、技术研发孵化功能的技术支撑平台，实现资源整合、设备共享和成本降低，为生物医药研发、企业技术创新以及生物医药产业发展等提供专业、便捷、集中的技术支撑与服务。同时还应该为技术创新成果提供后续支持，推动与生物医药企业相关的服务行业的发展，建立若干专业权威中介机构，为新药申报、专利申请、报关代理、商标注册、信息咨询、技术交易和专业培训等提供优质服务，成为连接生物医药技术上下游的纽带，推进生物医药产业高质量发展。

二、建立生物科技金融服务平台

为推进河北省生物经济高质量发展，河北省科技厅、金融监管局等有关部门有必要牵头设立河北生物科技金融服务平台，为省内生物技术企业提供全生命周期、综合性、一站式的金融服务，在生物技术企业、金融机构和政府之间搭建信息共享、有效对接的桥梁。为确保平台建成后能够有效弥补省内现有平台的缺陷，切实改善生物技术企业的融资困局，平台在机制、模式层面应进行合理设计。

一是合理确定平台参与主体和业务范围，增强资源汇聚能力。河北生物科技金融服务平台应主要包括生物技术企业、金融机构和政府三大类参与主体。平台是面向省内所有生物技术企业的专业化金融服务平台，所入驻的金融机构应覆盖银行、保险、证券、小贷、担保、私募股权和融资租赁等多种类型，能够为生物技术企业提供全生命周期所需的各类金融服务，并不断增强汇聚金融资源的能力。政府可利用平台发布政策或进行宣讲，为企业更好地掌握国家政策和更高效地利用平台资源提供便利。

二是建立平台信用信息系统，减少信息不对称。平台应将生物技术企业在人民银行的征信记录与分散在工商、环保、税务、海关和各类公共事业单位等不同部门的公共信用信息有机整合，打破"数据孤岛"，并实时跟踪企业在平台上的信用活动记录，形成平台自身的信用信息系统，对企业信用情况进行综合评定，以降低金融机构获取企业信息的难度和成本，有效解决小微生物技术企业因缺少抵押物和征信记录而陷入的融资困局。

三是建立有效的撮合机制，提高融资对接成功率。平台应建立一套精准高效的撮合机制，在初次对接失败后进行二次撮合。金融机构可以在平台上发布产品信息供企业选择，企业也可将自身需求信息在平台上进行发布供金融机构选择，初次对接失败后平台应主动采取进一步的撮合措施，除了提示企业补充资料外，还要根据各个部门的信用信息对企业信用进行初步评级，并将资料推送给数个业务相关且风险偏好程度相近的金融机构，以最大限度地提高融资对接成功率和速度。

四是引入招投标制，降低企业融资成本。除撮合机制外，河北生物科技金融服务平台也可引入招投标制。平台可初步筛选出部分资信较好的优质生物技术企业，对其融资需求进行分类汇总，并将各类需求项目在平台上进行招标，组织相关金融机构竞标，最终确定融资方案和投资方，通过市场化竞争来降低企业融资成本。

五是建立省市母子平台架构，提高运营管理效率。河北生物科技金融服务平台可参照江苏综合金融服务平台的母子平台体系，建立起一套省、市两级有效衔接的平台架构。其中市级平台负责所在地区生物技术企业与金融机构之间的具体项目对接，并实现当地已有金融服务平台相关数据资源的导入；省级平台负责管理信用信息系统，并监管市级平台的运行。两级平台各司其职，协调运转，全面提高平台运营管理效率。

六是实行线上线下相结合的服务模式，为企业提供便利。平台应以线上为主，开辟网页版、手机 App、微信公众号等多种线上渠道，精心做好页面设计，提高系统访问速度。同时在各市设立线下网点，用于平台日常工作和项目磋商等事宜；在河北省主要生物产业集群地带设立金融超市，方便生物技术企业进行咨询和办理业务。此外，平台也应在线下组建一个可向企业提供金融服务的专业团队，全面提升平台的金融服务能力。

七是实行市场化管理的经营方式，增强可持续性。河北生物科技金融服务平台可借鉴烟台金融服务中心的成功经验，实行保本微利的可持续经营模式。该模式能减少平台对财政资金的依赖，且通常比公益性平台运营效率高。建议设立河北生物科技金融服务公司来负责平台的市场化运营，同时实行会员制并定期向会员单位收取管理费，平台自身团队向企业提供的服务则可按照市场标准进行收费。通过市场化管理方式和合理的激励机制能够有效调动平台员工的积极性，提高平台运营效率和活力。

第四节　加快产学研协同创新体系建设

生物产业是典型的技术密集型产业，需要建立产学研协同创新体系，加强生物技术企业与高校、科研机构、中介机构等各类主体的紧密合作，推进产业链向更高层次发展。

一、推动生物产业创新联盟建设

在生物产业技术创新的组织形式上，要坚持产学研紧密结合，加快构建产业技术创新联盟。产业技术创新联盟以企业为核心，大学、科研机构和其他组织机构积极参与，围绕产业关键共性技术进行协调创新。产业联盟内由具备实力的企业共同投资，组建共性技术开发研究中心，统一布局共性关键技术开发工作。产业技术联盟实行公司运行机制，中小企业可以有偿共享，避免同质竞争、恶性竞争。支持产业技术联盟向企业技术联盟转型，由企业根据自身需求，与具有相关优势的科研院校建立长期稳定的协作关系。校企之间可建立互助型技术创新体系，鼓励技术交流和资金互助。例如企业可以为科研院所支付部分研发经费，共享研究成果，或者科院机构以技术入股的方式与企业合作，从而最大地发挥人才资源优势，提升创新能力。

二、建立行业协会

随着生物产业的不断发展，应逐步推动建立生物医药、生物能源、生物农业等细分行业协会，为行业发展提供全方位服务。在相关政府部门的指导下，发挥行业协会的职能，组织开展相关领域的学术研究，加强对内对外的科技交流与合作。充分利用技术市场、中介服务组织、经贸洽谈会、技术商品展销会等多种形式，以产业政策、成果转化、推介推广、项目对接、技术交易等为主要内容，为会员单位、政府等机构提供各种市场信息，举办产品信息发布和展销等。处理和协调各类关系，规范市场行为，调配市场资源，减少单个企业的运作成本，增强企业抵御市场风险的能力。行业协会通过提供各类专业服务，来协调与维护全行业和会员单位的合法权益及共同利益。

三、加快生物产业园区和产业基地建设

石家庄国家生物产业基地建成以来，为河北省生物医药产业的快速发展提供了强大的保障力和源源不断的动力。事实证明，生物产业的专门化和集约化能够大大促进生物经济的发展。因此河北省在建立生物医药产业基地的同时还应加快另外两大产业基地的建设，即生物农业产业基地和生物能源产业基地。可根据省内各地区生物产业发展现状和优势特色来合理规划布局各类生物产业园区，引导生物产业基地向专业化、集约化发展，形成比较完善的产业链和价值链。

四、推进生物产业孵化器建设

为解决河北省生物科技成果转化难的问题，应从企业、科研院所、风险投资机构、市场评价服务平台等多方面入手，整合科研、培训、财会、法律、人力资源、工商税务、认证办理等各类资源，建立一个专门化的新型的生物企业创业园区，即生物产业孵化器。园区应配备大型科研仪器设备，为入驻孵化器的企业提供产品研发实验、质量检测分析、工艺路线分析、技术参数验证、产品市场需求分析等一系列技术服务体系，帮助其抢占技术发展的前沿阵地；吸纳生物技术研发人才、企业管理人才以及产品市场分析专家等各方面人才解决企业产品研发和市场营销问题，促进入孵企业快速成长；联合各高校和科研院所的学术专家、政府项目管理人员以

及企业家组成专家咨询委员会，同时加强咨询服务机构与河北省科技厅等有关部门的合作，为入孵企业争取政府支持提供条件和保障。在入孵企业创业初期为其提供创业辅导，解决其在生产、市场营销、经营管理方面出现的问题。在融资方面，可以与各大银行形成战略合作关系，由孵化器公司担保为入孵企业提供银行贷款服务；与多家投资担保公司开展业务合作，解决企业融资难题。同时还应加强与高校和科研机构的横向联系，将其科研成果和实用技术应用到企业生产当中，促进技术转移和成果转化，为河北省培育一批高新技术企业和上市公司。

第五节　完善产业政策体系

生物产业高风险的特征使其产业化运作十分困难，如果没有政府出台相关政策进行引导和扶持，生物经济恐怕很难得到健康良好的发展。为此，河北省制定针对生物企业的相关政策是十分必要的，可以引导生物产业快速发展。如制定生物产业发展规划，实行政府优先采购政策和市场培育政策，完善生物技术产权保护政策，提高环保政策的精准度等。

一、加强政府宏观规划指导

近年来，河北省政府已陆续出台包括《关于支持生物医药产业高质量发展的若干政策》《河北省"十三五"生物质发电规划》在内的部分支持政策，重点对省内生物医药和生物质能源产业进行扶持，而关于生物产业的总体性政策仅有 2009 年出台的《关于促进生物产业加快发展的实施意见》。缺少最新的规划和政策文件，这对于追赶生物经济发展步伐较为不利。为推进生物经济高质量发展，河北省政府有必要进一步制订和完善生物产业培育和发展计划，加强产业统筹规划和政策导向，在产能建设、行业协作、产业布局、创新发展等重要领域和关键环节发挥政府的宏观导向和协调作用，围绕生物产业各细分领域确定重点发展方向，制订行动计划，就产业

技术攻关、标准体系建设、品牌培育、产品演进、产业化推进等方面制订
具体实施方案。

二、完善政府采购政策和市场培育政策

对于省内生物技术企业开发的试制品或首次投向市场的产品，政府要
进行首购。另外还要通过政府采购和保险机制，引导和鼓励制造部门和应
用部门、重点工程购买和使用相关产品。

此外，为进一步培育市场，政府可适当调整财政补贴方式，如将原先
对生产者进行补贴为主转换为对消费者进行补贴为主。尽管对生物产业生
产者进行补贴和对其新产品的消费者进行补贴都可起到激励产业发展的作
用，但是对消费者的补贴往往更有利于市场机制作用的发挥。而对生产者
的补贴往往侧重生产，但产品未必能真实反映市场的需求，不利于资源的
有效配置。在生物产业发展初期，需求明显不足，生物肥料市场占有率低
就是一个典型的例子。此时对购买者进行补贴，积极培育买方市场，能更
好地拉动生物产业的产品需求和长期发展。但目前针对生物产业的财政补
贴政策往往侧重于对生产进行补贴，而在消费补贴方面的政策明显不足。
因此，有必要进一步完善针对消费者的财政补贴制度。

三、完善知识产权保护政策

发达国家不仅在高精尖技术方面占有绝对优势，而且有很强的知识产
权保护意识。随着技术研发的深入开展，国际上现代知识产权的保护范围
已被扩展到生物技术、通信、电子、网络等领域的多种客体。专利制度作
为政府依法授予发明者在一定时限内生产或销售某种产品，或使用某种生
产过程或工艺排他性权利的制度安排，有助于鼓励技术创新。为有利促进
生物产业发展，河北省相关部门有必要对生物产业的知识产权设置适当的
保护期和保护程度，限制和惩罚滥用专利权的行为。应建立健全专利申请
和成果转化机制，把知识产权作为生产要素参与分配，从而使专利制度最

大限度地发挥其积极作用，保护发明创造，鼓励技术创新，促进生物技术创新成果产权化和产业化。

四、提高环保政策的精准度

在加强污染防治的过程中，环保督查的内容应进一步明确，标准应进一步统一，给生物技术企业以明晰的整改目标和充足的整改时间。推进"一厂一策"切实落地，对于污染排放达到标准的企业应减少限产，对于不产生污染的项目允许其按计划建设，并保障此类项目建设所需建材的供应。以尽可能避免政策因素所导致的市场占有率下降为前提，在生物产业发展与环境保护之间寻求合理的平衡点。

第六节　着力培育行业龙头企业

龙头企业是带动产业集群发展的重要力量，河北省政府应支持省内生物技术企业做大做强，打造国内甚至国际知名品牌，帮助和引导企业全方位提升核心竞争力。

一、提高企业研发水平

要提高生物技术企业的研发水平，关键在于增加企业 R&D 投入，加大企业研发机构的建设。增加企业 R&D 投入，既需要企业自身提高 R&D 活动支出占企业利润的比重，也需要政府的政策支持。政府可以通过对企业 R&D 支出费用进行税收减免、税收补贴等方式提高企业 R&D 费用的利用率，也可以通过划拨专项资金对企业 R&D 直接进行补助。除了增加 R&D 投入以外，研究开发生产外包服务也是提高企业研发能力的一种重要渠道。企业还可通过引进技术来增强核心竞争力。引进先进技术的最直接的途径就是购买，除此之外，还可以通过与国外科研机构合作、海外收购等方式来进行技术引进。

二、提高市场占有率

首先，应当引导省内生物技术企业对市场需求进行充分调研，保持对市场变化的敏感性和前瞻性，及时调整研发和生产计划。中小生物技术企业应设立专业化的销售部门，建立完备的销售人员绩效考核体系，同时通过产品包装、广告等一系列的宣传手段，提升生物技术产品的附加值和影响力。其次，支持企业走出去，鼓励一些有代表性的生物技术企业在海外设立办事机构、开拓营销网点、成立分公司，构建全方位的营销网络，做强做大海外业务，开辟国际新市场，全面提高市场占有率。

三、推动建设行业领军品牌

推动河北省生物产业的创新发展，就要把打造自己的品牌放在突出位置。政府应积极推动生产要素向优势企业流动，引导企业增强品牌意识，提升内在素质，争创知名品牌。开展品牌形象宣传活动，积极参加国际知名展会，提高品牌的知名度及美誉度。河北省应充分发挥现有龙头企业的带动作用，打造具有核心品牌价值的知名企业。通过培育一批具有国际竞争力的大型企业集团，发挥其在产业中的引领带动作用。同时鼓励优势企业抓住国际产业结构调整的机遇，充分利用国内外两种资源，力争在国际产业分工格局中占据更加有利的位置。

参 考 文 献

[1] 陈存武，陈乃富.生物技术产业政策与项目申报 [M].合肥：合肥工业大学出版社，2017.

[2] 可星，彭靖里.生物医药产业开放式技术创新的管理模式与机制研究 [M].昆明：云南科技出版社，2017.

[3] 李云龙，李光鹏.生物技术概论 [M].呼和浩特：内蒙古大学出版社，2017.

[4] 李远华.生物技术 [M].北京：中国轻工业出版社，2017.

[5] 许志茹，李巧燕，李永峰.活性污泥微生物与分子生物学 [M].哈尔滨：哈尔滨工业大学出版社，2017.

[6] 韩祺.寻找新一轮经济增长的驱动力对信息经济和生物经济的研究与思考 [M].北京：科学技术文献出版社，2018.

[7] 邓心安.生物经济与农业绿色转型 [M].北京：人民日报出版社，2018.

[8] 陈新军.近海鲐鱼生物经济管理研究 [M].北京：中国农业出版社，2018.

[9] 唐凯.基于生物经济学的澳大利亚农业温室气体减排潜能分析 [M].北京：人民出版社，2018.

[10] 杨书红.农村新能源开发经营一本通 [M].北京：中国科学技术出版社，2018.

[11] 何建坤，周剑，欧训民，等.能源革命与低碳发展 [M].北京：中国环境科学出版社，2018.

[12] 陈太龙.新理念　新实践　新跨越——沧州渤海新区贯彻五大发展理念纪实 [M].北京：华文出版社，2018.

[13] 周戟，等.科学发现之旅：生物的质能 [M].上海：上海科学技术文献出版社，2018.

[14] 柴振光.现代生物技术及其产业化发展 [M].延吉：延边大学出版社，

2018.

[15] 李敦松 . 害虫生物防治技术 [M]. 广州：广东科技出版社，2018.

[16] 丁认全，丁晨 . 中国生物产业及生物产业集群发展研究 [M]. 昆明：云南科技出版社，2018.

[17] 李贵臻，来帅，李羽翠 . 计算机信息技术与生物医学工程 [M]. 天津：天津科学技术出版社，2018.

[18] 崔宁波，张正岩 . 现代农业生物技术应用的经济影响与风险研究 [M]. 北京：科学出版社，2019.

[19] 李天柱 . 现代生物技术管理导论 [M]. 成都：四川大学出版社，2019.

[20] 谭天伟 . 生物产业发展重大行动计划研究 [M]. 北京：科学出版社，2019.

[21] 宋航 . 制药工程技术概论 [M]. 北京：化学工业出版社，2019.

[22] 姚文兵 . 生物技术制药概论 [M]. 北京：中国医药科技出版社，2019.

[23] 森克•恩迪，邓肯•洛，乔斯•C.梅内塞斯，等 . 过程分析技术在生物制药工艺开发与生产中的应用 [M]. 褚小立，肖雪，范桂芳，等译 . 北京：化学工业出版社，2019.

[24] M.C. 弗利金杰 . 工业生物技术下游收获与纯化 [M]. 陈薇，译 . 北京：科学出版社，2019.

[25] 刘洋，张可君 . 生物药物检验技术 [M]. 北京：化学工业出版社，2019.

[26] 潘爱华 . 生物经济概论 [M]. 北京：科学出版社，2020.

[27] 吕鹏梅 . 生物柴油生产及应用技术 [M]. 北京：化学工业出版社，2020.

[28] 金小明 . 经济动力学基础 [M]. 北京：冶金工业出版社，2020.

[29] 姚清国 . 生物技术制药 [M]. 石家庄：河北科学技术出版社，2020.

[30] 王志芬 . 山东中药农业生物资源 [M]. 济南：山东科学技术出版社，2020.